専門基礎

微分積分学

阿部 誠・岩本宙造
島 唯史・向谷博明
共著

培風館

本書の無断複写は，著作権法上での例外を除き，禁じられています。
本書を複写される場合は，その都度当社の許諾を得てください。

まえがき

　図形の面積や体積を求める方法としての積分法（区分求積法）は古代ギリシャのアルキメデスの「搾出法」を起源とするが，17世紀になって初めて，イギリスのニュートンとドイツのライプニッツによって，それが変化率（微分係数）を求めることの逆の演算として認識されるに至った．そのことにより，多くの求積を個々の図形の性質によらず統一的に行うことができるようになり，同時に，速度などの動的な概念を解析することも可能になった．すなわち，「微分積分学の基本定理」の発見である．これはその後の近代科学の発展の基礎となった科学史における重要な発見のひとつである．その後，18世紀から19世紀にかけて数学の基礎的なひとつの分野としての微分積分学がほぼ現在の形に整えられた．

　本書は大学の初年級で開講される微分積分学に関する科目の教科書として使用されることを目的としたものである．執筆にあたっては，学生の学習状況の多様性に対応できるように，高等学校の「数学Ⅲ」で学ぶ内容も含めて，基本的なことから十分な説明を与えるように努めた．一方では，定理などの記述において，あいまいな表現を避け，証明もイプシロン・デルタ論法が必要になる場合，実数の連続性公理が深くかかわる場合，あるいは相当の準備を要する場合は省略したが，それ以外は正確に記述するように努めた．

　各章の最後には多くの演習問題を用意した．ただし，[演習問題A]のうち◇の付いた問題は，本文の内容の補充と考えて，解答を試みなくてかまわない．また，[演習問題B]は近年の大学院入試問題を中心に構成されていて，本文では説明されていない内容も少し含まれるが，大学院への進学を志す読者にとっては，そのために必要なレベルを知るための参考になるであろう．

　微分積分学は科学の諸分野を学ぶために必要な基礎知識として要求される必須のツールのひとつである．本書により微分積分学に関する基本的な知識と技能を修得して，それが各自の志す分野の学習に役立つことを願ってやまない．

2016年6月30日　　　　　　　　　　　　　　　　　　　　著者一同

目次

1. 関数・極限 — 1

1.1 数直線　1
1.2 1変数関数　3
1.3 関数の極限（1）　5
1.4 関数の極限（2）　7
1.5 関数の連続性　10
1.6 三角関数　13
1.7 逆三角関数　18
演習問題 [A]　19
演習問題 [B]　21

2. 導関数 — 22

2.1 微分係数・導関数　22
2.2 導関数の基本的な性質　24
2.3 三角関数・逆三角関数の導関数　30
2.4 指数関数・対数関数の導関数　31
2.5 高次導関数　34
2.6 平均値の定理　37
2.7 不定形の極限　40
2.8 テイラーの定理　42
2.9 ランダウの記号　44
演習問題 [A]　47
演習問題 [B]　50

目　次　　　　　　　　　　　　　　　　　　　　　　　　iii

3. 不定積分・定積分 ——————————————————— 51

3.1 不 定 積 分　51
3.2 不定積分の計算（1）　56
3.3 不定積分の計算（2）　60
3.4 定 積 分　64
3.5 微分積分学の基本定理　68
3.6 定積分の計算　70
3.7 広 義 積 分　74
3.8 ガンマ関数・ベータ関数　77
演習問題［A］　79
演習問題［B］　82

4. 数列・級数 ——————————————————————— 86

4.1 数列の極限　86
4.2 級　　数　89
4.3 テイラー展開　93
4.4 整 級 数　95
4.5 項別微分・項別積分　98
演習問題［A］　99
演習問題［B］　101

5. 偏 導 関 数 ——————————————————————— 103

5.1 平面・空間　103
5.2 2変数関数　105
5.3 偏微分係数・偏導関数　109
5.4 高次偏導関数　110
5.5 全微分可能性　113
5.6 合成関数の導関数・偏導関数　116
5.7 2変数関数のテイラーの定理　119
5.8 極値の判定　122
演習問題［A］　126
演習問題［B］　127

6. 曲線 — 129

6.1 関数の増減・凹凸　129
6.2 曲線のパラメータ表示　135
6.3 極方程式　137
6.4 陰関数　139
6.5 条件付き極値問題　144
演習問題 [A]　145
演習問題 [B]　147

7. 2重積分 — 148

7.1 2重積分・累次積分　148
7.2 2重積分の計算　152
7.3 積分変数の変換　155
7.4 極座標変換　158
7.5 広義の2重積分　159
演習問題 [A]　161
演習問題 [B]　163

8. 図形の計量 — 166

8.1 曲線の長さ　166
8.2 面積　170
8.3 体積　173
演習問題 [A]　178
演習問題 [B]　180

略解およびヒント — 183
関連図書 — 226
索引 — 227

ギリシャ文字表

大文字	小文字	英語名	発音	
A	α	alpha	[ǽlfə]	アルファ
B	β	beta	[bí:tə]	ベータ
Γ	γ	gamma	[gǽmə]	ガンマ
Δ	δ	delta	[déltə]	デルタ
E	ε, ϵ	epsilon	[ipsáilən, épsilən]	イ(エ)プシロン
Z	ζ	zeta	[zé:tə]	ツェータ, ゼータ
H	η	eta	[í:ta]	イ(エ)ータ
Θ	θ, ϑ	theta	[θí:tə]	シータ
I	ι	iota	[aióutə]	イオタ
K	κ	kappa	[kǽpə]	カッパ
Λ	λ	lambda	[lǽmdə]	ラムダ
M	μ	mu	[mju:]	ミュー
N	ν	nu	[nju:]	ニュー
Ξ	ξ	xi	[ksi:, (g)zai]	グザイ
O	o	omicron	[o(u)máikrən]	オミクロン
Π	π, ϖ	pi	[pai]	パイ
P	ρ, ϱ	rho	[rou]	ロー
Σ	σ, ς	sigma	[sigmə]	シグマ
T	τ	tau	[tau, tɔ:]	タウ
Υ	υ	upsilon	[ju:psáilən, jú:psilən]	ウプシロン
Φ	ϕ, φ	phi	[fai]	ファイ
X	χ	chi	[kai]	カイ
Ψ	ϕ, ψ	psi	[(p)sai]	プサイ
Ω	ω	omega	[óumigə, ɔ́migə]	オメガ

不定積分の公式

$$\int x^\alpha \, \mathrm{d}x = \frac{1}{\alpha+1} x^{\alpha+1} \quad (\alpha \neq -1) \qquad \int \frac{\mathrm{d}x}{x} = \log|x|$$

$$\int \frac{\mathrm{d}x}{x^2 - a^2} = \frac{1}{2a} \log \left| \frac{x-a}{x+a} \right| \quad (a \neq 0)$$

$$\int \frac{\mathrm{d}x}{\sqrt{x^2 + A}} = \log \left| x + \sqrt{x^2 + A} \right| \quad (A \neq 0)$$

$$\int \frac{\mathrm{d}x}{x^2 + a^2} = \frac{1}{a} \tan^{-1} \frac{x}{a} \quad (a \neq 0) \qquad \int \frac{\mathrm{d}x}{\sqrt{a^2 - x^2}} = \sin^{-1} \frac{x}{a} \quad (a > 0)$$

$$\int \sqrt{x^2 + A} \, \mathrm{d}x = \frac{1}{2} \left(x\sqrt{x^2 + A} + A \log \left| x + \sqrt{x^2 + A} \right| \right) \quad (A \neq 0)$$

$$\int \sqrt{a^2 - x^2} \, \mathrm{d}x = \frac{1}{2} \left(x\sqrt{a^2 - x^2} + a^2 \sin^{-1} \frac{x}{a} \right) \quad (a > 0)$$

$$\int \mathrm{e}^x \, \mathrm{d}x = \mathrm{e}^x \qquad \int \log x \, \mathrm{d}x = x (\log x - 1)$$

$$\int \cosh x \, \mathrm{d}x = \sinh x \qquad \int \sinh x \, \mathrm{d}x = \cosh x$$

$$\int \cos x \, \mathrm{d}x = \sin x \qquad \int \sin x \, \mathrm{d}x = -\cos x$$

$$\int \tan x \, \mathrm{d}x = -\log|\cos x| \qquad \int \cot x \, \mathrm{d}x = \log|\sin x|$$

$$\int \sec x \, \mathrm{d}x = \log \left| \frac{1 + \tan \frac{x}{2}}{1 - \tan \frac{x}{2}} \right| = \frac{1}{2} \log \frac{1 + \sin x}{1 - \sin x}$$

$$\int \csc x \, \mathrm{d}x = \log \left| \tan \frac{x}{2} \right| = \frac{1}{2} \log \frac{1 - \cos x}{1 + \cos x}$$

$$\int \sec^2 x \, \mathrm{d}x = \tan x \qquad \int \csc^2 x \, \mathrm{d}x = -\cot x$$

$$\int \mathrm{e}^{ax} \cos bx \, \mathrm{d}x = \frac{\mathrm{e}^{ax}}{a^2 + b^2} (a \cos bx + b \sin bx) \quad (ab \neq 0)$$

$$\int \mathrm{e}^{ax} \sin bx \, \mathrm{d}x = \frac{\mathrm{e}^{ax}}{a^2 + b^2} (a \sin bx - b \cos bx) \quad (ab \neq 0)$$

1
関数・極限

1.1 数直線

 自然数全体の集合，**整数**全体の集合，**有理数**全体の集合，**実数**全体の集合をそれぞれ $\mathbb{N}$, $\mathbb{Z}$, $\mathbb{Q}$, $\mathbb{R}$ と書く．自然数とは正の整数のことである．有理数とは $p, q \in \mathbb{Z}$, $q \neq 0$, を用いて $\dfrac{p}{q}$ の形に表される数のことであり，有理数は**有限小数**または**循環小数**で表される．有理数以外の実数は**無理数**とよばれ，無理数は循環しない無限小数で表される．

 実数は**数直線**上の点として表される．集合 $\mathbb{R}$ を数直線と同一視して，**数直線** $\mathbb{R}$ という．数直線 $\mathbb{R}$ の部分集合のうち，以下の 9 種類のものは**区間**とよばれる（図 1.1）．ただし，$a, b \in \mathbb{R}$, $a < b$, である．

$$(a,b) = \{x \in \mathbb{R} \mid a < x < b\}, \quad [a,b] = \{x \in \mathbb{R} \mid a \leqq x \leqq b\}$$
$$(a,b] = \{x \in \mathbb{R} \mid a < x \leqq b\}, \quad [a,b) = \{x \in \mathbb{R} \mid a \leqq x < b\}$$
$$(a,+\infty) = \{x \in \mathbb{R} \mid a < x\}, \quad [a,+\infty) = \{x \in \mathbb{R} \mid a \leqq x\}$$
$$(-\infty,b) = \{x \in \mathbb{R} \mid x < b\}, \quad (-\infty,b] = \{x \in \mathbb{R} \mid x \leqq b\}$$
$$(-\infty,+\infty) = \mathbb{R}$$

これらのうち，(a,b), $(a,+\infty)$, $(-\infty,b)$, $(-\infty,+\infty)$ は**開区間**，$[a,b]$ は**閉区間**とよばれる．ここで，記号 $+\infty$, $-\infty$ はそれぞれ**正の無限大**，**負の無限大**とよばれる．これらは実数ではないが，大小関係について，任意の $x \in \mathbb{R}$ に対して，$-\infty < x < +\infty$ と定める．

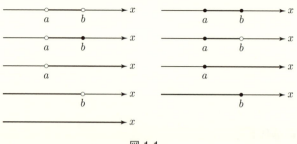

図 1.1

任意の $x \in \mathbb{R}$ に対して,

$$|x| = \begin{cases} x & (x \geqq 0 \text{ のとき}) \\ -x & (x < 0 \text{ のとき}) \end{cases}$$

は x の**絶対値**とよばれる（図 1.2）. 任意の 2 点 $x, y \in \mathbb{R}$ の間の**距離**は $|x-y|$ で与えられる.

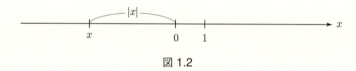

図 1.2

E を $\mathbb{R}$ の部分集合とする. 点 $a \in E$ は, 開区間 $(a-\delta, a+\delta)$ が E に含まれるような $\delta > 0$ が存在するとき, E の**内点**とよばれる. 任意の $x \in E$ が E の内点であるとき, E は $\mathbb{R}$ の**開集合**とよばれる. $\mathbb{R}$ の開集合の補集合は $\mathbb{R}$ の**閉集合**とよばれる.

●**例 1.1** 任意の開区間は $\mathbb{R}$ の開集合である. 集合 $\{x \in \mathbb{R} \mid x \neq 0\} = (-\infty, 0) \cup (0, +\infty)$ は開区間ではないが, $\mathbb{R}$ の開集合である. また, 任意の閉区間は $\mathbb{R}$ の閉集合である（演 1.1 参照）.

○**問 1.1** 任意の $x, y \in \mathbb{R}$ について, 次の等式・不等式が成り立つことを確かめよ.
(1) $|x|^2 = x^2$ (2) $-|x| \leqq x \leqq |x|$
(3) $|xy| = |x|\,|y|$ (4) $\left|\dfrac{x}{y}\right| = \dfrac{|x|}{|y|}$ （$y \neq 0$ のとき）

○**問 1.2** 次の三角不等式を証明せよ.
(1) $x, y \in \mathbb{R}$ のとき $|x+y| \leqq |x| + |y|$.
(2) $x_1, x_2, x_3 \in \mathbb{R}$ のとき $|x_1 - x_3| \leqq |x_1 - x_2| + |x_2 - x_3|$.

1.2　1変数関数

X を集合として，各 $x \in X$ に対し $y \in \mathbb{R}$ を1つずつ対応させる規則 f が与えられたとき，f を**関数**，X を f の**定義域**といい，

$$f : X \to \mathbb{R}, \qquad f : x \mapsto y$$

と書く．関数 f により $x \in X$ に対応する $y \in \mathbb{R}$ のことを，f による x の**値（像）**といい，$y = f(x)$ と書く．X の任意の部分集合 A に対して，$\mathbb{R}$ の部分集合 $\{f(x) \mid x \in A\}$ を f による A の**像**という．特に，f による定義域 X の像 $\{f(x) \mid x \in X\}$ を f の**値域**という．

X を集合，Y を $\mathbb{R}$ の部分集合とする．2つの関数 $f : X \to \mathbb{R}$, $g : Y \to \mathbb{R}$ が与えられたとき，集合 $\{x \in X \mid f(x) \in Y\}$ を定義域とする関数 $g \circ f$ が

$$(g \circ f)(x) = g(f(x))$$

により定義される．これを f と g の**合成関数**という．特に，関数 f の値域が Y に含まれるとき，$g \circ f$ の定義域は X である．

●**例 1.2**　$f : \mathbb{R} \to \mathbb{R}$, $f(x) = x + 1$, $g : [0, +\infty) \to \mathbb{R}$, $g(x) = \sqrt{x}$ のとき，

$$(g \circ f)(x) = g(f(x)) = g(x+1) = \sqrt{x+1}$$

であり，合成関数 $g \circ f$ の定義域は区間 $[-1, +\infty)$ である．

●**例 1.3**　$f : \mathbb{R} \to \mathbb{R}$, $f(x) = x + 2$, $g : \mathbb{R} \to \mathbb{R}$, $g(x) = x^2$ のとき，$g \circ f : \mathbb{R} \to \mathbb{R}$, $f \circ g : \mathbb{R} \to \mathbb{R}$ を求めると，

$$(g \circ f)(x) = g(f(x)) = g(x+2) = (x+2)^2 = x^2 + 4x + 4,$$
$$(f \circ g)(x) = f(g(x)) = f(x^2) = x^2 + 2.$$

1変数関数とは，数直線 $\mathbb{R}$ の部分集合 D を定義域とする関数 f のことである．任意の $x \in D$ をとり，$y = f(x)$ と書く．このとき，「y は x の関数である」，「D で定義された関数 $y = f(x)$」，「変数 x の関数 $f(x)$」などという．関数の表示 $y = f(x)$ において，文字 x を**独立変数**，文字 y を**従属変数**という．平面 $\mathbb{R}^2$ (§5.1 参照) の部分集合 $\{(x, f(x)) \mid x \in D\}$ を f の**グラフ**とよぶ．また，**曲線** $y = f(x)$ ともいう．関数 $f(x)$ が独立変数 x の具体的な式で与えられている場合には，f の定義域 D は，式としての $f(x)$ が意味をもつ限り広くとられていると考えて，そのことを明示しないことが多い．

●例 1.4　例えば，関数 $y = \dfrac{1}{x-1}$ の定義域は，特に制限する必要のない場合，集合 $\{x \in \mathbb{R} \mid x \neq 1\}$ であり，値域は集合 $\{y \in \mathbb{R} \mid y \neq 0\}$ である．このとき，簡単に，定義域は $x \neq 1$ であり，値域は $y \neq 0$ である，という．

数直線 $\mathbb{R}$ の部分集合 D で定義された関数 $f : D \to \mathbb{R}$ を考え，f の値域を E とする．関数 f について，条件

$$x_1, x_2 \in D, \ f(x_1) = f(x_2) \quad \text{ならば} \quad x_1 = x_2$$

がみたされるとき，f を**単射**（**1 対 1 の関数**）という．関数 f が単射である場合，E を定義域とする関数 $f^{-1} : E \to \mathbb{R}$ が，任意の $y \in E$ に対して，$f(x) = y$ をみたすただ 1 つの $x \in D$ を対応させることにより定まる．この f^{-1} を f の**逆関数**という．このとき，f^{-1} の定義域は E，値域は D である．関数が $y = f(x)$ の形の具体的な式で与えられた場合，これを文字 x についての方程式と考えて解き，一意的な式 $x = g(y)$ が得られれば，等式 $x = g(y)$ において y を独立変数，x を従属変数と考えたものが，関数 $y = f(x)$ の逆関数である．

●例 1.5　$a > 0$, $a \neq 1$ とする．**指数関数** $y = a^x$ の定義域は $\mathbb{R}$，値域は $y > 0$ であり，この関数は単射である．関数 $y = a^x$ の逆関数は**対数関数** $x = \log_a y$ であり，この定義域は $y > 0$，値域は $\mathbb{R}$ である．

●例 1.6　方程式 $y = x^2$ を x について解けば，$x = \pm\sqrt{y}$ を得て，$y > 0$ に対し $y = x^2$ をみたす x は 2 つ存在する（図 1.3）．したがって，$\mathbb{R}$ を定義域とする関数 $y = x^2$ は単射ではない．関数 $y = x^2$ の定義域を $x \geqq 0$ に制限すれば $x = \sqrt{y}$ が逆関数であり，$y = x^2$ の定義域を $x \leqq 0$ に制限すれば $x = -\sqrt{y}$ が逆関数である．

I を関数 $f(x)$ の定義域に含まれる区間とする．条件

$$x_1, x_2 \in I, \ x_1 < x_2 \quad \text{ならば} \quad f(x_1) < f(x_2) \ [f(x_1) > f(x_2)]$$

がみたされるとき，$f(x)$ は I で（強い意味で）**単調増加** [**単調減少**] であるという．

●例 1.7　関数 $y = x^2$ は区間 $(-\infty, 0]$ で単調減少であり，区間 $[0, +\infty)$ で単調増加である．

1.3 関数の極限 (1)

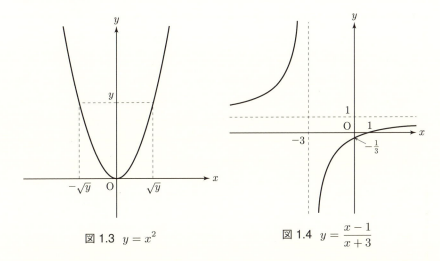

図 1.3 $y = x^2$

図 1.4 $y = \dfrac{x-1}{x+3}$

○問 1.3 $f : \mathbb{R} \to \mathbb{R}$, $f(x) = 2 - x$, $g : [-1, 1] \to \mathbb{R}$, $g(x) = \sqrt{1-x^2}$ のとき, 次の関数とその定義域を求めよ.
  (1) $f \circ g$ 　　　　　　　　　　　　(2) $g \circ f$

○問 1.4 次の関数の定義域と値域を求めよ. また, 逆関数を求めよ.
  (1) $y = \dfrac{1-x}{x}$ 　　　　　　　　(2) $y = \dfrac{x-1}{x+3}$　(図 1.4)

○問 1.5 次の関数の逆関数を求めよ. ただし, a, b は定数である.
  (1) $y = ax + b$　$(a \neq 0)$ 　　　　(2) $y = x^2 - 2x$　$(x \leqq 1)$

○問 1.6 I を区間とする. 関数 $f(x)$ が I で単調増加または単調減少ならば, f は I で単射であることを証明せよ.

1.3　関数の極限 (1)

数直線 $\mathbb{R}$ の部分集合 D で定義された関数 $f(x)$ を考える. $x \in D$ なる範囲において, 「変数 x が限りなく a に近づけば $f(x)$ が一定の値 α に限りなく近づく」[注1] とき,

$$x \to a \text{ のとき } f(x) \to \alpha \quad \text{または} \quad \lim_{x \to a} f(x) = \alpha$$

と書き, α を $x \to a$ のときの $f(x)$ の**極限**という. 限りなく近づくことを

[注1] 正確に書けば, 「任意の $\varepsilon > 0$ に対して, $\delta > 0$ が存在して, $0 < |x - a| < \delta$ ならば $|f(x) - \alpha| < \varepsilon$」(極限のイプシロン・デルタ式の定義).

収束するともいう．また，極限が $\pm\infty$ である場合（§1.4 参照）と区別して，極限 $\lim_{x\to a} f(x) = \alpha$ は**有限確定**であるといい，有限確定な極限を**極限値**ともいう．ここで，x が限りなく a に近づくというのは，$x \in D$ なる範囲において，$x > a$ の側から x が a に近づく場合と，$x < a$ の側から x が a に近づく場合の両方を考慮するということであり，けっして $x = a$ とおくわけではないことに注意しよう．点 a は関数 $f(x)$ の定義域 D に含まれていてもいなくてもよい．

関数の極限について，次の定理が成り立つ．

定理 1.1 関数 $f(x)$, $g(x)$ について，極限 $\lim_{x\to a} f(x) = \alpha$, $\lim_{x\to a} g(x) = \beta$ が有限確定であるとき，次のことが成り立つ．

(1) $\lim_{x\to a} (f(x) + g(x)) = \alpha + \beta$
(2) $\lim_{x\to a} cf(x) = c\alpha$ （c は定数）
(3) $\lim_{x\to a} f(x)g(x) = \alpha\beta$
(4) $\lim_{x\to a} \dfrac{f(x)}{g(x)} = \dfrac{\alpha}{\beta}$ （$\beta \neq 0$ のとき）
(5) $f(x) \leqq g(x)$ ならば $\alpha \leqq \beta$．

定理 1.2 関数 $f(x)$, $g(x)$, $h(x)$ について，$f(x) \leqq g(x) \leqq h(x)$ であり，かつ
$$\lim_{x\to a} f(x) = \lim_{x\to a} h(x) = \alpha$$
のとき，$\lim_{x\to a} g(x) = \alpha$．

●**例 1.8** 任意の $a \in \mathbb{R}$ に対して，$f(x) = x$ のときは $\lim_{x\to a} x = a$，また，$f(x) = c$（定数）のときは $\lim_{x\to a} c = c$．

●**例 1.9** $f(x) = x^2 + 2x + 1$ とおく．例 1.8 と定理 1.1 (1), (2), (3) を用いると，任意の $a \in \mathbb{R}$ に対して，
$$\lim_{x\to a} f(x) = \left(\lim_{x\to a} x\right)^2 + 2 \cdot \lim_{x\to a} x + \lim_{x\to a} 1 = a^2 + 2a + 1 = f(a).$$
一般に，$c_0, c_1, c_2, \ldots, c_n$ を定数として，x の多項式
$$f(x) = c_0 x^n + c_1 x^{n-1} + c_2 x^{n-2} + \cdots + c_n$$
を考えるとき，任意の $a \in \mathbb{R}$ に対して，$\lim_{x\to a} f(x) = f(a)$ が成り立つ．

1.4 関数の極限 (2)

●例 1.10 $f(x) = \dfrac{x^2-1}{x-1}$ とおくとき，関数 $f(x)$ は $x=1$ では定義されていない．
$x \neq 1$ のとき $f(x) = \dfrac{(x+1)(x-1)}{x-1} = x+1$ なので，$\lim_{x \to 1} f(x) = \lim_{x \to 1}(x+1) = 2$．

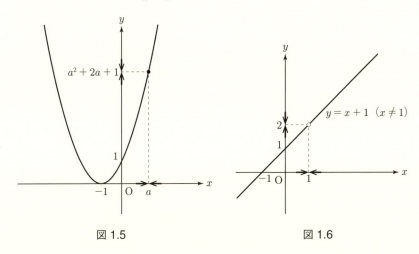

図 1.5　　　　　　　　図 1.6

○問 **1.7** $\lim_{x \to a} f(x) = \alpha$，$\lim_{x \to a} g(x) = \beta$（有限確定）のとき，定理 1.1 (1)，(2) を用いて，次の等式を確かめよ．
$$\lim_{x \to a}(Af(x)+Bg(x)) = A\alpha + B\beta \quad (A, B\text{ は定数})$$

○問 **1.8** 次の極限を求めよ．

(1) $\lim_{x \to -1} \dfrac{x+3}{x+2}$
(2) $\lim_{x \to -7} \dfrac{x^2+4x-21}{x^2+8x+7}$
(3) $\lim_{x \to 1} \dfrac{x-1}{x^3-1}$
(4) $\lim_{x \to 0} \dfrac{1}{x}\left(\dfrac{1}{3+x} - \dfrac{1}{3}\right)$

1.4 関数の極限 (2)

関数 $f(x)$ について，変数 x が限りなく a に近づけば $f(x)$ が限りなく大きくなる[注2)] とき，
$$x \to a \text{ のとき } f(x) \to +\infty \quad \text{または} \quad \lim_{x \to a} f(x) = +\infty$$

[注2)] 正確に書けば，「任意の $M > 0$ に対して，$\delta > 0$ が存在して，$0 < |x-a| < \delta$ のときは $f(x) > M$．」

と書き，$x \to a$ のとき $f(x)$ は $+\infty$ に**発散する**という．変数 x が限りなく a に近づけば $f(x) < 0$ であって $|f(x)|$ が限りなく大きくなるとき，

$$x \to a \text{ のとき } f(x) \to -\infty \quad \text{または} \quad \lim_{x \to a} f(x) = -\infty$$

と書き，$x \to a$ のとき $f(x)$ は $-\infty$ に**発散する**という．

● 例 1.11 $\quad \lim_{x \to 0} \dfrac{1}{x^2} = +\infty, \quad \lim_{x \to 0}\left(-\dfrac{1}{|x|}\right) = -\infty.$

　記号 $\pm\infty$ に関する演算を次のように定義する（複号同順）．
$(\pm\infty) + (\pm\infty) = (\pm\infty) - (\mp\infty) = \pm\infty,$
$(\pm\infty) \cdot (\pm\infty) = +\infty, \quad (\pm\infty) \cdot (\mp\infty) = -\infty$

$a \in \mathbb{R}$ のとき

$a + (\pm\infty) = (\pm\infty) + a = \pm\infty,$

$a - (\pm\infty) = \mp\infty, \quad (\pm\infty) - a = \pm\infty,$

$\dfrac{a}{\pm\infty} = 0$

$a > 0$ のとき　$a \cdot (\pm\infty) = (\pm\infty) \cdot a = \pm\infty, \quad \dfrac{\pm\infty}{a} = \pm\infty$

$a < 0$ のとき　$a \cdot (\pm\infty) = (\pm\infty) \cdot a = \mp\infty, \quad \dfrac{\pm\infty}{a} = \mp\infty$

これら以外の $\pm\infty$ に関する演算は定義しない．例えば，$(+\infty) - (+\infty)$ や $0 \cdot (+\infty)$ の値は定義しない．

　関数 $f(x), g(x)$ の少なくとも一方の極限が $+\infty$ または $-\infty$ の場合も上記の規約のもとに定理 1.1 が成り立つ．例えば，$\lim_{x \to a} f(x) = \lim_{x \to a} g(x) = +\infty$ のとき，次の式は正しい．

$$\lim_{x \to a}(f(x) + g(x)) = (+\infty) + (+\infty) = +\infty$$

$$\lim_{x \to a} f(x)g(x) = (+\infty) \cdot (+\infty) = +\infty$$

しかし，極限 $\lim_{x \to a}(f(x) - g(x)), \lim_{x \to a} \dfrac{f(x)}{g(x)}$ については，一般には何もいえず，これらを求めるためには状況に応じて何らかの工夫が必要である．

1.4 関数の極限 (2)

●例 1.12　$\lim_{x \to 0} x^2 = 0$, $\lim_{x \to 0} \dfrac{1}{x^2} = +\infty$ なので,
$$\lim_{x \to 0} \left(x^2 + \dfrac{1}{x^2} \right) = 0 + (+\infty) = +\infty.$$

関数 $f(x)$ について, $x > a$ の側から x が限りなく a に近づけば $f(x)$ が一定の値 α に限りなく近づくとき,
$$x \to a + 0 \text{ のとき } f(x) \to \alpha \quad \text{または} \quad \lim_{x \to a+0} f(x) = \alpha$$
と書き, また, $x < a$ の側から x が限りなく a に近づけば $f(x)$ が一定の値 α に限りなく近づくとき,
$$x \to a - 0 \text{ のとき } f(x) \to \alpha \quad \text{または} \quad \lim_{x \to a-0} f(x) = \alpha$$
と書く. 極限 $\lim_{x \to a \pm 0} f(x) = \pm\infty$ についても同様に定義される（複号任意）. 極限 $\lim_{x \to a+0} f(x)$ [$\lim_{x \to a-0} f(x)$] を $x \to a$ のときの $f(x)$ の**右極限** [**左極限**] とよぶ. なお, $a = 0$ のときの $x \to 0 + 0$ [$x \to 0 - 0$] を $x \to +0$ [$x \to -0$] と略記する. 極限の定義から, $\alpha = \pm\infty$ の場合も含めて, 次のことが成り立つ.
$$\lim_{x \to a} f(x) = \alpha \quad \Leftrightarrow \quad \lim_{x \to a+0} f(x) = \lim_{x \to a-0} f(x) = \alpha$$

●例 1.13　$f(x) = \dfrac{|x|}{x}$ とおく. $x > 0$ のとき $f(x) = \dfrac{x}{x} = 1$ なので, $\lim_{x \to +0} f(x) = 1$. また, $x < 0$ のとき $f(x) = \dfrac{-x}{x} = -1$ なので, $\lim_{x \to -0} f(x) = -1$. 極限 $\lim_{x \to 0} f(x)$ は存在しない（図 1.7）.

●例 1.14　$\lim_{x \to +0} \dfrac{1}{x} = +\infty$, $\lim_{x \to -0} \dfrac{1}{x} = -\infty$. 極限 $\lim_{x \to 0} \dfrac{1}{x}$ は存在しない（図 1.8）.

関数 $f(x)$ について, 変数 x が限りなく大きくなれば $f(x)$ が一定の値 α に限りなく近づくとき,
$$x \to +\infty \text{ のとき } f(x) \to \alpha \quad \text{または} \quad \lim_{x \to +\infty} f(x) = \alpha$$
と書き, $x < 0$ であって $|x|$ が限りなく大きくなれば $f(x)$ が一定の値 α に限りなく近づくとき,
$$x \to -\infty \text{ のとき } f(x) \to \alpha \quad \text{または} \quad \lim_{x \to -\infty} f(x) = \alpha$$

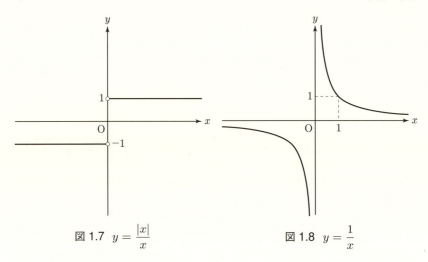

図 1.7 $y = \dfrac{|x|}{x}$ 　　　図 1.8 $y = \dfrac{1}{x}$

と書く．極限 $\lim_{x \to \pm\infty} f(x) = \pm\infty$ についても同様に定義される（複号任意）．

定理 1.1, 1.2 は，$x \to a$ を $x \to a+0$, $x \to a-0$, $x \to +\infty$, $x \to -\infty$ でおきかえたときもそのまま成り立つ．

●例 1.15 　$\lim_{x \to +\infty} \dfrac{1}{x} = 0$, 　$\lim_{x \to -\infty} \dfrac{1}{x} = 0$, 　$\lim_{x \to +\infty} 2^x = +\infty$, 　$\lim_{x \to -\infty} 2^x = 0$.

○問 1.9 　$\lim_{x \to a} f(x) = \lim_{x \to a} g(x) = +\infty$ のとき，$\lim_{x \to a} (f(x) - g(x)) = 0$ は正しくない．そのような例を 1 つあげよ．

○問 1.10 　$\lim_{x \to a} f(x) = 0$, $\lim_{x \to a} g(x) = +\infty$ のとき，$\lim_{x \to a} f(x)g(x) = 0$ は正しくない．そのような例を 1 つあげよ．

1.5 　関数の連続性

数直線 $\mathbb{R}$ の部分集合 D で定義された関数 $f(x)$ を考える．点 $a \in D$ について，
$$\lim_{x \to a} f(x) = f(a)$$
が成り立つとき，関数 $f(x)$ は点 a で**連続**であるという．関数 $f(x)$ が D の任意の点で連続であるとき，$f(x)$ は D で**連続**であるという．

●例 1.16 　$f(x)$ を x の多項式で書ける関数とするとき，例 1.9 により，任意の $a \in \mathbb{R}$ に対し $\lim_{x \to a} f(x) = f(a)$ が成り立つので，$f(x)$ は $\mathbb{R}$ で連続である．

1.5 関数の連続性

●例 1.17 $\mathbb{R}$ を定義域とする関数

$$f(x) = \begin{cases} x+1 & (x \neq 1 \text{ のとき}) \\ 1 & (x = 1 \text{ のとき}) \end{cases}$$

について，$\lim_{x \to 1} f(x) = \lim_{x \to 1} (x+1) = 2 \neq f(1)$ なので，$f(x)$ は $x = 1$ では連続でない．

定理 1.3 関数 $f(x)$, $g(x)$ はそれぞれ $\mathbb{R}$ の部分集合 D, E で連続であり，E は f による D の像を含むとする．このとき，合成関数 $(g \circ f)(x)$ は D で連続である．

定理 1.4 関数 $f(x)$, $g(x)$ が $\mathbb{R}$ の部分集合 D で連続ならば，$f(x)+g(x)$, $cf(x)$（c は定数），$f(x)g(x)$ は D で連続であり，$\dfrac{f(x)}{g(x)}$ は $g(x) \neq 0$ なる $x \in D$ の範囲で連続である．

証明 定理 1.1 による． □

●例 1.18 変数 x の多項式 $A(x)$, $B(x)$ を用いて $f(x) = \dfrac{A(x)}{B(x)}$ の形に書ける関数 $f(x)$ は**有理関数**とよばれる．例 1.16，定理 1.4 より，$f(x)$ は定義域 $\{x \in \mathbb{R} \mid B(x) \neq 0\}$ で連続である．

定理 1.5 （中間値の定理） 関数 $f(x)$ が閉区間 $[a,b]$ で連続であり，$f(a) \neq f(b)$ のとき，$f(a)$ と $f(b)$ の間にある任意の値 k に対して，$f(c) = k$ をみたす $c \in (a,b)$ が存在する（図 1.9）．

定理 1.6 （最大値・最小値の定理） 関数 $f(x)$ が閉区間 $[a,b]$ で連続であるとき，$[a,b]$ における $f(x)$ の最大値と最小値が必ず存在する．

定理 1.5, 1.6 の証明には連続性公理[注3] が用いられる（演 1.17, 1.18 参照）．

[注3] $\mathbb{R}$ の部分集合 A, B について，条件 (1) $\mathbb{R} = A \cup B$, $A \neq \emptyset$, $B \neq \emptyset$, (2) $x \in A$, $y \in B$ ならば $x < y$, がみたされるとき，対 (A,B) を**デデキントの切断**といい，$\mathbb{R}$ のもつ次の性質を**連続性公理**という．

　　任意のデデキントの切断 (A,B) に対して，$c \in \mathbb{R}$ が存在して，$A = (-\infty, c]$, $B = (c, +\infty)$ または $A = (-\infty, c)$, $B = [c, +\infty)$.

ここで，$c \in \mathbb{R}$ は集合 A の最大値であるか，または集合 B の最小値であり，切断 (A,B) による「切り口」である．

●例 1.19　連続な関数であっても定義域が閉区間でなければ最大値・最小値が存在するとは限らない．例えば，関数 $f(x) = x^2$ の定義域を開区間 $(-1, 2)$ とするとき（図 1.10），$f(x)$ の最小値は $f(0) = 0$ である．一方，$f(x)$ は最大値をもたない．任意の $x \in (-1, 2)$ に対し $f(x) < 4$ であり，かつ $f(x)$ はいくらでも 4 に近い値をとるが，$f(x) = 4$ をみたす x は存在しないので，4 は最大値ではない．この場合，$f(x)$ の上限[注4] が 4 である．

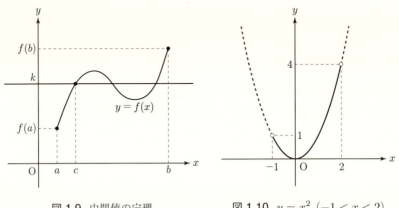

図 1.9　中間値の定理　　　　図 1.10　$y = x^2 \; (-1 < x < 2)$

定理 1.7　関数 $f(x)$ は区間 I で単射かつ連続とする．このとき，f による I の像 J も区間であり，逆関数 $f^{-1}(y)$ は J で連続である．

●例 1.20　$n \in \mathbb{N}$ とする．関数 $y = x^n$ による区間 $[0, +\infty)$ の像は $[0, +\infty)$ である．$y = x^n$ は $[0, +\infty)$ で単調増加かつ連続なので，逆関数 $x = \sqrt[n]{y}$ も $[0, +\infty)$ で単調増加かつ連続である．n が奇数のとき $x = \sqrt[n]{y}$ は $\mathbb{R}$ で連続である．

指数関数・対数関数・三角関数（§1.6 参照）・逆三角関数（§1.7 参照）もそれぞれの定義域において連続である（証明略）．有理関数・指数関数・対数関数・三角関数・逆三角関数の四則演算・累乗根・合成を有限回だけ用いて具体的に書ける関数を **初等関数** という．定理 1.3, 1.4 より，初等関数はその定義域において連続である．

[注4]　$\mathbb{R}$ の部分集合 $A \, (\neq \emptyset)$ について，条件 (1) 任意の $x \in A$ に対し $x \leqq c$ $[x \geqq c]$，(2) 任意の $\varepsilon > 0$ に対し $a \in A$ が存在して $c - \varepsilon < a$ $[a < c + \varepsilon]$，をみたす $c \in \mathbb{R}$ が存在すれば c を A の **上限[下限]** という．関数 f が与えられたとき，f の値域の上限[下限] を f の **上限 [下限]** という．

例題 1.1 次の極限を求めよ.

(1) $\displaystyle\lim_{x \to 0} \frac{\sqrt{1+x} - \sqrt{1-x}}{x}$

(2) $\displaystyle\lim_{x \to 1} \left(\log_2 |x^2 - x| - \log_2 |x^2 - 1| \right)$

解 (1) $\displaystyle\lim_{x \to 0} \frac{\sqrt{1+x} - \sqrt{1-x}}{x} = \lim_{x \to 0} \frac{\left(\sqrt{1+x}\right)^2 - \left(\sqrt{1-x}\right)^2}{x\left(\sqrt{1+x} + \sqrt{1-x}\right)}$

$\displaystyle = \lim_{x \to 0} \frac{2x}{x\left(\sqrt{1+x} + \sqrt{1-x}\right)} = \lim_{x \to 0} \frac{2}{\sqrt{1+x} + \sqrt{1-x}} = \frac{2}{1+1} = 1.$

(2) $\displaystyle\lim_{x \to 1} \left(\log_2 |x^2 - x| - \log_2 |x^2 - 1| \right) = \lim_{x \to 1} \log_2 \frac{|x^2 - x|}{|x^2 - 1|}$

$\displaystyle = \lim_{x \to 1} \log_2 \left| \frac{x(x-1)}{(x+1)(x-1)} \right| = \lim_{x \to 1} \log_2 \left| \frac{x}{x+1} \right| = \log_2 \frac{1}{2} = -1.$ □

○**問 1.11** 中間値の定理を用いて,3次方程式 $2x^3 + 3x^2 + 6x + 2 = 0$ が開区間 $(-1, 0)$ 内に少なくとも1つの解をもつことを証明せよ.

○**問 1.12** 関数 $f(x)$ が閉区間 $[a, b]$ で単調増加［単調減少］かつ連続ならば,f による $[a, b]$ の像が閉区間 $[f(a), f(b)]$ ［閉区間 $[f(b), f(a)]$］であることを証明せよ.

○**問 1.13** 次の極限を求めよ.

(1) $\displaystyle\lim_{x \to 1} \log_{10} \left(x^2 + 3x - 1 \right)$

(2) $\displaystyle\lim_{x \to 2} \frac{\sqrt{2x-1} - \sqrt{x+1}}{x - 2}$

(3) $\displaystyle\lim_{x \to -0} 5^{\frac{1}{x}}$

(4) $\displaystyle\lim_{x \to 3-0} \frac{x^2 - 9}{|x - 3|}$

○**問 1.14** $a > 0$ を定数とする.関数

$$f(x) = \begin{cases} \dfrac{\sqrt{a+x} - \sqrt{a}}{x} & (-a \leqq x < 0 \text{ または } x > 0 \text{ のとき}) \\ 1 & (x = 0 \text{ のとき}) \end{cases}$$

が連続であるような a の値を求めよ.

1.6 三角関数

角度とは**回転**を表す量である.平面 $\mathbb{R}^2$ 上に**単位円**,すなわち,原点 O を中心とする半径 1 の円を描き,原点 O を中心とする回転により,点 $(1, 0)$ を出発した点 P が単位円上を動く長さを l として,正の向きの回転に対しては $\theta = l$ (図 1.11),負の向きの回転に対しては $\theta = -l$ (図 1.12) とおき,この θ を回転の**角度**と定義する.角度のこの測り方を**弧度法**という.

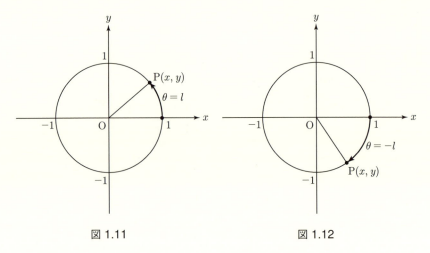

図 1.11　　　　　　　　図 1.12

平面 $\mathbb{R}^2$ において，原点 O を中心とする角 θ の回転により，点 $(1,0)$ がうつされる点を $\mathrm{P}(x,y)$ として，

$$\sin\theta = y, \quad \cos\theta = x, \quad \tan\theta = \frac{y}{x},$$
$$\cot\theta = \frac{x}{y}, \quad \sec\theta = \frac{1}{x}, \quad \csc\theta = \frac{1}{y}$$

と定義する．順に，角 θ の**サイン（正弦）**，**コサイン（余弦）**，**タンジェント（正接）**，**コタンジェント（余接）**，**セカント（正割）**，**コセカント（余割）**とよび，これらの総称が**三角関数**である．$\sin\theta$, $\cos\theta$ の定義域は $\mathbb{R}$ である．$\tan\theta$, $\sec\theta$ の定義域は $\theta \neq \dfrac{\pi}{2} + n\pi$, $n \in \mathbb{Z}$, であり，$\cot\theta$, $\csc\theta$ の定義域は $\theta \neq n\pi$, $n \in \mathbb{Z}$, である．また，次の式が成り立つ．

$$\sin(-\theta) = -\sin\theta, \quad \cos(-\theta) = \cos\theta, \quad \tan(-\theta) = -\tan\theta$$
$$\tan\theta = \frac{\sin\theta}{\cos\theta}, \quad \cot\theta = \frac{\cos\theta}{\sin\theta} = \frac{1}{\tan\theta}, \quad \sec\theta = \frac{1}{\cos\theta}, \quad \csc\theta = \frac{1}{\sin\theta}$$
$$\cos^2\theta + \sin^2\theta = 1, \quad 1 + \tan^2\theta = \sec^2\theta, \quad \cot^2\theta + 1 = \csc^2\theta$$

さらに，次の**加法定理**が成り立つ．

$$\cos(\alpha \pm \beta) = \cos\alpha\cos\beta \mp \sin\alpha\sin\beta \quad \text{（複号同順）}$$
$$\sin(\alpha \pm \beta) = \sin\alpha\cos\beta \pm \cos\alpha\sin\beta \quad \text{（複号同順）}$$

1.6 三角関数

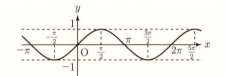

図 1.13　$y = \sin x$

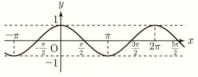

図 1.14　$y = \cos x$

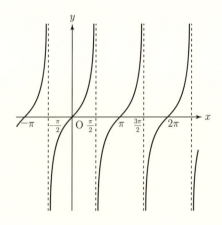

図 1.15　$y = \tan x$

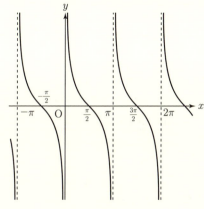

図 1.16　$y = \cot x$

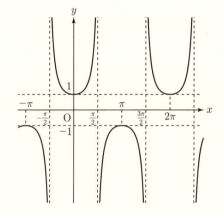

図 1.17　$y = \sec x$

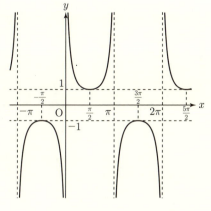

図 1.18　$y = \csc x$

◯問 **1.15** 次の公式を導け.

(1) $\sin\alpha\cos\beta = \dfrac{1}{2}\{\sin(\alpha+\beta)+\sin(\alpha-\beta)\}$

$\cos\alpha\sin\beta = \dfrac{1}{2}\{\sin(\alpha+\beta)-\sin(\alpha-\beta)\}$

$\cos\alpha\cos\beta = \dfrac{1}{2}\{\cos(\alpha+\beta)+\cos(\alpha-\beta)\}$

$\sin\alpha\sin\beta = -\dfrac{1}{2}\{\cos(\alpha+\beta)-\cos(\alpha-\beta)\}$

(2) $\sin A + \sin B = 2\sin\dfrac{A+B}{2}\cos\dfrac{A-B}{2}$

$\sin A - \sin B = 2\cos\dfrac{A+B}{2}\sin\dfrac{A-B}{2}$

$\cos A + \cos B = 2\cos\dfrac{A+B}{2}\cos\dfrac{A-B}{2}$

$\cos A - \cos B = -2\sin\dfrac{A+B}{2}\sin\dfrac{A-B}{2}$

(3) $\sin 2\alpha = 2\sin\alpha\cos\alpha$

$\cos 2\alpha = \cos^2\alpha - \sin^2\alpha = 2\cos^2\alpha - 1 = 1 - 2\sin^2\alpha$

(4) $\sin^2\dfrac{\alpha}{2} = \dfrac{1-\cos\alpha}{2}, \quad \cos^2\dfrac{\alpha}{2} = \dfrac{1+\cos\alpha}{2}$

◯問 **1.16** $(a,b)\neq(0,0)$ について, $\cos\alpha = \dfrac{a}{\sqrt{a^2+b^2}}$, $\sin\alpha = \dfrac{b}{\sqrt{a^2+b^2}}$ なる角 α をとる. 任意の $\theta\in\mathbb{R}$ に対して, 次の等式を証明せよ.

(1) $a\sin\theta + b\cos\theta = \sqrt{a^2+b^2}\sin(\theta+\alpha)$
(2) $a\cos\theta - b\sin\theta = \sqrt{a^2+b^2}\cos(\theta+\alpha)$

| 定理 **1.8** $\displaystyle\lim_{\theta\to 0}\dfrac{\sin\theta}{\theta} = 1$

証明 $A(1,0)$, $P(\cos\theta,\sin\theta)$, $0<\theta<\dfrac{\pi}{2}$ とする (図 1.19).

直線 OP と直線 $x=1$ との交点 T の座標は $(1,\tan\theta)$ である. 面積に関して, △OAP < 扇形 OAP < △OAT であるから,

$$\dfrac{1}{2}\cdot 1\cdot 1\cdot\sin\theta < \dfrac{1}{2}\cdot 1^2\cdot\theta \,^{注5)} < \dfrac{1}{2}\cdot 1\cdot\tan\theta.$$

各辺を $\dfrac{1}{2}\sin\theta$ で割って, $1 < \dfrac{\theta}{\sin\theta} < \dfrac{1}{\cos\theta}$. ゆえに, $\cos\theta < \dfrac{\sin\theta}{\theta} < 1$.

注5) 半径が r, 中心角の大きさが θ の**扇形**の面積を S とすれば, $S = \dfrac{1}{2}r^2\theta$.

1.6 三角関数

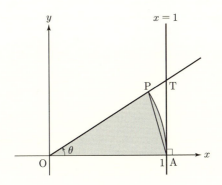

図 1.19

次に,$-\dfrac{\pi}{2} < \theta < 0$ のときは,$0 < -\theta < \dfrac{\pi}{2}$ であるから,θ の代わりに $-\theta$ とおいた式 $\cos(-\theta) < \dfrac{\sin(-\theta)}{-\theta} < 1$ が成り立つ.$\cos(-\theta) = \cos\theta$,$\sin(-\theta) = -\sin\theta$ なので,$\cos\theta < \dfrac{\sin\theta}{\theta} < 1$.結局,$0 < |\theta| < \dfrac{\pi}{2}$ のとき,不等式 $\cos\theta < \dfrac{\sin\theta}{\theta} < 1$ が成り立つことがわかった.$\theta \to 0$ のとき $\cos\theta \to 1$ なので,定理 1.2 より,$\displaystyle\lim_{\theta \to 0} \dfrac{\sin\theta}{\theta} = 1$. □

例題 1.2 次の極限を求めよ.

(1) $\displaystyle\lim_{x \to 0} \dfrac{\sin 2x}{\sin 3x}$ (2) $\displaystyle\lim_{x \to 0} \dfrac{1 - \cos x}{\sin x}$

解 (1) $\displaystyle\lim_{x \to 0} \dfrac{\sin 2x}{\sin 3x} = \lim_{x \to 0} \dfrac{\sin 2x}{2x} \cdot \dfrac{3x}{\sin 3x} \cdot \dfrac{2}{3} = \dfrac{2}{3}$.

(2) $\displaystyle\lim_{x \to 0} \dfrac{1 - \cos x}{\sin x} = \lim_{x \to 0} \dfrac{(1 - \cos x)(1 + \cos x)}{\sin x (1 + \cos x)} = \lim_{x \to 0} \dfrac{1 - \cos^2 x}{\sin x (1 + \cos x)}$

$\displaystyle = \lim_{x \to 0} \dfrac{\sin^2 x}{\sin x (1 + \cos x)} = \lim_{x \to 0} \dfrac{\sin x}{1 + \cos x} = \dfrac{0}{1 + 1} = 0$. □

○問 **1.17** 次の極限を求めよ.

(1) $\displaystyle\lim_{x \to 0} \dfrac{x}{\tan x}$ (2) $\displaystyle\lim_{x \to 0} \dfrac{1 - \cos x}{x^2}$

(3) $\displaystyle\lim_{x \to \pm\infty} x \sin \dfrac{1}{x}$ (4) $\displaystyle\lim_{x \to \frac{\pi}{2}} \dfrac{\cos^2 x}{1 - \sin x}$

1.7 逆三角関数

関数 $y = \sin x$ は，定義域を $-\dfrac{\pi}{2} \leqq x \leqq \dfrac{\pi}{2}$ に制限するとき，この範囲で単調増加であり，値域は $-1 \leqq y \leqq 1$ である．この逆関数を**アークサイン（逆正弦）**とよび，$x = \sin^{-1} y$ と書く．すなわち，$x = \sin^{-1} y$ は $-1 \leqq y \leqq 1$ を定義域とする関数であって，

$$x = \sin^{-1} y \quad \Leftrightarrow \quad y = \sin x,\ -\dfrac{\pi}{2} \leqq x \leqq \dfrac{\pi}{2}.$$

独立変数として x を用いるとき，関数 $y = \sin^{-1} x$ のグラフは，$y = \sin x$，$-\dfrac{\pi}{2} \leqq x \leqq \dfrac{\pi}{2}$，のグラフを直線 $y = x$ に関して対称に移動したものである（図 1.20）．

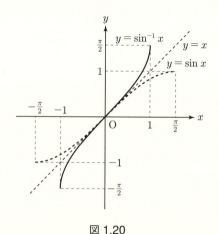

図 1.20

関数 $y = \cos x$ は，定義域を $0 \leqq x \leqq \pi$ に制限するとき，この範囲で単調減少であり，値域は $-1 \leqq y \leqq 1$ である．この逆関数を**アークコサイン（逆余弦）**とよび，$x = \cos^{-1} y$ と書く．$x = \cos^{-1} y$ は $-1 \leqq y \leqq 1$ を定義域とする関数であって，

$$x = \cos^{-1} y \quad \Leftrightarrow \quad y = \cos x,\ 0 \leqq x \leqq \pi.$$

関数 $y = \tan x$ は，定義域を $-\dfrac{\pi}{2} < x < \dfrac{\pi}{2}$ に制限するとき，この範囲で単調増加であり，値域は $\mathbb{R}$ である．この逆関数を**アークタンジェント（逆正接）**とよび，$x = \tan^{-1} y$ と書く．$x = \tan^{-1} y$ は $\mathbb{R}$ を定義域とする関数であって，任意の $y \in \mathbb{R}$ に対して，

演習問題 [A]

$$x = \tan^{-1} y \quad \Leftrightarrow \quad y = \tan x, \quad -\frac{\pi}{2} < x < \frac{\pi}{2}.$$

関数 $\sin^{-1}$, $\cos^{-1}$, $\tan^{-1}$ の総称が**逆三角関数**である．

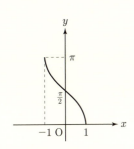

図 1.21 $y = \cos^{-1} x$ 　　　図 1.22 $y = \tan^{-1} x$

●例 1.21 　$\sin^{-1} \dfrac{\sqrt{3}}{2} = \dfrac{\pi}{3}$, $\sin^{-1}(-1) = -\dfrac{\pi}{2}$, $\cos^{-1} \dfrac{1}{2} = \dfrac{\pi}{3}$, $\tan^{-1} \dfrac{1}{\sqrt{3}} = \dfrac{\pi}{6}$.

○問 **1.18** 　次の値を求めよ．
 (1) $\sin^{-1} \dfrac{1}{2}$ 　　　　　　　　(2) $\tan^{-1}(-1)$
 (3) $\tan^{-1} \sqrt{3}$ 　　　　　　　　(4) $\cos^{-1}\left(-\dfrac{1}{\sqrt{2}}\right)$

○問 **1.19** 　次の等式を証明せよ．ただし，(1), (2), (3) では $|x| \leqq 1$ である．
 (1) $\sin^{-1} x + \cos^{-1} x = \dfrac{\pi}{2}$ 　　　(2) $\sin^{-1}(-x) = -\sin^{-1} x$
 (3) $\cos^{-1}(-x) = \pi - \cos^{-1} x$ 　　　(4) $\tan^{-1}(-x) = -\tan^{-1} x$

○問 **1.20** 　次の極限を求めよ．
 (1) $\displaystyle\lim_{x \to 0} \dfrac{\sin^{-1} x}{x}$ 　　　　　　　(2) $\displaystyle\lim_{x \to 1} \tan^{-1}(x^2 - x + 1)$

演習問題 [A]

1.1 次のことを証明せよ．
 (1) 任意の開区間 (a, b) は $\mathbb{R}$ の開集合である．
 (2) 任意の閉区間 $[a, b]$ は $\mathbb{R}$ の閉集合である．

1.2 $\mathbb{R}$ の部分集合 D について，次の条件 (a), (b) が同値であることを証明せよ．
 (a) D は $\mathbb{R}$ の開集合である．
 (b) D は有限個または無限個の開区間の合併集合である．

1.3 $f: \mathbb{R} \to \mathbb{R}$, $f(x) = ax+1$, $g: \mathbb{R} \to \mathbb{R}$, $g(x) = ax-1$ のとき, $f \circ g = g \circ f$ となるような定数 a の値を求めよ.

1.4 $\mathbb{R}$ を定義域とする関数 $f(x) = ax+b$ を考える. 次のそれぞれの条件のもとで, 定数 $a, b \in \mathbb{R}$ の値を求めよ.
 (1) $(f \circ f)(x) = x \quad (x \in \mathbb{R})$
 (2) f による区間 $[0,1]$ の像は区間 $[-2,2]$ に等しい.

1.5 関数 $f(x) = x + \sqrt{x^2 + A}$ の定義域を求めよ. また, $f(x) > 0$ をみたす x の範囲を求めよ. ただし, A は定数である.

1.6 不等式 $1 + \dfrac{1}{x} > 0$ を解くことにより, 関数 $y = \left(1 + \dfrac{1}{x}\right)^x$ の定義域を求めよ (図 2.2 参照).

1.7 $a, b, c \in \mathbb{R}$, $a \neq 0$, とする. $\mathbb{R}$ を定義域とする関数 $f(x) = ax^2 + bx + c$ の値域を求めよ. また, f は単射でないことを証明せよ.

1.8 関数 $y = x^3$ は $\mathbb{R}$ で単調増加であることを証明せよ.

1.9 関数 $y = f(x)$ のグラフを x 軸方向に p, y 軸方向に q だけ平行移動したものは関数 $y = f(x-p) + q$ のグラフであることを証明せよ.

1.10 $a < b$ とする. $a < x < b$ のとき, 次の等式を証明せよ.
$$2\tan^{-1}\sqrt{\frac{x-a}{b-x}} = \sin^{-1}\frac{2x-(a+b)}{b-a} + \frac{\pi}{2}$$

1.11 次の等式を証明せよ.
 (1) $xy < 1$ のとき $\tan^{-1} x + \tan^{-1} y = \tan^{-1} \dfrac{x+y}{1-xy}$.
 (2) $\dfrac{\pi}{4} = 4\tan^{-1}\dfrac{1}{5} - \tan^{-1}\dfrac{1}{239}$ （マチンの公式）

1.12 方程式 $\sin x = 1 - x$ は開区間 $\left(0, \dfrac{\pi}{2}\right)$ 内に少なくとも 1 つの解をもつことを証明せよ.

1.13 閉区間 $[a,b]$ で連続な関数 $f(x)$ の値域が開区間 (a,b) に含まれるとき, 方程式 $f(x) = x$ は開区間 (a,b) 内に少なくとも 1 つの解をもつことを証明せよ.

1.14 $c_0, c_1, \ldots, c_n \in \mathbb{R}$, $c_0 \neq 0$ とする. n が奇数のとき, n 次方程式
$$c_0 x^n + c_1 x^{n-1} + \cdots + c_{n-1} x + c_n = 0$$
は少なくとも 1 つの実数解をもつことを証明せよ.

1.15 次の極限を求めよ.
 (1) $\displaystyle\lim_{x \to -\infty} \dfrac{\sqrt{x^2+1} - x}{x}$ \qquad (2) $\displaystyle\lim_{x \to +\infty} \dfrac{\sin x}{x}$

演習問題 [B]

1.16◇ 開区間 I で定義された関数 $f(x)$ と定点 $a \in I$ に対して，次の条件 (a), (b) が同値であることを証明せよ．

(a) $f(x)$ は $x = a$ で連続である．

(b) $\lim_{n \to \infty} x_n = a$ なる任意の数列 $\{x_n\}$ に対して，$\lim_{n \to \infty} f(x_n) = f(a)$．

1.17◇ 連続性公理を用いて，定理 1.5（中間値の定理）を証明せよ．

1.18◇ 定理 1.6（最大値・最小値の定理）を証明せよ．

演習問題 [B]

1.19 $\lim_{x \to 0} \dfrac{\sqrt{4+x} - 2}{x}$ (2014 年 東北大学大学院)

1.20 $\lim_{x \to \infty} \left\{ \sqrt{x^2 + 3} - \left(x + \sqrt{3}\right) \right\}$ (2014 年 お茶の水女子大学大学院)

1.21 $\lim_{x \to 0} \dfrac{\sin(\sin 8x)}{\sin x + 3x}$ (2014 年 岡山大学大学院)

2
導関数

2.1 微分係数・導関数

数直線 $\mathbb{R}$ の部分集合で定義された関数 $f(x)$ を考える．定義域の内点 a について，極限
$$f'(a) = \lim_{h \to 0} \frac{f(a+h) - f(a)}{h}$$
が有限確定であるとき，関数 $f(x)$ は点 a で**微分可能**であるといい，極限 $f'(a)$ を点 a における**微分係数**（**変化率**）という．この式で $a + h = x$ とおくと，次のようにも書ける．
$$f'(a) = \lim_{x \to a} \frac{f(x) - f(a)}{x - a}$$

●例 2.1 関数 $f(x) = x^2$ の $x = 3$ における微分係数を定義に従って求めよう．
$$f'(3) = \lim_{h \to 0} \frac{(3+h)^2 - 3^2}{h} = \lim_{h \to 0} \frac{6h + h^2}{h} = \lim_{h \to 0} (6 + h) = 6.$$

関数 $f(x)$ が $\mathbb{R}$ の開集合 I の各点で微分可能であるとき，$f(x)$ は I で**微分可能**であるという．このとき，I の各点に対して，その点における微分係数を対応させる関数 $f' : x \mapsto f'(x)$ を $f(x)$ の I における**導関数**という．導関数
$$f'(x) = \lim_{h \to 0} \frac{f(x+h) - f(x)}{h}$$
を求めることを**微分する**という．導関数の記号としては $f'(x)$ 以外に $(f(x))'$ や $\dfrac{\mathrm{d}}{\mathrm{d}x} f(x)$ も用いられる．関数が $y = f(x)$ の形で与えられているときは導関

2.1 微分係数・導関数

数を y' または $\dfrac{dy}{dx}$ と書く．

定理 2.1　(1) $n \in \mathbb{N}$ のとき，$(x^n)' = nx^{n-1}$．
(2) $(c)' = 0$　(c は定数)

証明　(1) 2項定理より，

$$(x+h)^n = \sum_{k=0}^{n} {}_n C_k\, x^{n-k} h^k = x^n + nx^{n-1}h + \sum_{k=2}^{n} {}_n C_k\, x^{n-k} h^k$$

であるから，

$$(x^n)' = \lim_{h \to 0} \frac{(x+h)^n - x^n}{h} = \lim_{h \to 0} \frac{nx^{n-1}h + \sum_{k=2}^{n} {}_n C_k\, x^{n-k} h^k}{h}$$

$$= \lim_{h \to 0} \left(nx^{n-1} + \sum_{k=2}^{n} {}_n C_k\, x^{n-k} h^{k-1} \right) = nx^{n-1}.$$

(2)　$(c)' = \lim_{h \to 0} \dfrac{c - c}{h} = 0.$　□

●**例 2.2**　定理 2.1 を用いると，関数 $f(x) = x^2$ について，$f'(x) = 2x$．ゆえに，$f(x)$ の $x = 3$ における微分係数は $f'(3) = 2 \cdot 3 = 6$．

○**問 2.1**　定理 2.1 を用いて，次の関数の導関数を求めよ．
(1) $y = 2\sqrt{5}$　　　　　　　　　(2) $y = x$
(3) $y = x^5$　　　　　　　　　　(4) $y = x^{100}$

○**問 2.2**　次の関数の導関数を定義に従って求めよ．
(1) $y = \sqrt{x}$　$(x > 0)$　　　　　(2) $y = \dfrac{1}{x}$　$(x \neq 0)$

定理 2.2　関数 $f(x)$ が $x = a$ で微分可能ならば，$f(x)$ は $x = a$ で連続である．

証明　$\lim_{x \to a} f(x) = \lim_{x \to a} \left\{ f(a) + \dfrac{f(x) - f(a)}{x - a} \cdot (x - a) \right\}$

$$= f(a) + f'(a) \cdot 0 = f(a).$$

ゆえに，$f(x)$ は $x = a$ で連続である．　□

定理 2.2 の逆は成り立たない．例えば，次の問 2.3 がその例を与える．

◯問 **2.3** 関数 $f(x) = |x|$ は $x = 0$ で微分可能でないことを証明せよ.

関数 $f(x)$ が $x = a$ で微分可能であるとき, 直線
$$y = f(a) + f'(a)(x - a)$$
を曲線 $y = f(x)$ 上の点 $(a, f(a))$ における**接線**という (図 2.1). 微分係数 $f'(a)$ は曲線 $y = f(x)$ 上の点 $(a, f(a))$ における接線の傾きである. 問 2.38 (§2.9) は, 曲線 $y = f(x)$ が点 $(a, f(a))$ の近くで接線によって「近似される」ことを示している.

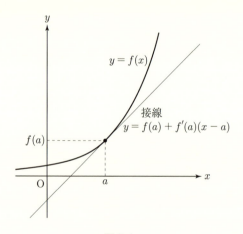

図 2.1

◯問 **2.4** 次の曲線の点 $(1, 1)$ における接線の方程式を求めよ.
 (1) $y = x^2$
 (2) $y = x^3$

2.2 導関数の基本的な性質

定理 2.3 $f(x), g(x)$ を微分可能な関数とするとき, 次のことが成り立つ.
 (1) $(f(x) + g(x))' = f'(x) + g'(x)$
 (2) $(cf(x))' = cf'(x)$ (c は定数)
 (3) $(f(x)g(x))' = f'(x)g(x) + f(x)g'(x)$
 (4) $g(x) \neq 0$ なる範囲で $\left(\dfrac{f(x)}{g(x)}\right)' = \dfrac{f'(x)g(x) - f(x)g'(x)}{g(x)^2}$.

2.2 導関数の基本的な性質

特に, $\left(\dfrac{1}{g(x)}\right)' = -\dfrac{g'(x)}{g(x)^2}$.

証明 (1) $(f(x) + g(x))' = \lim_{h \to 0} \dfrac{(f(x+h) + g(x+h)) - (f(x) + g(x))}{h}$

$= \lim_{h \to 0} \left(\dfrac{f(x+h) - f(x)}{h} + \dfrac{g(x+h) - g(x)}{h} \right) = f'(x) + g'(x).$

(2) $(cf(x))' = \lim_{h \to 0} \dfrac{cf(x+h) - cf(x)}{h}$

$= \lim_{h \to 0} c \cdot \dfrac{f(x+h) - f(x)}{h} = cf'(x).$

(3) $(f(x)g(x))' = \lim_{h \to 0} \dfrac{f(x+h)g(x+h) - f(x)g(x)}{h}$

$= \lim_{h \to 0} \dfrac{(f(x+h) - f(x))\, g(x+h) + f(x)\, (g(x+h) - g(x))}{h}$

$= \lim_{h \to 0} \left(\dfrac{f(x+h) - f(x)}{h} \cdot g(x+h) + f(x) \cdot \dfrac{g(x+h) - g(x)}{h} \right)$

$= f'(x)g(x) + f(x)g'(x)$ [注1].

(4) まず, $f(x) = 1$ の場合を証明する.

$\left(\dfrac{1}{g(x)}\right)' = \lim_{h \to 0} \dfrac{1}{h} \left(\dfrac{1}{g(x+h)} - \dfrac{1}{g(x)} \right) = \lim_{h \to 0} \dfrac{g(x) - g(x+h)}{hg(x+h)g(x)}$

$= \lim_{h \to 0} \left(-\dfrac{g(x+h) - g(x)}{h} \cdot \dfrac{1}{g(x+h)g(x)} \right)$

$= -g'(x) \cdot \dfrac{1}{g(x)^2} = -\dfrac{g'(x)}{g(x)^2}.$

一般の場合は, これと (3) を用いて,

$\left(\dfrac{f(x)}{g(x)}\right)' = \left(f(x) \cdot \dfrac{1}{g(x)}\right)' = f'(x) \cdot \dfrac{1}{g(x)} + f(x) \cdot \left(-\dfrac{g'(x)}{g(x)^2}\right)$

$= \dfrac{f'(x)g(x) - f(x)g'(x)}{g(x)^2}.$ □

[注1] 定理 2.2 より, $\lim_{h \to 0} g(x+h) = g(x)$.

○問 **2.5** 微分可能な関数 $f(x)$, $g(x)$ について，定理 2.3 (1), (2) を用いて，次の等式を確かめよ．
$$(af(x)+bg(x))' = af'(x)+bg'(x) \quad (a, b \text{ は定数})$$

●例 **2.3** $y = x^4 - 4x^3 + 4x^2 + \dfrac{1}{2}$ のとき，
$$y' = (x^4)' - 4(x^3)' + 4(x^2)' + \left(\dfrac{1}{2}\right)'$$
$$= 4x^3 - 4 \cdot 3x^2 + 4 \cdot 2x + 0 = 4x^3 - 12x^2 + 8x.$$

●例 **2.4** $y = \dfrac{2x+3}{x+2}$ のとき，
$$y' = \dfrac{(2x+3)'(x+2)-(2x+3)(x+2)'}{(x+2)^2}$$
$$= \dfrac{2\cdot(x+2)-(2x+3)\cdot 1}{(x+2)^2} = \dfrac{1}{(x+2)^2}.$$

| 定理 **2.4** $n \in \mathbb{Z}$ のとき，$(x^n)' = nx^{n-1}$ $(x \neq 0)$.

証明 $n \geq 0$ のときは定理 2.1 である．$n < 0$ のとき，$m = -n$ とおくと，$m > 0$ であって，$x^n = x^{-m} = \dfrac{1}{x^m}$. 定理 2.3 (4) と定理 2.1 を用いて，
$$(x^n)' = \left(\dfrac{1}{x^m}\right)' = -\dfrac{(x^m)'}{(x^m)^2} = -\dfrac{mx^{m-1}}{x^{2m}} = -mx^{-m-1} = nx^{n-1}. \quad \square$$

○問 **2.6** 次の関数の導関数を求めよ．
(1) $y = \dfrac{3}{5}x^5 - x^3 - 2x + \dfrac{2}{3}$ (2) $y = (x-2)(x^2+1)$
(3) $y = x + 2 + \dfrac{1}{x}$ (4) $y = \dfrac{x-1}{x+1}$

微分可能な関数 $y = f(x)$ に対して，変数 x と無関係な独立変数 h を用意して，
$$\Delta y = \Delta f(x) = f(x+h) - f(x),$$
$$\mathrm{d}y = \mathrm{d}f(x) = f'(x)h$$
と書き，Δy を y の増分，$\mathrm{d}y$ を y の微分という．特に，$y = x$ の場合を考

2.2 導関数の基本的な性質

えて，
$$\Delta x = (x+h) - x = h,$$
$$dx = (x)' \cdot h = 1 \cdot h = h$$
を得て，$h = dx = \Delta x$．ゆえに，任意の関数 $y = f(x)$ について，
$$\Delta y = f(x + \Delta x) - f(x),$$
$$dy = f'(x) \, dx$$
であり，普通は，増分と微分をこの形で表す．

●例 2.5　$y = x^2 + x + 1$ のとき，$y' = 2x + 1$ なので，$dy = y' \, dx = (2x+1) \, dx$．

○問 2.7　次の関数の微分 dy を求めよ．
(1) $y = -3x + 4$
(2) $y = \dfrac{1}{3}x^3 + \dfrac{1}{2}x^2 + x - 2$
(3) $y = \dfrac{1}{x^4}$
(4) $y = \dfrac{1}{1 + x^2}$

定理 2.5（合成関数の導関数）　関数 f は開区間 I で微分可能であり，関数 g は f による I の像を含む開区間 J で微分可能とする．このとき，合成関数 $g \circ f$ は I で微分可能であって，
$$(g(f(x)))' = g'(f(x)) f'(x).$$

証明　任意の $a \in I$ をとる．変数 u の関数
$$\beta(u) = \begin{cases} \dfrac{g(u) - g(f(a))}{u - f(a)} & (u \neq f(a) \text{ のとき}) \\ g'(f(a)) & (u = f(a) \text{ のとき}) \end{cases}$$
は，$u = f(a)$ のときも含めて，J で連続であり，
$$g(u) - g(f(a)) = \beta(u)(u - f(a)).$$
この式に $u = f(x)$ を代入したのち，両辺を $x - a$ で割って，
$$\frac{g(f(x)) - g(f(a))}{x - a} = \beta(f(x)) \cdot \frac{f(x) - f(a)}{x - a}.$$
定理 1.3 より $\beta \circ f$ は I で連続なので，$\displaystyle\lim_{x \to a} \beta(f(x)) = \beta(f(a)) = g'(f(a))$．
また，$\displaystyle\lim_{x \to a} \frac{f(x) - f(a)}{x - a} = f'(a)$ であるから，

$$(g \circ f)'(a) = \lim_{x \to a} \frac{g(f(x)) - g(f(a))}{x - a}$$
$$= \lim_{x \to a} \beta(f(x)) \cdot \frac{f(x) - f(a)}{x - a} = g'(f(a))f'(a).$$

したがって，I において，$(g(f(x)))' = (g \circ f)'(x) = g'(f(x))f'(x)$. □

$y = g(f(x))$，$u = f(x)$ とおくと，$y = g(u)$. このとき，定理 2.5 は次の形で表される．
$$\frac{dy}{dx} = \frac{dy}{du} \frac{du}{dx}$$

例題 2.1 次の関数の導関数を求めよ．

(1) $y = (x^2 + 3x + 2)^7$ (2) $y = \dfrac{1}{(9x - 5)^2}$

解 (1) $u = x^2 + 3x + 2$ とおくと，$y = u^7$ なので，
$$\frac{dy}{dx} = \frac{dy}{du} \frac{du}{dx} = 7u^6 (x^2 + 3x + 2)' = 7(x^2 + 3x + 2)^6 (2x + 3).$$

(2) $y = (9x - 5)^{-2}$ なので，
$$y' = -2(9x - 5)^{-3}(9x - 5)' = -2(9x - 5)^{-3} \cdot 9 = -\frac{18}{(9x - 5)^3}. \quad \square$$

○問 **2.8** 次の関数の導関数を求めよ．

(1) $y = (2x + 1)^4$ (2) $y = (x^2 - x + 1)^{10}$
(3) $y = \dfrac{1}{(x^2 + 5)^3}$ (4) $y = \dfrac{5}{(3 - x)^2}$

定理 2.6（逆関数の導関数） 関数 $f(x)$ は開区間 I で単射であり，f による I の像が開区間 J に等しいとする．さらに，$f(x)$ が I で微分可能であれば，$f(x)$ の逆関数 $f^{-1}(y)$ は $f'(f^{-1}(y)) \neq 0$ なる $y \in J$ の範囲において微分可能であって，
$$(f^{-1})'(y) = \frac{1}{f'(f^{-1}(y))}.$$

証明 $f'(f^{-1}(b)) \neq 0$ なる任意の $b \in J$ をとり，$a = f^{-1}(b)$ とおく．変数 x の関数

2.2 導関数の基本的な性質

$$\alpha(x) = \begin{cases} \dfrac{f(x) - f(a)}{x - a} & (x \neq a \text{ のとき}) \\ f'(a) & (x = a \text{ のとき}) \end{cases}$$

は，$x = a$ のときも含めて，I で連続であり，$f(x) - f(a) = \alpha(x)(x - a)$. 任意の $y \in J$ をとり，変数 x に $f^{-1}(y)$ を代入して，

$$f(f^{-1}(y)) - f(a) = \alpha(f^{-1}(y))\left(f^{-1}(y) - a\right).$$

ここで $f(f^{-1}(y)) = y$ であるから，

$$y - b = \alpha(f^{-1}(y))\left(f^{-1}(y) - f^{-1}(b)\right).$$

定理 1.7 より f^{-1} は J で連続なので，定理 1.3 より $\alpha \circ f^{-1}$ も J で連続である．$\alpha(f^{-1}(b)) = \alpha(a) = f'(a) \neq 0$ であるから，点 b の近くの y について，$\alpha(f^{-1}(y)) \neq 0$. ゆえに，

$$\begin{aligned}
\left(f^{-1}\right)'(b) &= \lim_{y \to b} \frac{f^{-1}(y) - f^{-1}(b)}{y - b} \\
&= \lim_{y \to b} \frac{1}{\alpha(f^{-1}(y))} = \frac{1}{f'(a)} = \frac{1}{f'(f^{-1}(b))}.
\end{aligned}$$

したがって，$f'\left(f^{-1}(y)\right) \neq 0$ なる $y \in J$ の範囲において，

$$\left(f^{-1}\right)'(y) = \frac{1}{f'(f^{-1}(y))}. \qquad \square$$

$y = f(x)$ とおくと $x = f^{-1}(y)$ である．このとき，定理 2.6 は次の形で表される．

$$\frac{dx}{dy} = \frac{1}{\dfrac{dy}{dx}}$$

●例 2.6 関数 $y = \sqrt{x}$ の $x > 0$ における導関数を求めよう．このとき，$x = y^2$ かつ $y > 0$ であり，$\dfrac{dx}{dy} = 2y \neq 0$. ゆえに，$x > 0$ のとき $\dfrac{dy}{dx} = \dfrac{1}{\dfrac{dx}{dy}} = \dfrac{1}{2y} = \dfrac{1}{2\sqrt{x}}$.

○問 2.9 関数 $y = \sqrt[3]{x}$ の $x \neq 0$ における導関数を定理 2.6 を用いて求めよ．また，$y = \sqrt[3]{x}$ は $x = 0$ で微分可能ではないことを証明せよ．

2.3 三角関数・逆三角関数の導関数

定理 2.7 (三角関数の導関数)
(1) $(\sin x)' = \cos x$
(2) $(\cos x)' = -\sin x$
(3) $(\tan x)' = \sec^2 x$

証明 (1) $\sin(x+h) - \sin x = 2\cos\left(x + \dfrac{h}{2}\right)\sin\dfrac{h}{2}$ なので，定理 1.8 と $\cos x$ の連続性より，

$$(\sin x)' = \lim_{h \to 0} \frac{\sin(x+h) - \sin x}{h}$$
$$= \lim_{h \to 0} \cos\left(x + \frac{h}{2}\right) \cdot \frac{\sin\frac{h}{2}}{\frac{h}{2}} = \cos x \cdot 1 = \cos x.$$

(2) $\cos x = \sin\left(x + \dfrac{\pi}{2}\right)$ なので，定理 2.5 より，

$$(\cos x)' = \cos\left(x + \frac{\pi}{2}\right) \cdot \left(x + \frac{\pi}{2}\right)' = -\sin x \cdot 1 = -\sin x.$$

(3) $(\tan x)' = \left(\dfrac{\sin x}{\cos x}\right)' = \dfrac{(\sin x)' \cdot \cos x - \sin x \cdot (\cos x)'}{(\cos x)^2}$

$= \dfrac{\cos x \cos x - \sin x \cdot (-\sin x)}{\cos^2 x} = \dfrac{\cos^2 x + \sin^2 x}{\cos^2 x} = \dfrac{1}{\cos^2 x} = \sec^2 x.$ □

○問 **2.10** 次の等式を証明せよ．
(1) $(\cot x)' = -\csc^2 x$ (2) $(\sec x)' = \sec x \tan x$
(3) $(\csc x)' = -\csc x \cot x$

○問 **2.11** 次の関数の導関数を求めよ．
(1) $y = \sin(2x + 3)$ (2) $y = \cos^2 x$
(3) $y = \cot 3x$ (4) $y = \dfrac{\sin x}{2 + \sin x}$

定理 2.8 (逆三角関数の導関数)
(1) $\left(\sin^{-1} x\right)' = \dfrac{1}{\sqrt{1-x^2}}$ $(-1 < x < 1)$
(2) $\left(\cos^{-1} x\right)' = -\dfrac{1}{\sqrt{1-x^2}}$ $(-1 < x < 1)$

(3) $\left(\tan^{-1} x\right)' = \dfrac{1}{1+x^2}$

証明 (1) $y = \sin^{-1} x$ とおくと，$x = \sin y$. $-1 < x < 1$ のとき $-\dfrac{\pi}{2} < y < \dfrac{\pi}{2}$ なので，$\cos y > 0$. ゆえに，$\dfrac{dx}{dy} = \cos y = \sqrt{1 - \sin^2 y} = \sqrt{1 - x^2} \neq 0$. よって，
$$\dfrac{dy}{dx} = \dfrac{1}{\dfrac{dx}{dy}} = \dfrac{1}{\sqrt{1-x^2}}.$$

(2) 問 1.19 (1) より $\cos^{-1} x = \dfrac{\pi}{2} - \sin^{-1} x$ なので，
$$\left(\cos^{-1} x\right)' = -\left(\sin^{-1} x\right)' = -\dfrac{1}{\sqrt{1-x^2}}.$$

(3) $y = \tan^{-1} x$ とおく．$x = \tan y$ なので，
$$\dfrac{dx}{dy} = \sec^2 y = 1 + \tan^2 y = 1 + x^2 \neq 0.$$
ゆえに，$\dfrac{dy}{dx} = \dfrac{1}{\dfrac{dx}{dy}} = \dfrac{1}{1+x^2}$. □

○問 **2.12** 定理 2.6 を用いて，$\left(\cos^{-1} x\right)' = -\dfrac{1}{\sqrt{1-x^2}}$ を証明せよ．

○問 **2.13** 次の等式を証明せよ．
(1) $\left(\sin^{-1} \dfrac{x}{a}\right)' = \dfrac{1}{\sqrt{a^2 - x^2}}$ $(a > 0)$
(2) $\left(\dfrac{1}{a} \tan^{-1} \dfrac{x}{a}\right)' = \dfrac{1}{x^2 + a^2}$ $(a \neq 0)$

○問 **2.14** 次の関数の導関数を求めよ．
(1) $y = \sin^{-1} x^3$
(2) $y = \cos^{-1}(3x)$
(3) $y = (1 + x^2) \tan^{-1} x$
(4) $y = \sin^{-1} x - \sqrt{1 - x^2}$

2.4 指数関数・対数関数の導関数

次の極限をネイピアの数という（図 2.2）．
$$e = \lim_{x \to \pm\infty} \left(1 + \dfrac{1}{x}\right)^x = 2.718281828459045\cdots$$

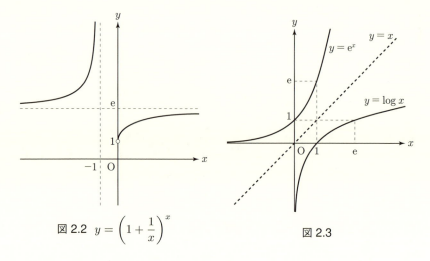

図 2.2 $y = \left(1 + \dfrac{1}{x}\right)^x$ 　　　図 2.3

○問 **2.15** 次の等式を証明せよ．
$$\lim_{h \to 0} (1+h)^{\frac{1}{h}} = \mathrm{e}$$

○問 **2.16** 次の極限を求めよ．

(1) $\displaystyle\lim_{x \to -\infty} \left(1 + \dfrac{2}{x}\right)^x$ 　　　(2) $\displaystyle\lim_{x \to 0} (1-x)^{\frac{3}{x}}$

ネイピアの数 $\mathrm{e} = \displaystyle\lim_{h \to 0} (1+h)^{\frac{1}{h}}$ を底とする対数関数 $\log_{\mathrm{e}} x$ を**自然対数**という．微分積分学では，e を省略して $\log x$ と書くのが習慣である．

定理 2.9（対数関数の導関数）　$a > 0,\ a \neq 1$ のとき，
$(\log_a x)' = \dfrac{1}{x \log a} \quad (x > 0)$．　特に，$(\log x)' = \dfrac{1}{x} \quad (x > 0)$．

証明　$\displaystyle (\log_a x)' = \lim_{h \to 0} \frac{\log_a(x+h) - \log_a x}{h} = \lim_{h \to 0} \frac{1}{h} \log_a \frac{x+h}{x}$
$\displaystyle = \lim_{h \to 0} \frac{1}{x} \cdot \frac{x}{h} \log_a \left(1 + \frac{h}{x}\right) = \lim_{h \to 0} \frac{1}{x} \log_a \left(1 + \frac{h}{x}\right)^{\frac{x}{h}}$
$\displaystyle = \frac{1}{x} \log_a \mathrm{e} = \frac{1}{x \log a}$．

特に，$\log \mathrm{e} = 1$ なので，$(\log x)' = \dfrac{1}{x}$．　□

2.4 指数関数・対数関数の導関数

定理 2.10 （対数関数の導関数） $(\log |x|)' = \dfrac{1}{x}$ $(x \neq 0)$

証明 $y = \log|x|$ とおく．$x > 0$ のとき $y = \log x$ なので，$y' = \dfrac{1}{x}$．また，$x < 0$ のとき $y = \log(-x)$ なので，$y' = \dfrac{1}{-x} \cdot (-x)' = \dfrac{1}{-x} \cdot (-1) = \dfrac{1}{x}$． □

●例 2.7 $y = \log|3x+1|$ のとき，$y' = \dfrac{1}{3x+1} \cdot (3x+1)' = \dfrac{3}{3x+1}$．

○問 2.17 次の等式を証明せよ．
(1) $\left(\log\left|x + \sqrt{x^2 + A}\right|\right)' = \dfrac{1}{\sqrt{x^2 + A}}$ $(A \neq 0)$
(2) $\left(\dfrac{1}{2a} \log\left|\dfrac{x-a}{x+a}\right|\right)' = \dfrac{1}{x^2 - a^2}$ $(a \neq 0)$

定理 2.11 （指数関数の導関数） $a > 0$, $a \neq 1$ のとき，$(a^x)' = a^x \log a$．特に，$(e^x)' = e^x$．

証明 $y = a^x$ とおくと $x = \log_a y$．$\dfrac{dx}{dy} = \dfrac{1}{y \log a} = \dfrac{1}{a^x \log a}$ なので，

$$\dfrac{dy}{dx} = \dfrac{1}{\dfrac{dx}{dy}} = a^x \log a.$$

特に，$\log e = 1$ なので，$(e^x)' = e^x$． □

○問 2.18 定理 2.11 を用いて，次の等式を確かめよ．
$$\lim_{h \to 0} \dfrac{e^h - 1}{h} = 1$$

○問 2.19 次の関数の導関数を求めよ．
(1) $y = x^4 \log x$
(2) $y = \log(e^x + e^{-x})$
(3) $y = xe^{3x}$
(4) $y = 2^x + 2^{-x}$

○問 2.20 関数 $\cosh x$, $\sinh x$, $\tanh x$ を次の式で定義する[注2]．
$$\cosh x = \dfrac{e^x + e^{-x}}{2}, \quad \sinh x = \dfrac{e^x - e^{-x}}{2}, \quad \tanh x = \dfrac{\sinh x}{\cosh x}$$

[注2] 関数 $\cosh x$, $\sinh x$, $\tanh x$ をそれぞれ x のハイパボリックコサイン（双曲線余弦），ハイパボリックサイン（双曲線正弦），ハイパボリックタンジェント（双曲線正接）といい，これらを総称して双曲線関数という．三角関数の記号の使い方にならって，$(\cosh x)^2$, $(\sinh x)^2$ をそれぞれ $\cosh^2 x$, $\sinh^2 x$ と書く．

次の等式を証明せよ．

(1) $\cosh^2 x - \sinh^2 x = 1$ (2) $(\sinh x)' = \cosh x$

(3) $(\cosh x)' = \sinh x$ (4) $(\tanh x)' = \dfrac{1}{\cosh^2 x}$

定理 2.12 $\alpha \in \mathbb{R}$ のとき，$(x^\alpha)' = \alpha x^{\alpha-1}$ $(x > 0)$．

証明 $x^\alpha = e^{\log x^\alpha} = e^{\alpha \log x}$ なので，
$$(x^\alpha)' = e^{\alpha \log x} \cdot (\alpha \log x)' = x^\alpha \cdot \frac{\alpha}{x} = \alpha x^{\alpha-1}. \qquad \square$$

●例 2.8 $y = \sqrt{x}$ の導関数を求めよう．$y = x^{\frac{1}{2}}$ なので，$y' = \dfrac{1}{2} x^{-\frac{1}{2}} = \dfrac{1}{2\sqrt{x}}$．

○問 **2.21** 次の関数の導関数を求めよ．

(1) $y = x^{-\frac{4}{7}}$ (2) $y = x^{\sqrt{2}}$

(3) $y = 4\sqrt[3]{x^2} + 2$ (4) $y = 5x^2 \sqrt[5]{x^3} + 3$

○問 **2.22** 次の関数の導関数を求めよ．

(1) $y = x^x$ $(x > 0)$ (2) $y = x^{\cos x}$ $(x > 0)$

(3) $y = (\log x)^x$ $(x > 1)$ (4) $y = \dfrac{(x+1)^2}{(x+2)^3 (x+3)^4}$

2.5 高次導関数

開区間 I で定義された関数 $f(x)$ を考える．まず，$f^{(0)}(x) = f(x)$ とおき，$n = 1, 2, \ldots$ に対しては，関数 $f^{(n-1)}(x)$ が I で微分可能であるとき，
$$f^{(n)}(x) = \left(f^{(n-1)}(x) \right)'$$
とおくことにより，関数 $f^{(n)}(x)$ が帰納的に定まる．このようにして定義された $f^{(n)}(x)$ を $f(x)$ の**第 n 次導関数**という．$f^{(n)}(x)$ は $(f(x))^{(n)}$ あるいは $\dfrac{d^n}{dx^n} f(x)$ とも書かれる．関数が $y = f(x)$ の形で与えられたときは，$y^{(n)}$ または $\dfrac{d^n y}{dx^n}$ と書く．$n = 1, 2, 3$ のときは上添字 (n) の代わりに n 個の $\prime$（プライム）を書くことが多い．例えば，**第 2 次導関数**は $f''(x)$, $(f(x))''$, y'' と書く．開区間 I において $f(x)$ の第 n 次導関数まで存在するとき，$f(x)$ は I

2.5 高次導関数

で n 回微分可能であるという. $f(x)$ が I で n 回微分可能かつ $f^{(n)}(x)$ が連続であるとき, $f(x)$ は I で $\mathbf{C}^n$ 級であるという. 任意の $n \geqq 0$ について $f(x)$ が I で $\mathbf{C}^n$ 級のとき, $f(x)$ は I で $\mathbf{C}^\infty$ 級であるという.

● 例 2.9　$y = x^4$ のとき,
$$y' = 4x^3, \quad y'' = 12x^2, \quad y''' = 24x, \quad y^{(4)} = 24, \quad y^{(n)} = 0 \quad (n \geqq 5).$$

定理 2.13 （ライプニッツの公式）　$f(x), g(x)$ を n 回微分可能な関数とするとき, 次の等式が成り立つ.
$$(f(x)g(x))^{(n)} = \sum_{k=0}^{n} {}_n\mathrm{C}_k f^{(n-k)}(x) g^{(k)}(x)$$

証明　$p = 0, 1, \ldots, n$ について, $(fg)^{(p)} = \sum_{k=0}^{p} {}_p\mathrm{C}_k f^{(p-k)} g^{(k)}$ であることを数学的帰納法で示せばよい.

まず, $p = 0$ のときは両辺とも fg であって正しい.

次に, $(fg)^{(p-1)} = \sum_{k=0}^{p-1} {}_{p-1}\mathrm{C}_k f^{(p-1-k)} g^{(k)}$ を仮定すると,

$$(fg)^{(p)} = \left((fg)^{(p-1)}\right)' = \sum_{k=0}^{p-1} {}_{p-1}\mathrm{C}_k \left(f^{(p-1-k)} g^{(k)}\right)'$$

$$= \sum_{k=0}^{p-1} {}_{p-1}\mathrm{C}_k \left(f^{(p-k)} g^{(k)} + f^{(p-1-k)} g^{(k+1)}\right)$$

$$= \sum_{k=0}^{p-1} {}_{p-1}\mathrm{C}_k f^{(p-k)} g^{(k)} + \sum_{k=0}^{p-1} {}_{p-1}\mathrm{C}_k f^{(p-k-1)} g^{(k+1)}$$

$$= f^{(p)} g^{(0)} + \sum_{k=1}^{p-1} {}_{p-1}\mathrm{C}_k f^{(p-k)} g^{(k)} + \sum_{k=0}^{p-2} {}_{p-1}\mathrm{C}_k f^{(p-k-1)} g^{(k+1)} + f^{(0)} g^{(p)}$$

$$= f^{(p)} g^{(0)} + \sum_{k=1}^{p-1} {}_{p-1}\mathrm{C}_k f^{(p-k)} g^{(k)} + \sum_{k=1}^{p-1} {}_{p-1}\mathrm{C}_{k-1} f^{(p-k)} g^{(k)} + f^{(0)} g^{(p)}$$

$$= f^{(p)} g^{(0)} + \sum_{k=1}^{p-1} \left({}_{p-1}\mathrm{C}_k + {}_{p-1}\mathrm{C}_{k-1}\right) f^{(p-k)} g^{(k)} + f^{(0)} g^{(p)}$$

$$= f^{(p)} g^{(0)} + \sum_{k=1}^{p-1} {}_p\mathrm{C}_k f^{(p-k)} g^{(k)} + f^{(0)} g^{(p)}$$

$$= \sum_{k=0}^{p} {}_p\mathrm{C}_k f^{(p-k)} g^{(k)} \qquad \square$$

例題 2.2 次の関数の第 n 次導関数を求めよ．
(1) $y = e^{ax}$ $(a \neq 0)$ (2) $y = x^2 e^x$

解 (1) 数学的帰納法により，次の等式が確かめられる．
$$y^{(n)} = a^n e^{ax} \quad (n \geqq 0)$$

(2) $(x^2)' = 2x$, $(x^2)'' = 2$, $(x^2)^{(k)} = 0$ $(k \geqq 3)$, $(e^x)^{(k)} = e^x$ $(k \geqq 0)$.
したがって，$n \geqq 2$ のとき，ライプニッツの公式により
$$y^{(n)} = (e^x x^2)^{(n)}$$
$$= e^x x^2 + n e^x \cdot 2x + \frac{n(n-1)}{2} e^x \cdot 2 + 0 + \cdots + 0$$
$$= \{x^2 + 2nx + n(n-1)\} e^x.$$

この式は $n = 0, 1$ のときも成り立っている． □

〇問 **2.23** 次の関数の第 3 次導関数を求めよ．
(1) $y = x^2 + x + 1$ (2) $y = x^3 + 7x^2 - x + 3$
(3) $y = \log x$ (4) $y = x^3 \log x$

〇問 **2.24** $n \geqq 0$ について，次の等式を証明せよ．
(1) $(\sin x)^{(n)} = \sin\left(x + n \cdot \dfrac{\pi}{2}\right)$ (2) $(\cos x)^{(n)} = \cos\left(x + n \cdot \dfrac{\pi}{2}\right)$

〇問 **2.25** n 回微分可能な関数 $f(x), g(x)$ について，次の等式を証明せよ．
$$(af(x) + bg(x))^{(n)} = af^{(n)}(x) + bg^{(n)}(x) \quad (a, b \text{ は定数})$$

〇問 **2.26** 次の関数の第 n 次導関数を求めよ．
(1) $y = \dfrac{1}{x-a}$ (a は定数) (2) $y = \dfrac{1}{(x+1)(x+2)}$
(3) $y = x^3 e^{2x}$ (4) $y = x \cos x$

2.6 平均値の定理

開区間で定義された関数 $f(x)$ を考える．点 a の近くでは[注3]，$f(x)$ が点 a で最大値［最小値］をとるとき，$f(x)$ は点 a で（弱い意味で）**極大**［**極小**］であるといい，$f(a)$ を $f(x)$ の（弱い意味での）**極大値**［**極小値**］という．極大値と極小値をあわせて**極値**という．

定理 2.14 関数 $f(x)$ は $x=a$ で微分可能とする．$f(x)$ が $x=a$ で極値をとるならば $f'(a)=0$．

証明 $f(x)$ が点 a で極大の場合を考える．このとき，$\delta > 0$ が存在して，$a - \delta < x < a + \delta$ のとき $f(x) \leqq f(a)$ である．$a - \delta < x < a$ のとき $\dfrac{f(x) - f(a)}{x - a} \geqq 0$ なので，$x \to a-0$ として $f'(a) \geqq 0$ を得る．$a < x < a+\delta$ のとき $\dfrac{f(x) - f(a)}{x - a} \leqq 0$ なので，$x \to a+0$ として $f'(a) \leqq 0$ を得る．よって，$f'(a) = 0$ でなければならない．

$f(x)$ が点 a で極小のときも同様である． □

●**例 2.10** 定理 2.14 の逆は成り立たない．例えば，関数 $f(x) = x^3$ について，$f'(x) = 3x^2$ であるから，$f'(0) = 0$．しかし，$f(x)$ は $\mathbb{R}$ で単調増加であって，$x = 0$ で極値をとらない．

●**例 2.11** 関数 $f(x) = 3x^4 - 4x^3$ が極値をとる点を求めたい．導関数は
$$f'(x) = 12x^3 - 12x^2 = 12x^2\,(x-1)$$
であり，方程式 $f'(x) = 0$ の解は $x = 0, 1$ であるから，定理 2.14 によれば，これらが極値をとる点の候補である．実際には，$f(x)$ は $x = 1$ で極小値 -1 をとるが，$x = 0$ では極値をとらない（問 6.6 (2) 参照）．

定理 2.15 （ロルの定理） 関数 $f(x)$ は閉区間 $[a,b]$ で連続，開区間 (a,b) で微分可能とする．さらに，$f(a) = f(b)$ であるとき，$f'(c) = 0$ をみたす $c \in (a,b)$ が存在する．

証明 $k = f(a) = f(b)$ とおく．最大値・最小値の定理（§1.5）により，$f(x)$ の $[a,b]$ における最大値 M と最小値 m が存在する．$m = M$ のとき $f(x)$ は定数なので，(a,b) において恒等的に $f'(x) = 0$．このときは任意の $c \in (a,b)$

[注3] 「$\delta > 0$ が存在して，$|x - a| < \delta$ において」という意味である．

をとればよい．次に，$m < M$ のとき $m \neq k$ または $M \neq k$ が成り立つ．$m \neq k$ のとき，$f(c) = m$ をみたす $c \in (a,b)$ が存在する（図 2.4）．定理 2.14 より，$f'(c) = 0$ を得る．$M \neq k$ のときも同様である． □

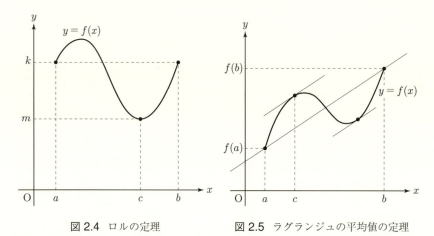

図 2.4 ロルの定理　　図 2.5 ラグランジュの平均値の定理

定理 2.16（コーシーの平均値の定理）　関数 $f(x)$, $g(x)$ は閉区間 $[a,b]$ で連続，開区間 (a,b) で微分可能とする．さらに，開区間 (a,b) で $g'(x) \neq 0$ とする．このとき，次の等式をみたす $c \in (a,b)$ が存在する．

$$\frac{f(b) - f(a)}{g(b) - g(a)} = \frac{f'(c)}{g'(c)}$$

証明　仮に $g(a) = g(b)$ とすると，ロルの定理より $g'(x_0) = 0$ をみたす $x_0 \in (a,b)$ が存在することになり，仮定に反する．ゆえに，$g(a) \neq g(b)$，すなわち，$g(b) - g(a) \neq 0$．そこで，$k = \dfrac{f(b) - f(a)}{g(b) - g(a)}$, $F(x) = f(x) - kg(x)$ とおく．関数 $F(x)$ は $[a,b]$ で連続であり，(a,b) で $F'(x) = f'(x) - kg'(x)$．また，

$$F(b) - F(a) = (f(b) - kg(b)) - (f(a) - kg(a))$$
$$= f(b) - f(a) - k(g(b) - g(a)) = 0$$

なので，$F(a) = F(b)$．ゆえに，ロルの定理より $c \in (a,b)$ が存在して，$F'(c) = 0$．これから，$f'(c) - kg'(c) = 0$，すなわち，$k = \dfrac{f'(c)}{g'(c)}$ を得る． □

2.6 平均値の定理

定理 2.17 (ラグランジュの平均値の定理) 関数 $f(x)$ は閉区間 $[a,b]$ で連続, 開区間 (a,b) で微分可能とする. このとき, 次の等式をみたす $c \in (a,b)$ が存在する (図 2.5).
$$\frac{f(b)-f(a)}{b-a} = f'(c)$$

証明 定理 2.16 で $g(x) = x$ の場合である. □

定理 2.18 (平均値の定理) 関数 $f(x)$ は開区間 I で微分可能とする. このとき, 任意の $a, x \in I$ に対して, 次の等式をみたす $\theta \in (0,1)$ が存在する.
$$f(x) = f(a) + (x-a)f'(a + \theta(x-a))$$

証明 $x > a$ の場合, 定理 2.17 より $c \in (a, x)$ があって,
$$\frac{f(x)-f(a)}{x-a} = f'(c)$$

が成り立つ. ゆえに, $f(x) = f(a) + (x-a)f'(c)$ を得る. そこで, $\theta = \dfrac{c-a}{x-a}$ とおくと, $c = a + \theta(x-a)$ であり, $0 < \theta < 1$ が成り立つ. $x < a$ の場合も同様にして確かめられる. また, $x = a$ の場合は明らかである. □

定理 2.19 関数 $f(x)$ が開区間 I で $f'(x) = 0$ をみたせば, $f(x)$ は I において定数である.

証明 定点 $a \in I$ をとり, $C = f(a)$ とおく. 定理 2.18 より, 任意の $x \in I$ に対し $\theta \in (0,1)$ が存在して,
$$f(x) = f(a) + (x-a)f'(a + \theta(x-a)) = C + (x-a) \cdot 0 = C$$

が成り立つ. すなわち, I において恒等的に $f(x) = C$. □

○問 **2.27** 関数 $f(x), g(x)$ が開区間 I で微分可能であり, $f'(x) = g'(x)$ をみたせば, 定数 C があって, I において恒等的に $f(x) = g(x) + C$ であることを証明せよ.

○問 **2.28** k を定数とする. $\mathbb{R}$ で微分可能な関数 $y = f(x)$ が $y' = ky$ をみたせば, $y = Ce^{kx}$ (C は定数) であることを証明せよ.

2.7 不定形の極限

極限 $\lim_{x \to a} \dfrac{f(x)}{g(x)}$ は, $\lim_{x \to a} f(x) = \lim_{x \to a} g(x) = 0$ のとき, **0/0の不定形**とよばれる. 次の定理はこの形の極限の計算にしばしば利用される.

定理 2.20 (ロピタルの定理) 点 a の近くで, 関数 $f(x)$, $g(x)$ は $x = a$ 以外で微分可能であり, $g'(x) \neq 0$ とする. さらに,
$$\lim_{x \to a} f(x) = \lim_{x \to a} g(x) = 0$$
とする. このとき, $\lim_{x \to a} \dfrac{f'(x)}{g'(x)} = l$ ならば $\lim_{x \to a} \dfrac{f(x)}{g(x)} = l$.

証明 $f(a) = g(a) = 0$ とおけば, $\lim_{x \to a} f(x) = \lim_{x \to a} g(x) = 0$ より, 関数 $f(x)$, $g(x)$ は, 点 a の近くで, $x = a$ も含めて連続になる. コーシーの平均値の定理より, 点 a の近くの各 $x > a$ について, $a < c < x$ をみたす c が存在して,
$$\frac{f(x)}{g(x)} = \frac{f(x) - f(a)}{g(x) - g(a)} = \frac{f'(c)}{g'(c)}.$$
$x \to a + 0$ のとき $c \to a$ なので, $\dfrac{f'(c)}{g'(c)} \to l$. ゆえに, $\lim_{x \to a+0} \dfrac{f(x)}{g(x)} = l$. 同様にして, $\lim_{x \to a-0} \dfrac{f(x)}{g(x)} = l$. したがって, $\lim_{x \to a} \dfrac{f(x)}{g(x)} = l$. □

●例 2.12 $\lim_{x \to 1}(x^2 + 2x - 3) = 0$, $\lim_{x \to 1}(x^2 + 4x - 5) = 0$ に注意して,
$$\lim_{x \to 1} \frac{x^2 + 2x - 3}{x^2 + 4x - 5} = \lim_{x \to 1} \frac{(x^2 + 2x - 3)'}{(x^2 + 4x - 5)'} = \lim_{x \to 1} \frac{2x + 2}{2x + 4} = \frac{4}{6} = \frac{2}{3}.$$

●例 2.13
$$\lim_{x \to 0} \frac{\mathrm{e}^x - 1 - x}{x^2} = \lim_{x \to 0} \frac{(\mathrm{e}^x - 1 - x)'}{(x^2)'}$$
$$= \lim_{x \to 0} \frac{\mathrm{e}^x - 1}{2x} = \lim_{x \to 0} \frac{(\mathrm{e}^x - 1)'}{(2x)'} = \lim_{x \to 0} \frac{\mathrm{e}^x}{2} = \frac{1}{2}.$$
この計算ではロピタルの定理を 2 回用いている.

○問 2.29 次の極限を求めよ.

(1) $\lim_{x \to 2} \dfrac{3x^2 + x - 14}{x^3 - x^2 - x - 2}$
(2) $\lim_{x \to 0} \dfrac{\mathrm{e}^x - \cos x}{x}$

(3) $\lim_{x \to 0} \dfrac{x - \sin^{-1} x}{x^3}$
(4) $\lim_{x \to 1} \dfrac{\sqrt[3]{3x + 5} - 2}{\sqrt[3]{x} - 1}$

2.7 不定形の極限

極限 $\lim_{x \to a} \dfrac{f(x)}{g(x)}$ は，$\lim_{x \to a} |f(x)| = +\infty$ かつ $\lim_{x \to a} |g(x)| = +\infty$ のとき，∞/∞ の**不定形**とよばれる．定理 2.20 と類似の次の定理が知られている．

定理 2.21（ロピタルの定理） 点 a の近くで，関数 $f(x), g(x)$ は $x = a$ 以外で微分可能であり，$g'(x) \neq 0$ とする．さらに，
$$\lim_{x \to a} |f(x)| = \lim_{x \to a} |g(x)| = +\infty$$
とする．このとき，$\lim_{x \to a} \dfrac{f'(x)}{g'(x)} = l$ ならば $\lim_{x \to a} \dfrac{f(x)}{g(x)} = l$.

さらに，$x \to a$ の代わりに $x \to a+0$, $x \to a-0$, $x \to +\infty$, $x \to -\infty$ の場合にも定理 2.20, 2.21 に相当することが正しいことが知られていて，いずれもロピタルの定理とよばれる．

例題 2.3 次の極限を求めよ．
(1) $\lim_{x \to +\infty} \dfrac{x^2}{e^x}$
(2) $\lim_{x \to +0} x \log x$

解 (1) $\lim_{x \to +\infty} \dfrac{x^2}{e^x} = \lim_{x \to +\infty} \dfrac{(x^2)'}{(e^x)'}$
$= \lim_{x \to +\infty} \dfrac{2x}{e^x} = \lim_{x \to +\infty} \dfrac{(2x)'}{(e^x)'} = \lim_{x \to +\infty} \dfrac{2}{e^x} = 0.$

(2) $\lim_{x \to +0} x \log x = \lim_{x \to +0} \dfrac{\log x}{\dfrac{1}{x}} = \lim_{x \to +0} \dfrac{(\log x)'}{\left(\dfrac{1}{x}\right)'} = \lim_{x \to +0} \dfrac{\dfrac{1}{x}}{-\dfrac{1}{x^2}}$
$= \lim_{x \to +0} (-x) = 0.$ □

○問 **2.30** 次の極限を求めよ．
(1) $\lim_{x \to +\infty} \dfrac{\log x}{x}$
(2) $\lim_{x \to +\infty} \dfrac{\log(1 + e^x)}{x}$
(3) $\lim_{x \to +0} \dfrac{\log \sin x}{\log x}$
(4) $\lim_{x \to +0} \left(1 + \dfrac{1}{x}\right)^x$

○問 **2.31** α を定数とする．極限 $\lim_{x \to +0} x^\alpha$, $\lim_{x \to +\infty} x^\alpha$ を調べよ．

○問 **2.32** $\alpha > 0$, $\beta > 0$ のとき，次の等式を証明せよ．
(1) $\lim_{x \to +\infty} \dfrac{\log x}{x^\alpha} = 0$
(2) $\lim_{x \to +\infty} \dfrac{x^\alpha}{e^{\beta x}} = 0$

2.8 テイラーの定理

定理 2.22 （テイラーの定理） 関数 $f(x)$ は閉区間 $[a,b]$ を含む開区間で $n-1$ 回微分可能であり，$f^{(n-1)}(x)$ は閉区間 $[a,b]$ で連続かつ開区間 (a,b) で微分可能とする．このとき，次の等式をみたす $c \in (a,b)$ が存在する．

$$f(b) = \sum_{k=0}^{n-1} \frac{f^{(k)}(a)}{k!}(b-a)^k + \frac{f^{(n)}(c)}{n!}(b-a)^n$$

証明 $F(x) = f(x) - \sum_{k=0}^{n-1} \frac{f^{(k)}(a)}{k!}(x-a)^k$ [注4)], $G(x) = (x-a)^n$ とおく．計算により，

$$F(a) = F'(a) = \cdots = F^{(n-1)}(a) = 0, \quad F^{(n)}(x) = f^{(n)}(x),$$
$$G(a) = G'(a) = \cdots = G^{(n-1)}(a) = 0, \quad G^{(n)}(x) = n!$$

がわかる．コーシーの平均値の定理を用いると，$F(a) = G(a) = 0$ より，$c_1 \in (a,b)$ が存在して，$\frac{F(b)}{G(b)} = \frac{F'(c_1)}{G'(c_1)}$．同様に，$c_2 \in (a,c_1)$ が存在して，$\frac{F'(c_1)}{G'(c_1)} = \frac{F''(c_2)}{G''(c_2)}$．この作業を続けて，

$$\frac{F(b)}{G(b)} = \frac{F'(c_1)}{G'(c_1)} = \cdots = \frac{F^{(n)}(c_n)}{G^{(n)}(c_n)}, \quad a < c_n < \cdots < c_1 < b$$

と書ける．$c = c_n$ とおけば, $a < c < b$ であって，$\frac{F(b)}{G(b)} = \frac{F^{(n)}(c)}{G^{(n)}(c)} = \frac{f^{(n)}(c)}{n!}$．ゆえに，$F(b) = \frac{f^{(n)}(c)}{n!}(b-a)^n$．これから証明すべき式を得る． □

○**問 2.33** 定理 2.22 の証明において，次の等式を確かめよ．

$$F(a) = F'(a) = \cdots = F^{(n-1)}(a) = 0, \quad F^{(n)}(x) = f^{(n)}(x),$$
$$G(a) = G'(a) = \cdots = G^{(n-1)}(a) = 0, \quad G^{(n)}(x) = n!.$$

注4) 関数 $x-a$ について，$x=a$ のときも含めて，$(x-a)^0 = 1$ と約束する．$0! = 1$ にも注意せよ．和の記号 $\sum$ を使わないで書けば，

$$F(x) = f(x) - \left\{ f(a) + \frac{f'(a)}{1!}(x-a) + \frac{f''(a)}{2!}(x-a)^2 + \cdots + \frac{f^{(n-1)}(a)}{(n-1)!}(x-a)^{n-1} \right\}.$$

2.8 テイラーの定理

○問 **2.34** $a > b$ の場合も，定理 2.22 が成り立つことを証明せよ．ただし，この場合は (a, b), $[a, b]$ をそれぞれ (b, a), $[b, a]$ と読み替えなければならない．

定理 2.23 （テイラーの定理）関数 $f(x)$ は開区間 I で n 回微分可能とする．このとき，任意の $a, x \in I$ に対して，次の等式をみたす $\theta \in (0, 1)$ が存在する．

$$f(x) = \sum_{k=0}^{n-1} \frac{f^{(k)}(a)}{k!}(x-a)^k + R_n, \quad R_n = \frac{f^{(n)}(a + \theta(x-a))}{n!}(x-a)^n$$

証明 $x > a$ の場合は定理 2.22 で $b = x$ とおき，$x < a$ の場合は問 2.34 で $b = x$ とおけばよい．いずれの場合も $\theta = \dfrac{c-a}{x-a}$ とおくと，$c = a + \theta(x-a)$ であり，$0 < \theta < 1$ が成り立つ．$x = a$ の場合は明らかである． □

定理 2.24 （マクローリンの定理）関数 $f(x)$ は $0 \in I$ なる開区間 I で n 回微分可能とする．このとき，任意の $x \in I$ に対して，次の等式をみたす $\theta \in (0, 1)$ が存在する．

$$f(x) = \sum_{k=0}^{n-1} \frac{f^{(k)}(0)}{k!}x^k + R_n, \quad R_n = \frac{f^{(n)}(\theta x)}{n!}x^n$$

証明 定理 2.23 で $a = 0$ の場合である． □

定理 2.22, 2.23 で $n = 1$ の場合が平均値の定理である．定理 2.23, 2.24 における R_n を**剰余項**という．

●例 **2.14** $x > -1$ で定義された関数 $f(x) = \log(1+x)$ に対して，$n = 4$ の場合のマクローリンの定理を適用してみよう．

$$f'(x) = \frac{1}{1+x}, \ f''(x) = -\frac{1}{(1+x)^2}, \ f'''(x) = \frac{2}{(1+x)^3}, \ f^{(4)}(x) = -\frac{6}{(1+x)^4}$$

であるから，

$$f(x) = f(0) + f'(0)x + \frac{f''(0)}{2!}x^2 + \frac{f'''(0)}{3!}x^3 + R_4 = x - \frac{1}{2}x^2 + \frac{1}{3}x^3 + R_4,$$

$$R_4 = \frac{f^{(4)}(\theta x)}{4!}x^4 = -\frac{x^4}{4(1+\theta x)^4}, \quad 0 < \theta < 1$$

と書ける．変数 x の値が 0 に近いとき，R_4 を無視することにより，近似式

$$\log(1+x) \fallingdotseq x - \frac{1}{2}x^2 + \frac{1}{3}x^3$$

を得て，剰余項 R_4 はこの近似式における誤差である．例えば，$x = 0.1$ において，

$$\log 1.1 \fallingdotseq 0.1 - \frac{0.1^2}{2} + \frac{0.1^3}{3} = 0.095333\cdots$$

を得るが，

$$0 > R_4 = -\frac{0.1^4}{4(1+\theta \cdot 0.1)^4} > -\frac{0.1^4}{4} = -0.000025,$$

したがって，

$$0.095333\cdots - 0.000025 = 0.095308\cdots$$

より，近似値 $\log 1.1 \fallingdotseq 0.09533$ は小数第 4 位まで正しい．

○問 **2.35** 関数 $f(x) = \sqrt[3]{1+x}$ に対して，$n = 4$ の場合のマクローリンの定理を適用した式を書け．また，それを利用して $\sqrt[3]{1.1}$ の近似値を求めよ．

○問 **2.36** 関数 $f(x) = e^x \cos x$ に対して，$n = 4$ の場合のマクローリンの定理を適用した式を書け．

○問 **2.37** $f(x)$ を n 次関数とするとき，任意の $a, x \in \mathbb{R}$ に対して，次の等式が成り立つことを証明せよ．

$$f(x) = \sum_{k=0}^{n} \frac{f^{(k)}(a)}{k!}(x-a)^k$$
$$= f(a) + \frac{f'(a)}{1!}(x-a) + \frac{f''(a)}{2!}(x-a)^2 + \cdots + \frac{f^{(n)}(a)}{n!}(x-a)^n$$

2.9 ランダウの記号

関数 $f(x), g(x), h(x)$ について，$\lim_{x \to a} \dfrac{f(x) - g(x)}{h(x)} = 0$ のとき，

$$f(x) = g(x) + o(h(x)) \quad (x \to a)$$

と書く．記号 o をランダウの記号という．

●例 **2.15** $\displaystyle\lim_{x \to 1} \frac{x^2 - (2x-1)}{x-1} = \lim_{x \to 1} \frac{(x-1)^2}{x-1} = \lim_{x \to 1}(x-1) = 0$ なので，

$$x^2 = 2x - 1 + o(x-1) \quad (x \to 1).$$

○問 **2.38** 関数 $f(x)$ が $x = a$ で微分可能であるとき，次の式を証明せよ．

$$f(x) = f(a) + f'(a)(x-a) + o(x-a) \quad (x \to a)$$

2.9 ランダウの記号

●例 2.16　例 2.14 より，任意の $x > -1$ に対して，$\theta \in (0,1)$ が存在して，
$$\log(1+x) = x - \frac{1}{2}x^2 + \frac{1}{3}x^3 + R_4, \quad R_4 = -\frac{x^4}{4(1+\theta x)^4}.$$
このとき，
$$\log(1+x) - \left(x - \frac{1}{2}x^2 + \frac{1}{3}x^3 - \frac{1}{4}x^4\right) = R_4 + \frac{1}{4}x^4,$$
$$\frac{R_4 + \frac{1}{4}x^4}{x^4} = -\frac{1}{4(1+\theta x)^4} + \frac{1}{4} \to 0 \quad (x \to 0)$$
であるから，
$$\log(1+x) = x - \frac{1}{2}x^2 + \frac{1}{3}x^3 - \frac{1}{4}x^4 + o(x^4) \quad (x \to 0).$$

○問 **2.39**　$f(x)$ を開区間 I で C^n 級の関数とする．このとき，任意の $a \in I$ に対して，次の式を証明せよ．
$$f(x) = \sum_{k=0}^{n} \frac{f^{(k)}(a)}{k!}(x-a)^k + o((x-a)^n) \quad (x \to a)$$

○問 **2.40**　問 2.39 を用いて，次の式を証明せよ．

(1) $\dfrac{1}{1-x} = 1 + x + x^2 + o(x^2) \quad (x \to 0)$

(2) $\sin x = x - \dfrac{x^3}{6} + \dfrac{x^5}{120} + o(x^6) \quad (x \to 0)$

(3) $\cos x = 1 - \dfrac{x^2}{2} + \dfrac{x^4}{24} + o(x^5) \quad (x \to 0)$

●例 2.17　問 2.39 より，$x \to 0$ のとき $e^x = 1 + x + \dfrac{x^2}{2} + o(x^2)$ であるから，
$$\lim_{x \to 0} \frac{e^x - 1 - x}{x^2} = \lim_{x \to 0} \frac{\frac{x^2}{2} + o(x^2)}{x^2} = \lim_{x \to 0} \left(\frac{1}{2} + \frac{o(x^2)}{x^2}\right) = \frac{1}{2} + 0 = \frac{1}{2}.$$

関数 $f(x)$ と $n \in \mathbb{N}$ について，
$$f(x) = \sum_{k=0}^{n} c_k (x-a)^k + o((x-a)^n) \quad (x \to a)$$
であるような多項式 $P(x) = \sum_{k=0}^{n} c_k (x-a)^k$ が存在するとき，$P(x)$ を $f(x)$ の点 a における**第 n 近似多項式**という．次の問 2.41 より，第 n 近似多項式が存在すれば，それは一意的である．

○問 **2.41** 関数 $f(x)$ と $n \in \mathbb{N}$ について,
$$f(x) = \sum_{k=0}^{n} b_k (x-a)^k + o((x-a)^n) \quad (x \to a),$$
$$f(x) = \sum_{k=0}^{n} c_k (x-a)^k + o((x-a)^n) \quad (x \to a)$$
のとき, $b_k = c_k$ $(k = 0, 1, \ldots, n)$ であることを証明せよ.

例題 2.4 問 2.40 を用いて, 次の問に答えよ.
(1) $\sec x$ の $x = 0$ における第 4 近似多項式 $P(x)$ を求めよ.
(2) $\tan x$ の $x = 0$ における第 5 近似多項式 $Q(x)$ を求めよ.

解 (1) $\sec x$
$$= \frac{1}{\cos x} = \frac{1}{1 - \frac{x^2}{2} + \frac{x^4}{24} + o(x^5)} = \frac{1}{1 - \left(\frac{x^2}{2} - \frac{x^4}{24} + o(x^5)\right)}$$
$$= 1 + \left(\frac{x^2}{2} - \frac{x^4}{24} + o(x^5)\right) + \left(\frac{x^2}{2} - \frac{x^4}{24} + o(x^5)\right)^2$$
$$\quad + o\left(\left(\frac{x^2}{2} - \frac{x^4}{24} + o(x^5)\right)^2\right)$$
$$= 1 + \frac{x^2}{2} - \frac{x^4}{24} + o(x^5) + \left(\frac{x^2}{2} - \frac{x^4}{24}\right)^2 + \left(\frac{x^2}{2} - \frac{x^4}{24}\right) o(x^5)$$
$$\quad + o(x^5)\left(\frac{x^2}{2} - \frac{x^4}{24} + o(x^5)\right) + o(x^4)$$
$$= 1 + \frac{1}{2}x^2 + \frac{5}{24}x^4 + o(x^4) \quad (x \to 0).$$

ゆえに, $P(x) = 1 + \dfrac{1}{2}x^2 + \dfrac{5}{24}x^4.$

(2) $\tan x = \sin x \sec x$
$$= \left(x - \frac{x^3}{6} + \frac{x^5}{120} + o(x^6)\right)\left(1 + \frac{x^2}{2} + \frac{5x^4}{24} + o(x^4)\right)$$
$$= x + \frac{1}{3}x^3 + \frac{2}{15}x^5 - \frac{11}{360}x^7 + \frac{1}{576}x^9 + \left(x - \frac{x^3}{6} + \frac{x^6}{120}\right) o(x^4)$$
$$\quad + o(x^6)\left(1 + \frac{x^2}{2} + \frac{5x^4}{24} + o(x^4)\right)$$
$$= x + \frac{1}{3}x^3 + \frac{2}{15}x^5 + o(x^5) \quad (x \to 0).$$

ゆえに，$Q(x) = x + \dfrac{1}{3}x^3 + \dfrac{2}{15}x^5$. □

関数 $f(x)$, $g(x)$, $h(x)$ について，$\delta > 0$, $M > 0$ が存在して，$0 < |x - a| < \delta$ において $\left| \dfrac{f(x) - g(x)}{h(x)} \right| \leqq M$ が成り立つとき，
$$f(x) = g(x) + O(h(x)) \quad (x \to a)$$
と書く．この記号 O もランダウの記号とよぶ．

○問 **2.42** $f(x)$ を開区間 I で C^{n+1} 級の関数とする．このとき，任意の $a \in I$ に対して，次の式を証明せよ．
$$f(x) = \sum_{k=0}^{n} \dfrac{f^{(k)}(a)}{k!}(x - a)^k + O\left((x - a)^{n+1}\right) \quad (x \to a)$$

● 例 2.18 問 2.42 より，$x \to 0$ のとき $e^x = 1 + x + \dfrac{x^2}{2} + O(x^3)$ であるから，
$$\lim_{x \to 0} \dfrac{e^x - 1 - x}{x^2} = \lim_{x \to 0} \dfrac{\frac{x^2}{2} + O(x^3)}{x^2} = \lim_{x \to 0} \left(\dfrac{1}{2} + \dfrac{O(x^3)}{x^2} \right) = \dfrac{1}{2} + 0 = \dfrac{1}{2}.$$

● 例 2.19 関数 $f(x)$, $g(x)$, $h(x)$ について，
$$f(x) = o(g(x)), \quad g(x) = O(h(x)) \quad (x \to a)$$
としよう．このとき，$\displaystyle\lim_{x \to a} \dfrac{f(x)}{g(x)} = 0$ であり，定数 $M > 0$ が存在して，点 a の近くで $x \neq a$ のとき $\left| \dfrac{g(x)}{h(x)} \right| \leqq M$ であるから，
$$\left| \dfrac{f(x)}{h(x)} \right| = \left| \dfrac{f(x)}{g(x)} \right| \left| \dfrac{g(x)}{h(x)} \right| \leqq \left| \dfrac{f(x)}{g(x)} \right| \cdot M \to 0 \quad (x \to a).$$
したがって，$\displaystyle\lim_{x \to a} \dfrac{f(x)}{h(x)} = 0$ を得て，$f(x) = o(h(x)) \quad (x \to a)$.

演習問題 [A]

2.1 関数 $f(x)$ の定義域の内点 a について，次の条件 (a), (b) が同値であることを証明せよ．
 (a) $f(x)$ は $x = a$ で微分可能である．
 (b) 定数 A が存在して，次の等式が成り立つ．
$$f(x) = f(a) + A(x - a) + o(|x - a|) \quad (x \to a)$$

2.2 次の関数の導関数を求めよ．

(1) $y = 4x - 3$

(2) $y = -3x^2 + 5x - 14$

(3) $y = \left(x - \dfrac{1}{x}\right)^2$

(4) $y = \dfrac{x^2 - 1}{x^2 + 1}$

(5) $y = \dfrac{1}{\sqrt{x^2 + 2x + 5}}$

(6) $y = \left(a^{\frac{2}{3}} - x^{\frac{2}{3}}\right)^{\frac{3}{2}}$ $(a > 0)$

2.3 次の関数の導関数を求めよ．

(1) $y = \dfrac{1}{2}\left(x\sqrt{x^2 + A} + A\log\left|x + \sqrt{x^2 + A}\right|\right)$ $(A \neq 0)$

(2) $y = \dfrac{1}{2}\left(x\sqrt{a^2 - x^2} + a^2 \sin^{-1}\dfrac{x}{a}\right)$ $(a > 0)$

(3) $y = -\log|\cos x|$

(4) $y = \log|\sin x|$

(5) $y = \log\left|\tan\dfrac{x}{2}\right|$

(6) $y = \log\left|\dfrac{1 + \tan\frac{x}{2}}{1 - \tan\frac{x}{2}}\right|$

2.4 次の曲線の指定された点における接線の方程式を求めよ．

(1) $y = x^2 - 3x + 2$, 点 $(1, 0)$

(2) $y = \log(1 + x)$, 点 $(2, \log 3)$

2.5 次の関数の逆関数を求めよ．

(1) $y = \sinh x$

(2) $y = \cosh x$ $(x \geqq 0)$

2.6 次の双曲線関数の**加法定理**を証明せよ．

(1) $\sinh(x \pm y) = \sinh x \cosh y \pm \cosh x \sinh y$ （複号同順）

(2) $\cosh(x \pm y) = \cosh x \cosh y \pm \sinh x \sinh y$ （複号同順）

2.7 関数

$$f(x) = \begin{cases} \dfrac{1}{2}x^2 & (x \geqq 0 \text{ のとき}) \\ -\dfrac{1}{2}x^2 & (x < 0 \text{ のとき}) \end{cases}$$

について，$f'(x) = |x|$ であることを証明せよ．

2.8 次の関数の導関数 $f'(x)$ を求めよ．次に，$f'(x)$ が $x = 0$ で連続でないことを確かめよ[注5]．

$$f(x) = \begin{cases} x^2 \sin\dfrac{1}{x} & (x \neq 0 \text{ のとき}) \\ 0 & (x = 0 \text{ のとき}) \end{cases}$$

2.9 次の等式を証明せよ．ただし，a, b, c, d, A, B は定数である．

(1) $y = \dfrac{ax + b}{cx + d}$ のとき $\dfrac{y'''}{y'} - \dfrac{3}{2}\left(\dfrac{y''}{y'}\right)^2 = 0$ $(ad - bc \neq 0)$.

[注5] これは $\mathbb{R}$ で微分可能であるが，C^1 級でない関数の例である．

演習問題 [A]

(2) $y = Ae^{ax} + Be^{bx}$ のとき $y'' - (a+b)y' + aby = 0$.

2.10 次の関数の第3次導関数を求めよ．
(1) $y = \sqrt{x}$
(2) $y = x\tan^{-1} x$

2.11 次の関数の第 n 次導関数を求めよ．
(1) $y = x^2 \log x$
(2) $y = e^x \sin x$

2.12 $0 < a < b$ とする．次の関数 $f(x)$ について，定理 2.17 の等式をみたす $c \in (a, b)$ を求めよ．
(1) $f(x) = x^2$
(2) $f(x) = x^3$

2.13 平均値の定理を用いて，次の不等式を証明せよ．
$$x > 0 \text{ のとき } \frac{1}{x+1} < \log(x+1) - \log x < \frac{1}{x}.$$

2.14 アークコタンジェント（逆余接）$\cot^{-1}$ は，任意の $x \in \mathbb{R}$ に対して，
$$y = \cot^{-1} x \iff x = \cot y, \ 0 < y < \pi$$
により定義される（図 2.6）．次の等式を証明せよ．
(1) $\left(\cot^{-1} x\right)' = -\dfrac{1}{1+x^2}$
(2) $\tan^{-1} x + \cot^{-1} x = \dfrac{\pi}{2}$

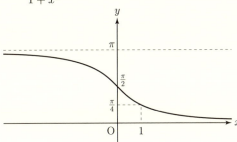

図 2.6 $y = \cot^{-1} x$

2.15 開区間 $(-1, 1)$ で微分可能な関数 $y = f(x)$ について，
$$(1 - x^2) y' - xy = 0$$
のとき，次の式を証明せよ．
$$y = \frac{C}{\sqrt{1 - x^2}} \quad (C \text{ は定数})$$

2.16 次の極限を求めよ．ただし，a は定数である．
(1) $\displaystyle\lim_{x \to +\infty} \dfrac{e^x - 1}{e^x + 1}$
(2) $\displaystyle\lim_{x \to +\infty} \left(1 + \dfrac{a}{x}\right)^x$

2.17 ロピタルの定理を用いて，次の極限を求めよ．
(1) $\displaystyle\lim_{x\to 0}\left(\frac{1}{x}-\frac{1}{\sin x}\right)$
(2) $\displaystyle\lim_{x\to 0}\left(\frac{1}{x^2}-\frac{1}{\sin^2 x}\right)$
(3) $\displaystyle\lim_{x\to-\infty} x\left(\frac{\pi}{2}+\tan^{-1} x\right)$
(4) $\displaystyle\lim_{x\to\frac{\pi}{2}-0}(\tan x)^{\cos x}$

2.18 問 2.37 を用いて，次の恒等式における定数 A, B, C, D の値を求めよ．
(1) $2x^2+x-3 = A+B(x-1)+C(x-1)^2$
(2) $x^3+2x^2-3x+5 = A+B(x+2)+C(x+2)^2+D(x+2)^3$

演習問題 [B]

2.19 関数 $f(x)$ は区間 (a,b) において微分可能であって，$f(a+0)=\displaystyle\lim_{h\to+0}f(a+h)$ が存在するものとする．$f'(a+0)=\displaystyle\lim_{h\to+0}f'(a+h)$ が存在するとき，a における右側微分係数 $f'_+(a)=\displaystyle\lim_{h\to+0}\frac{f(a+h)-f(a+0)}{h}$ は存在するか？

(1999 年 東北大学大学院)

2.20 下記の極限値を求めよ．存在しない場合はそのことを示せ．
(1) $\displaystyle\lim_{x\to 0}\frac{2}{2+2^{\frac{1}{x}}}$
(2) $\displaystyle\lim_{x\to 0}(1+2x+3x^2)^{\frac{1}{x}}$

(2006 年 東北大学大学院)

2.21 $\displaystyle\lim_{x\to +0} x\left(a^{\frac{1}{x}}-1\right)$ $(a>0,\ a\neq 1)$ (2012 年 東北大学大学院)

2.22 $\displaystyle\lim_{x\to 0}(\cos x)^{\frac{1}{x^2}}$ (2015 年 東北大学大学院)

2.23 $\displaystyle\lim_{x\to 0}\frac{1}{x}\left(\frac{1}{x}-\frac{1}{\tan x}\right)$ (2008 年 筑波大学大学院)

2.24 $\displaystyle\lim_{x\to+\infty}\log\left(\frac{\log x}{x}\right)^{\frac{1}{x}}$ (2014 年 筑波大学大学院)

2.25 $f(x)=\log(1+x^2)$ とする．このとき以下の問に答えよ．
(1) $f(x)$ を x の 4 次式で近似せよ．
(2) 次の極限を求めよ．
$$\lim_{x\to 0}\frac{x^2-\log(1+x^2)}{x^2\sin^2 x}$$

(2012 年 筑波大学大学院)

3
不定積分・定積分

3.1 不定積分

数直線 $\mathbb{R}$ の開集合で定義された関数 $f(x)$ を考える。$F'(x) = f(x)$ をみたす関数 $F(x)$ を $f(x)$ の**原始関数**または**不定積分**という。関数 $f(x)$ の不定積分を $\int f(x)\,dx$ と書く。この記号において $f(x)$ を**被積分関数**という。不定積分を求めることを**積分する**という。

定理 3.1 $f(x)$ を開区間 I で定義された関数とする。関数 $F(x)$ が $f(x)$ の不定積分のひとつであれば，$f(x)$ のすべての不定積分が $F(x) + C$（C は定数）の形で与えられる。

証明 $F'(x) = f(x)$ なので，任意の定数 C に対して，
$$(F(x) + C)' = F'(x) + 0 = f(x)$$
を得て，$F(x) + C$ は $f(x)$ の不定積分である。次に，$G(x)$ を $f(x)$ の I における任意の不定積分とすると，$G'(x) = f(x) = F'(x)$ なので，問 2.27 より，定数 C があって，$G(x) = F(x) + C$ と書ける。 □

定理 3.2 関数 $f(x)$ が開区間 I で連続ならば，$f(x)$ の I における不定積分が存在する。

証明 定理 3.17（§3.5）の $S(x)$ は $f(x)$ のひとつの不定積分である。 □

●**例 3.1** $(-\cos x)' = \sin x$ なので，$-\cos x$ は $\sin x$ のひとつの不定積分である。ゆえに，

$$\int \sin x \, dx = -\cos x.$$

しかし，例えば，$-\cos x + 2$ も $\sin x$ の不定積分なので，$\int \sin x \, dx = -\cos x + 2$ と書いてもよい．このように $\int f(x) \, dx$ は不定積分のひとつを表す記号であって，一意的ではない．

●**例 3.2** 定理 3.1 の任意定数 C を**積分定数**という．次のように書けば，関数 $\sin x$ のすべての不定積分を書いたことになる．

$$\int \sin x \, dx = -\cos x + C \quad (C \text{ は定数})$$

関数の定義域がいくつかの互いに交わらない開区間の合併である場合には，積分定数はそれらの開区間ごとに別々の定数である．例えば，$(\log|x|)' = \dfrac{1}{x}$ なので，$\log|x|$ は $\dfrac{1}{x}$ の不定積分であり，

$$\int \frac{1}{x} \, dx = \log|x| + C \quad (x \neq 0)$$

と書くことができるが，定数 C は 2 つの開区間 $(-\infty, 0)$, $(0, +\infty)$ でそれぞれ別の定数である．

以後，記号 $\int f(x) \, dx$ は，例 3.1 のように，関数 $f(x)$ の不定積分の「ひとつ」を表すのに用い，積分定数は含めないことにする．したがって，$f(x)$ の不定積分の「すべて」を表すためには，C を定数として，$\int f(x) \, dx + C$ と書く．

> **定理 3.3** 関数 $f(x)$, $g(x)$ の不定積分が存在するとき，次のことが成り立つ．
> (1) $\int (f(x) + g(x)) \, dx = \int f(x) \, dx + \int g(x) \, dx$
> (2) $\int cf(x) \, dx = c \int f(x) \, dx \quad (c \text{ は定数})$

証明 (1) $\left(\int f(x) \, dx + \int g(x) \, dx \right)' = \left(\int f(x) \, dx \right)' + \left(\int g(x) \, dx \right)'$
$= f(x) + g(x).$
ゆえに，$\int (f(x) + g(x)) \, dx = \int f(x) \, dx + \int g(x) \, dx.$

3.1 不定積分

(2) $\left(c\int f(x)\,dx\right)' = c\left(\int f(x)\,dx\right)' = cf(x)$ より,

$$\int cf(x)\,dx = c\int f(x)\,dx.\qquad\square$$

○問 **3.1** 関数 $f(x)$, $g(x)$ の不定積分が存在するとき, 定理 3.3 を用いて, 次の式を導け.

$$\int (af(x)+bg(x))\,dx = a\int f(x)\,dx + b\int g(x)\,dx \quad (a,\,b\text{ は定数})$$

具体的な計算でよく現れる関数の不定積分の公式をまとめて書いておく.

定理 3.4

$$\int x^\alpha\,dx = \frac{1}{\alpha+1}x^{\alpha+1} \qquad (\alpha \neq -1)$$

$$\int \frac{dx}{x} = \log|x| \quad {}^{注1)} \qquad\qquad \int e^x\,dx = e^x$$

$$\int \cos x\,dx = \sin x \qquad\qquad \int \sin x\,dx = -\cos x$$

$$\int \sec^2 x\,dx = \tan x \qquad\qquad \int \csc^2 x\,dx = -\cot x$$

$$\int \frac{dx}{x^2-a^2} = \frac{1}{2a}\log\left|\frac{x-a}{x+a}\right| \qquad (a\neq 0)$$

$$\int \frac{dx}{x^2+a^2} = \frac{1}{a}\tan^{-1}\frac{x}{a} \qquad (a\neq 0)$$

$$\int \frac{dx}{\sqrt{x^2+A}} = \log\left|x+\sqrt{x^2+A}\right| \qquad (A\neq 0)$$

$$\int \frac{dx}{\sqrt{a^2-x^2}} = \sin^{-1}\frac{x}{a} \qquad (a>0)$$

証明 いずれも右辺の関数を微分することにより左辺の被積分関数が得られることを示せばよい (定理 2.7, 2.10, 2.11, 2.12, 問 2.10, 2.13, 2.17 参照). $\square$

● 例 **3.3** $\displaystyle\int \sqrt[3]{x^2}\,dx = \int x^{\frac{2}{3}}\,dx = \frac{1}{\frac{2}{3}+1}x^{\frac{2}{3}+1} = \frac{3}{5}x\sqrt[3]{x^2}.$

注1) $\displaystyle\int \frac{dx}{f(x)}$ は $\displaystyle\int \frac{1}{f(x)}\,dx$ の略記.

●例 3.4　$\displaystyle\int (2x+3)^2\,dx = \int (4x^2+12x+9)\,dx$

$\displaystyle\qquad\qquad\qquad = 4\int x^2\,dx + 12\int x\,dx + 9\int dx$ [注2)]

$\displaystyle\qquad\qquad\qquad = 4\cdot\frac{1}{3}x^3 + 12\cdot\frac{1}{2}x^2 + 9x = \frac{4}{3}x^3 + 6x^2 + 9x.$

○問 **3.2**　次の不定積分を求めよ．

(1) $\displaystyle\int (-3x+17)\,dx$　　　　　(2) $\displaystyle\int (x^4+x^2+1)\,dx$

(3) $\displaystyle\int \tan^2 x\,dx$　　　　　　(4) $\displaystyle\int \cot^2 x\,dx$

○問 **3.3**　次の不定積分を求めよ．

(1) $\displaystyle\int \frac{dx}{x^2-1}$　　　　　　(2) $\displaystyle\int \frac{dx}{x^2+2}$

(3) $\displaystyle\int \frac{dx}{\sqrt{x^2-3}}$　　　　　(4) $\displaystyle\int \frac{dx}{\sqrt{4-x^2}}$

○問 **3.4**　次の条件をみたす関数 $F(x)$ を求めよ．

(1) $F'(x) = x^2+2x+3,\ F(0)=1$　　(2) $F'(x) = \sin x,\ F(\pi)=0$

○問 **3.5**　次の公式を確かめよ．

(1) $\displaystyle\int \cosh x\,dx = \sinh x$　　　　(2) $\displaystyle\int \sinh x\,dx = \cosh x$

(3) $\displaystyle\int a^x\,dx = \frac{a^x}{\log a}\quad (a>0,\ a\neq 0)$

定理 **3.5**　$\displaystyle\int f(x)\,dx = F(x)$ のとき，

$$\int f(ax+b)\,dx = \frac{1}{a}F(ax+b)\quad (a,\ b\ は定数,\ a\neq 0).$$

証明　$\displaystyle\left\{\frac{1}{a}F(ax+b)\right\}' = \frac{1}{a}F'(ax+b)\cdot(ax+b)' = F'(ax+b) = f(ax+b)$
より，

$$\int f(ax+b)\,dx = \frac{1}{a}F(ax+b).\qquad\square$$

注2)　$\displaystyle\int dx$ は $\displaystyle\int 1\,dx$ の略記．

3.1 不定積分

●例 3.5 不定積分 $\int (2x+3)^2 \, dx$ を求めよう．$\int x^2 \, dx = \dfrac{1}{3}x^3$ なので，定理 3.5 より，
$$\int (2x+3)^2 \, dx = \frac{1}{2} \cdot \frac{1}{3} (2x+3)^3 = \frac{1}{6}(2x+3)^3 \quad \text{注 3)}.$$

例題 3.1 次の不定積分を求めよ．
(1) $\displaystyle \int \frac{dx}{x^2+5x+6}$ \qquad (2) $\displaystyle \int \sin^4 x \, dx$

解 (1) $\displaystyle \int \frac{dx}{x^2+5x+6} = \int \frac{dx}{\left(x+\frac{5}{2}\right)^2 - \frac{1}{4}}$
$$= \frac{1}{2 \cdot \frac{1}{2}} \log \left| \frac{\left(x+\frac{5}{2}\right) - \frac{1}{2}}{\left(x+\frac{5}{2}\right) + \frac{1}{2}} \right| = \log \left| \frac{x+2}{x+3} \right|.$$

(2) $\sin^4 x = \left(\sin^2 x\right)^2 = \left\{ \dfrac{1}{2}(1-\cos 2x) \right\}^2 = \dfrac{1}{4}\left(1 - 2\cos 2x + \cos^2 2x\right)$
$$= \frac{1}{4}\left\{ 1 - 2\cos 2x + \frac{1}{2}(1+\cos 4x) \right\} = \frac{3}{8} - \frac{1}{2}\cos 2x + \frac{1}{8}\cos 4x.$$

ゆえに，
$$\int \sin^4 x \, dx = \int \left(\frac{3}{8} - \frac{1}{2}\cos 2x + \frac{1}{8}\cos 4x \right) dx$$
$$= \frac{3}{8}x - \frac{1}{4}\sin 2x + \frac{1}{32}\sin 4x. \qquad \square$$

定理 3.6 $f(x)$ を微分可能な関数とするとき，$\displaystyle \int \frac{f'(x)}{f(x)} \, dx = \log |f(x)|.$

証明 $(\log|f(x)|)' = \dfrac{1}{f(x)} \cdot f'(x) = \dfrac{f'(x)}{f(x)}$ より，$\displaystyle \int \frac{f'(x)}{f(x)} \, dx = \log |f(x)|.$
$\square$

●例 3.6 $\displaystyle \int \tan x \, dx = \int \frac{\sin x}{\cos x} \, dx = -\int \frac{-\sin x}{\cos x} \, dx$
$$= -\int \frac{(\cos x)'}{\cos x} \, dx = -\log |\cos x|.$$

注 3) $\dfrac{1}{6}(2x+3)^3 = \dfrac{4}{3}x^3 + 6x^2 + 9x + \dfrac{9}{2}$ なので，例 3.4 で得られた式と定数 $\dfrac{9}{2}$ だけ異なる．不定積分には定数の差だけの任意性があるので，計算の仕方によって，定数の差だけ異なる式が得られることはよくある．

●例 3.7 $\displaystyle\int \frac{x^3}{x^4+1}\,dx = \frac{1}{4}\int \frac{4x^3}{x^4+1}\,dx$
$\displaystyle\qquad\qquad\qquad = \frac{1}{4}\int \frac{(x^4+1)'}{x^4+1}\,dx = \frac{1}{4}\log\left(x^4+1\right).$

○問 3.6 次の不定積分を求めよ．

(1) $\displaystyle\int (1-3x)^3\,dx$
(2) $\displaystyle\int e^{7x+5}\,dx$
(3) $\displaystyle\int \sin 3x\,\cos 2x\,dx$
(4) $\displaystyle\int \cos^4 x\,\sin^4 x\,dx$

○問 3.7 次の不定積分を求めよ．

(1) $\displaystyle\int \frac{dx}{(2x-1)^2-16}$
(2) $\displaystyle\int \frac{dx}{2x^2+2x+1}$
(3) $\displaystyle\int \frac{dx}{\sqrt{x^2-6x+7}}$
(4) $\displaystyle\int \frac{dx}{\sqrt{4x-x^2}}$

○問 3.8 次の不定積分を求めよ．

(1) $\displaystyle\int \cot x\,dx$
(2) $\displaystyle\int \frac{2x-3}{x^2-3x+2}\,dx$
(3) $\displaystyle\int \frac{x}{x^2+1}\,dx$
(4) $\displaystyle\int \frac{dx}{x\log x}$

3.2 不定積分の計算（1）

次の定理 3.7 を用いて不定積分を計算する方法を**置換積分法**という．この定理は，積分記号の下に $x=\varphi(t)$ と微分 $dx=\varphi'(t)\,dt$ を形式的に代入した式が本当に正しいことを保証する．

定理 3.7（置換積分法の公式） $\varphi(t)$ を微分可能な関数とする．$x=\varphi(t)$ とおくとき，
$$\int f(x)\,dx = \int f(\varphi(t))\varphi'(t)\,dt.$$

証明 $F(x)=\displaystyle\int f(x)\,dx$ とおくと，$F'(x)=f(x)$ なので，
$$\frac{d}{dt}F(\varphi(t)) = F'(\varphi(t))\varphi'(t) = f(\varphi(t))\varphi'(t).$$
ゆえに，$\displaystyle\int f(\varphi(t))\varphi'(t)\,dt = F(\varphi(t)) = F(x) = \int f(x)\,dx.$ □

3.2 不定積分の計算 (1)

●例 3.8 不定積分 $\int (2x+3)^2 \, dx$ を求めよう．$2x+3=t$ とおくと，$dx = \dfrac{1}{2} dt$．

$$\int (2x+3)^2 \, dx = \int t^2 \cdot \frac{1}{2} \, dt = \frac{1}{2} \int t^2 \, dt = \frac{1}{2} \cdot \frac{1}{3} t^3 = \frac{1}{6}(2x+3)^3.$$

●例 3.9 関数 $\tan x$ の不定積分を求めよう．$\cos x = t$ とおくと $-\sin x \, dx = dt$ なので，$\sin x \, dx = (-1) dt$．ゆえに，

$$\int \tan x \, dx = \int \frac{\sin x}{\cos x} \, dx = \int \frac{-1}{t} \, dt = -\log |t| = -\log |\cos x|.$$

例題 3.2 次の不定積分を求めよ．
(1) $\displaystyle\int \sin^5 x \cos x \, dx$ 　　　　(2) $\displaystyle\int (x^2+2)\sqrt{x+1} \, dx$

解 (1) $\sin x = t$ とおくと，$\cos x \, dx = dt$．ゆえに，

$$\int \sin^5 x \cos x \, dx = \int t^5 \, dt = \frac{1}{6} t^6 = \frac{1}{6} \sin^6 x.$$

(2) $\sqrt{x+1} = t$ とおくと，$x = t^2 - 1$，$dx = 2t \, dt$．ゆえに，

$$\int (x^2+2)\sqrt{x+1} \, dx = \int \left\{ (t^2-1)^2 + 2 \right\} t \cdot 2t \, dt$$

$$= 2\int (t^6 - 2t^4 + 3t^2) \, dt$$

$$= 2\left(\frac{1}{7} t^7 - \frac{2}{5} t^5 + t^3 \right) = \frac{2}{35}(5t^4 - 14t^2 + 35) t^3$$

$$= \frac{2}{35} \left\{ 5(x+1)^2 - 14(x+1) + 35 \right\} (x+1)\sqrt{x+1}$$

$$= \frac{2}{35}(5x^2 - 4x + 26)(x+1)\sqrt{x+1}. \qquad \square$$

○問 **3.9** 次の不定積分を求めよ．
(1) $\displaystyle\int x^2 (x^3+1)^5 \, dx$ 　　　　(2) $\displaystyle\int x e^{x^2} \, dx$
(3) $\displaystyle\int \frac{(\log x)^2}{x} \, dx$ 　　　　(4) $\displaystyle\int \cos^3 x \sin x \, dx$

○問 **3.10** $ax + b = t$ とおくことにより，定理 3.5 を証明せよ．

○問 **3.11** $f(x) = t$ とおくことにより，定理 3.6 を証明せよ．

例題 3.3 $a > 0$ とする．置換積分法により，次の公式を導け．
$$\int \sqrt{a^2 - x^2}\, dx = \frac{1}{2}\left(x\sqrt{a^2 - x^2} + a^2 \sin^{-1}\frac{x}{a}\right)$$

解 $x = a\sin t \ \left(-\dfrac{\pi}{2} \leq t \leq \dfrac{\pi}{2}\right)$ とおくと，

$t = \sin^{-1}\dfrac{x}{a}, \quad dx = a\cos t\, dt, \quad a^2 - x^2 = a^2(1 - \sin^2 t) = a^2 \cos^2 t.$

$\cos t \geqq 0$ なので，$\sqrt{a^2 - x^2} = a\cos t.$ ゆえに，

$$\int \sqrt{a^2 - x^2}\, dx = \int a\cos t \cdot a\cos t\, dt$$
$$= a^2 \int \cos^2 t\, dt = a^2 \int \frac{1 + \cos 2t}{2}\, dt$$
$$= \frac{1}{2}a^2\left(t + \frac{1}{2}\sin 2t\right) = \frac{1}{2}a^2(t + \sin t \cos t)$$
$$= \frac{1}{2}a^2\left(\sin^{-1}\frac{x}{a} + \frac{x}{a} \cdot \frac{\sqrt{a^2 - x^2}}{a}\right)$$
$$= \frac{1}{2}\left(x\sqrt{a^2 - x^2} + a^2 \sin^{-1}\frac{x}{a}\right). \qquad \square$$

○**問 3.12** $x + \sqrt{x^2 + A} = t$ のとき，次の等式を証明せよ．
(1) $x = \dfrac{t^2 - A}{2t}$ \qquad (2) $\sqrt{x^2 + A} = \dfrac{t^2 + A}{2t}$ \qquad (3) $dx = \dfrac{t^2 + A}{2t^2}\, dt$

○**問 3.13** $x + \sqrt{x^2 + A} = t$ とおくことにより，次の公式を導け．
$$\int \sqrt{x^2 + A}\, dx = \frac{1}{2}\left(x\sqrt{x^2 + A} + A\log\left|x + \sqrt{x^2 + A}\right|\right) \quad (A \neq 0)$$

○**問 3.14** 例題 3.3，問 3.13 の公式を用いて，次の不定積分を求めよ．
(1) $\displaystyle\int \sqrt{x^2 + 2x + 2}\, dx$ \qquad (2) $\displaystyle\int \sqrt{-x^2 + x + 1}\, dx$

次の定理 3.8 を用いて不定積分を計算する方法を**部分積分法**という．

定理 3.8（部分積分法の公式） $f(x), g(x)$ を微分可能な関数とするとき，
$$\int f(x)g'(x)\, dx = f(x)g(x) - \int f'(x)g(x)\, dx.$$

3.2 不定積分の計算 (1)

証明 $(f(x)g(x))' = f'(x)g(x) + f(x)g'(x)$ なので,

$$f(x)g(x) = \int (f'(x)g(x) + f(x)g'(x)) \, dx$$
$$= \int f'(x)g(x) \, dx + \int f(x)g'(x) \, dx.$$

これから証明すべき式を得る. □

●例 3.10 $\displaystyle \int x e^x \, dx = x e^x - \int 1 \cdot e^x \, dx = x e^x - e^x = (x-1) e^x.$

●例 3.11 $\displaystyle \int x^2 \sin x \, dx = x^2 \cdot (-\cos x) - \int 2x \cdot (-\cos x) \, dx$
$$= -x^2 \cos x + 2 \int x \cos x \, dx$$
$$= -x^2 \cos x + 2 \left(x \sin x - \int 1 \cdot \sin x \, dx \right)$$
$$= -x^2 \cos x + 2 (x \sin x + \cos x)$$
$$= 2x \sin x - (x^2 - 2) \cos x.$$

●例 3.12 $\displaystyle \int \log x \, dx = \int 1 \cdot \log x \, dx$
$$= x \log x - \int x \cdot \frac{1}{x} \, dx = x \log x - \int dx = x \log x - x.$$

○問 **3.15** 次の不定積分を求めよ.

(1) $\displaystyle \int x \cos 3x \, dx$ (2) $\displaystyle \int x^2 \log x \, dx$ (3) $\displaystyle \int \sin^{-1} x \, dx$ (4) $\displaystyle \int \tan^{-1} x \, dx$

例題 3.4 $A \neq 0$ とする. 部分積分法により, 不定積分 $\displaystyle \int \sqrt{x^2 + A} \, dx$ を求めよ.

解 $I = \displaystyle \int \sqrt{x^2 + A} \, dx$ とおく.

$$I = \int 1 \cdot \sqrt{x^2 + A} \, dx = x \sqrt{x^2 + A} - \int x \cdot \frac{2x}{2\sqrt{x^2 + A}} \, dx$$
$$= x \sqrt{x^2 + A} - \int \frac{x^2}{\sqrt{x^2 + A}} \, dx = x \sqrt{x^2 + A} - \int \frac{(x^2 + A) - A}{\sqrt{x^2 + A}} \, dx$$

$$= x\sqrt{x^2+A} - \int \left(\sqrt{x^2+A} - \frac{A}{\sqrt{x^2+A}}\right) dx$$

$$= x\sqrt{x^2+A} - \int \sqrt{x^2+A}\, dx + A\int \frac{dx}{\sqrt{x^2+A}}$$

$$= x\sqrt{x^2+A} - I + A\log\left|x+\sqrt{x^2+A}\right|.$$

ゆえに，$2I = x\sqrt{x^2+A} + A\log\left|x+\sqrt{x^2+A}\right|$ を得て，

$$I = \frac{1}{2}\left(x\sqrt{x^2+A} + A\log\left|x+\sqrt{x^2+A}\right|\right). \qquad \square$$

○問 **3.16** $a > 0$ とする．部分積分法により，不定積分 $I = \int \sqrt{a^2-x^2}\, dx$ を求めよ．

○問 **3.17** 部分積分法により，次の公式を導け．ただし，$a, b \neq 0$ とする．

(1) $\displaystyle \int e^{ax}\cos bx\, dx = \frac{e^{ax}}{a^2+b^2}(a\cos bx + b\sin bx)$

(2) $\displaystyle \int e^{ax}\sin bx\, dx = \frac{e^{ax}}{a^2+b^2}(a\sin bx - b\cos bx)$

○問 **3.18** $I_n = \displaystyle\int (\log x)^n\, dx$ とおくとき，次の漸化式を導け．

$$I_n = x(\log x)^n - nI_{n-1} \quad (n \geq 1)$$

3.3　不定積分の計算 (2)

定理 3.9 $a \neq 0$ とする．$I_n = \displaystyle\int \frac{dx}{(x^2+a^2)^n}$ とおくとき，

$$I_n = \frac{1}{2(n-1)a^2}\left\{\frac{x}{(x^2+a^2)^{n-1}} + (2n-3)I_{n-1}\right\} \quad (n \geq 2).$$

証明　　$\displaystyle I_n = \frac{1}{a^2}\int \frac{(x^2+a^2) - x^2}{(x^2+a^2)^n}\, dx$

$$= \frac{1}{a^2}\left\{\int \frac{dx}{(x^2+a^2)^{n-1}} - \int \frac{x^2}{(x^2+a^2)^n}\, dx\right\}$$

3.3 不定積分の計算 (2)

$$= \frac{1}{a^2}\left\{I_{n-1} - \int \frac{x}{2}\cdot\frac{2x}{(x^2+a^2)^n}\,dx\right\}$$

$$= \frac{1}{a^2}\left\{I_{n-1} - \frac{x}{2}\cdot\frac{1}{(-n+1)(x^2+a^2)^{n-1}}\right.$$

$$\left.+ \int \frac{1}{2}\cdot\frac{1}{(-n+1)(x^2+a^2)^{n-1}}\,dx\right\}$$

$$= \frac{1}{a^2}\left\{I_{n-1} + \frac{x}{2(n-1)(x^2+a^2)^{n-1}} - \frac{1}{2(n-1)}I_{n-1}\right\}$$

$$= \frac{1}{2(n-1)a^2}\left\{\frac{x}{(x^2+a^2)^{n-1}} + (2n-3)I_{n-1}\right\}. \quad \square$$

○問 **3.19** 定理 3.9 の I_1, I_2, I_3 を求めよ.

例題 3.5 次の不定積分を求めよ.

(1) $\displaystyle\int \frac{x-2}{(x-1)(x+3)}\,dx$ \quad (2) $\displaystyle\int \frac{2x^4 - x^3 + 7x^2 - x + 3}{x^3 - x^2 + 4x - 4}\,dx$

解 (1) $\displaystyle\frac{x-2}{(x-1)(x+3)} = \frac{a}{x-1} + \frac{b}{x+3}$ とおくと,

$$x - 2 = a(x+3) + b(x-1) = (a+b)x + (3a-b).$$

両辺の係数を比較して $a+b=1,\ 3a-b=-2$. これを解いて $a = -\frac{1}{4}$, $b = \frac{5}{4}$. よって,

$$\int \frac{x-2}{(x-1)(x+3)}\,dx = \int\left(\frac{-\frac{1}{4}}{x-1} + \frac{\frac{5}{4}}{x+3}\right)dx$$

$$= -\frac{1}{4}\log|x-1| + \frac{5}{4}\log|x+3| = \frac{1}{4}\log\left|\frac{(x+3)^5}{x-1}\right|.$$

(2) 割り算を実行したのち, 分母を因数分解して,

$$\frac{2x^4 - x^3 + 7x^2 - x + 3}{x^3 - x^2 + 4x - 4} = 2x + 1 + \frac{3x+7}{x^3 - x^2 + 4x - 4}$$

$$= 2x + 1 + \frac{3x+7}{(x-1)(x^2+4)}.$$

次に，$\dfrac{3x+7}{(x-1)(x^2+4)} = \dfrac{a}{x-1} + \dfrac{bx+c}{x^2+4}$ とおくと，

$3x+7 = a(x^2+4) + (bx+c)(x-1) = (a+b)x^2 + (-b+c)x + (4a-c).$

両辺の係数を比較して $a+b=0$, $-b+c=3$, $4a-c=7$. これを解いて $a=2$, $b=-2$, $c=1$. したがって，

$$\int \dfrac{2x^4 - x^3 + 7x^2 - x + 3}{x^3 - x^2 + 4x - 4}\,dx = \int \left(2x + 1 + \dfrac{2}{x-1} + \dfrac{-2x+1}{x^2+4}\right)dx$$

$$= \int \left(2x + 1 + \dfrac{2}{x-1} - \dfrac{2x}{x^2+4} + \dfrac{1}{x^2+4}\right)dx$$

$$= x^2 + x + 2\log|x-1| - \log(x^2+4) + \dfrac{1}{2}\tan^{-1}\dfrac{x}{2}$$

$$= x^2 + x + \log\dfrac{(x-1)^2}{x^2+4} + \dfrac{1}{2}\tan^{-1}\dfrac{x}{2}. \qquad \square$$

○問 **3.20** 次の等式をみたす定数 a, b, c を求めよ．
(1) $\dfrac{x+1}{(x+2)(x+3)(x+4)} = \dfrac{a}{x+2} + \dfrac{b}{x+3} + \dfrac{c}{x+4}$
(2) $\dfrac{1}{x(x+1)^2} = \dfrac{a}{x} + \dfrac{b}{x+1} + \dfrac{c}{(x+1)^2}$

○問 **3.21** 問 3.20 の結果を用いて，次の不定積分を求めよ．
(1) $\displaystyle\int \dfrac{x+1}{(x+2)(x+3)(x+4)}\,dx$ (2) $\displaystyle\int \dfrac{dx}{x(x+1)^2}$

$A(x)$, $B(x)$ を多項式として，有理関数 $f(x) = \dfrac{A(x)}{B(x)}$ の不定積分について考えよう．$A(x)$ を $B(x)$ で割ったときの商を $Q(x)$, 余りを $R(x)$ とすると，

$$f(x) = Q(x) + \dfrac{R(x)}{B(x)}$$

であり，$R(x)$ の次数は $B(x)$ の次数より小さい．次に，$\dfrac{R(x)}{B(x)}$ を**部分分数分解**して，いくつかの $\dfrac{a}{(x-c)^m}$ または $\dfrac{kx+l}{\{(x-p)^2 + q^2\}^n}$ の形の式の和に書き直す．具体的には，分母 $B(x)$ を因数分解したのち，例題 3.5 や問 3.20 にならって未定係数法によればよい．よって，有理関数の不定積分は，関数

3.3 不定積分の計算 (2)

$\dfrac{a}{(x-c)^m}$, $\dfrac{kx+l}{\{(x-p)^2+q^2\}^n}$ の不定積分に帰着する．後者を

$$\int \dfrac{kx+l}{\{(x-p)^2+q^2\}^n}\,dx = \int \dfrac{k(x-p)+kp+l}{\{(x-p)^2+q^2\}^n}\,dx$$
$$= \int \dfrac{k(x-p)}{\{(x-p)^2+q^2\}^n}\,dx + (kp+l)\int \dfrac{dx}{\{(x-p)^2+q^2\}^n}$$

と変形すると，第 2 項は定理 3.9 を用いて求められる．

以上の議論と次の問 3.22 から，有理関数の不定積分は，有理関数，有理関数（の絶対値）の log，有理関数の $\tan^{-1}$ の定数倍の和の形で書けることがわかる．

○問 **3.22** 次の不定積分を求めよ．
(1) $\displaystyle\int \dfrac{a}{(x-c)^m}\,dx$
(2) $\displaystyle\int \dfrac{k(x-p)}{\{(x-p)^2+q^2\}^n}\,dx$

○問 **3.23** 部分分数分解により，次の公式を導け．
$$\int \dfrac{dx}{x^2-a^2} = \dfrac{1}{2a}\log\left|\dfrac{x-a}{x+a}\right| \quad (a\neq 0)$$

○問 **3.24** 次の不定積分を求めよ．
(1) $\displaystyle\int \dfrac{x^3}{x^2-1}\,dx$
(2) $\displaystyle\int \dfrac{x}{x^2+4x+3}\,dx$
(3) $\displaystyle\int \dfrac{dx}{x^3-1}$
(4) $\displaystyle\int \dfrac{dx}{x^4+1}$

有理関数の不定積分でなくても，適当な置換により有理関数の不定積分に帰着させることができれば計算することができる．例えば，$R(X,Y)$ を 2 変数 X, Y の有理式とするとき，関数 $R(\cos x, \sin x)$ の不定積分は，$\tan\dfrac{x}{2}=t$ とおけば，次の問 3.25 より，

$$\int R(\cos x, \sin x)\,dx = \int R\left(\dfrac{1-t^2}{1+t^2}, \dfrac{2t}{1+t^2}\right)\dfrac{2}{1+t^2}\,dt$$

を得て，t の有理関数の不定積分に帰着する．

○問 **3.25** $\tan\dfrac{x}{2}=t$ のとき，次の等式を証明せよ．
(1) $\cos x = \dfrac{1-t^2}{1+t^2}$
(2) $\sin x = \dfrac{2t}{1+t^2}$
(3) $dx = \dfrac{2}{1+t^2}\,dt$

●例 3.13 関数 $\csc x$ の不定積分を求めよう. $\tan\dfrac{x}{2} = t$ とおくと, 問 3.25 より,
$$\int \csc x \, dx = \int \dfrac{dx}{\sin x} = \int \dfrac{1+t^2}{2t} \dfrac{2}{1+t^2} \, dt = \int \dfrac{dt}{t} = \log|t| = \log\left|\tan\dfrac{x}{2}\right|.$$

○問 3.26 次の不定積分を求めよ.
(1) $\displaystyle\int \sec x \, dx$
(2) $\displaystyle\int \dfrac{dx}{1+\sin x}$
(3) $\displaystyle\int \dfrac{dx}{1-\cos x}$
(4) $\displaystyle\int \dfrac{\sin x}{1+\sin x} \, dx$

3.4 定積分

関数 $f(x)$ の定義域に含まれる閉区間 $[a,b]$ を n 個の区間に分割する. そのときの分点を $a = a_0 < a_1 < a_2 < \cdots < a_n = b$ とし, 各 $k = 1, 2, \ldots, n$ に対して, $x_k \in [a_{k-1}, a_k]$ をとり, 和 $\displaystyle\sum_{k=1}^{n} f(x_k)(a_k - a_{k-1})$ を作る (図 3.1). この形の和を $f(x)$ の**リーマン和**という. 分割された区間の幅 $a_k - a_{k-1}$ ($k = 1, 2, \ldots, n$) の最大値が限りなく 0 に近づくように $[a,b]$ の分割を細かくすれば, 分割の仕方や x_k のとり方に関係なく, $f(x)$ のリーマン和が一定の値 I に収束するとき, $f(x)$ は閉区間 $[a,b]$ で**積分可能**であるという. 極限 I を関数 $f(x)$ の a から b までの**定積分**といい, $\displaystyle\int_a^b f(x) \, dx$ と書く. この記号において a, b をそれぞれ**下端**, **上端**といい, 変数 x を**積分変数**, 関数 $f(x)$ を**被積分関数**という. 定積分は積分変数のとり方に無関係である.

連続な関数 $f(x)$ について, 次の定理が知られている.

定理 3.10 関数 $f(x)$ が閉区間 $[a,b]$ で連続ならば, $f(x)$ は $[a,b]$ で積分可能である.

関数 $f(x)$ が閉区間 $[a,b]$ で連続かつ $f(x) \geqq 0$ の場合, 曲線 $y = f(x)$, x 軸, 2 直線 $x = a$, $x = b$ で囲まれた図形 (図 3.2), すなわち, 集合 $\{(x,y) \mid x \in [a,b], 0 \leqq y \leqq f(x)\}$ の**面積**が定積分 $\displaystyle\int_a^b f(x) \, dx$ によって与えられる.

定理 3.11 関数 $f(x)$ が閉区間 $[a,b]$ で連続であるとき,
$$\int_a^b f(x) \, dx = \lim_{n \to \infty} \sum_{k=1}^{n} f\left(a + \dfrac{k(b-a)}{n}\right) \cdot \dfrac{b-a}{n}.$$

3.4 定積分

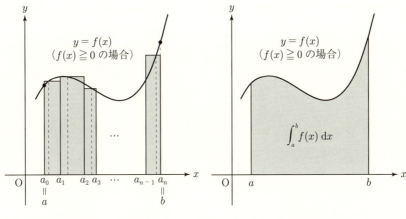

図 3.1 リーマン和　　　　　　　　図 3.2

証明 閉区間 $[a, b]$ を n 等分するときの分点は

$$a_k = a + \frac{k(b-a)}{n} \quad (k = 0, 1, \ldots, n)$$

であり，$n \to \infty$ とすれば，分割が限りなく細かくなる．定理 3.10 より $f(x)$ は積分可能なので，$x_k = a_k$ とおいたときのリーマン和

$$\sum_{k=1}^{n} f(x_k)(a_k - a_{k-1}) = \sum_{k=1}^{n} f\left(a + \frac{k(b-a)}{n}\right) \cdot \frac{b-a}{n}$$

は，$n \to \infty$ のとき定積分 $\int_a^b f(x)\,dx$ に収束する． □

●**例 3.14** 定積分 $\int_0^1 x^2\,dx$ を求めよう．

$$\begin{aligned}
\int_0^1 x^2\,dx &= \lim_{n \to \infty} \sum_{k=1}^{n} \left(\frac{k}{n}\right)^2 \cdot \frac{1}{n} \\
&= \lim_{n \to \infty} \frac{1}{n^3} \sum_{k=1}^{n} k^2 = \lim_{n \to \infty} \frac{1}{n^3} \cdot \frac{1}{6} n(n+1)(2n+1) \\
&= \lim_{n \to \infty} \frac{1}{6}\left(1 + \frac{1}{n}\right)\left(2 + \frac{1}{n}\right) = \frac{1}{6} \cdot 1 \cdot 2 = \frac{1}{3}.
\end{aligned}$$

これは，放物線 $y = x^2$，x 軸，直線 $x = 1$ で囲まれた図形の面積である．

○**問 3.27** 定理 3.11 を用いて，次の定積分を求めよ．

(1) $\int_0^1 x\,dx$ 　　　　　　(2) $\int_0^1 x^3\,dx$

定理 3.12 関数 $f(x)$, $g(x)$ が閉区間 $[a,b]$ で連続であるとき，次のことが成り立つ．

(1) $\displaystyle\int_a^b (f(x)+g(x))\,dx = \int_a^b f(x)\,dx + \int_a^b g(x)\,dx$

(2) $\displaystyle\int_a^b Kf(x)\,dx = K\int_a^b f(x)\,dx$ （K は定数）

(3) $\displaystyle\int_a^b K\,dx = K(b-a)$ （K は定数）

証明 $a_k = a + \dfrac{k(b-a)}{n}$ とおく $(k=0, 1, \ldots, n)$.

(1) $\displaystyle\int_a^b (f(x)+g(x))\,dx = \lim_{n\to\infty} \sum_{k=1}^n (f(a_k)+g(a_k))\cdot\frac{b-a}{n}$

$\displaystyle\qquad = \lim_{n\to\infty}\sum_{k=1}^n f(a_k)\cdot\frac{b-a}{n} + \lim_{n\to\infty}\sum_{k=1}^n g(a_k)\cdot\frac{b-a}{n}$

$\displaystyle\qquad = \int_a^b f(x)\,dx + \int_a^b g(x)\,dx.$

(2) $\displaystyle\int_a^b Kf(x)\,dx = \lim_{n\to\infty}\sum_{k=1}^n Kf(a_k)\cdot\frac{b-a}{n}$

$\displaystyle\qquad = K\lim_{n\to\infty}\sum_{k=1}^n f(a_k)\cdot\frac{b-a}{n} = K\int_a^b f(x)\,dx.$

(3) $\displaystyle\int_a^b K\,dx = \lim_{n\to\infty}\sum_{k=1}^n K\cdot\frac{b-a}{n}$

$\displaystyle\qquad = \lim_{n\to\infty} K(b-a) = K(b-a).$ □

○**問 3.28** 関数 $f(x)$, $g(x)$ が閉区間 $[a,b]$ で連続であるとき，定理 3.12 (1), (2) を用いて，次の等式を確かめよ．

$$\int_a^b (Af(x)+Bg(x))\,dx = A\int_a^b f(x)\,dx + B\int_a^b g(x)\,dx \quad (A,\ B \text{ は定数})$$

定理 3.13 $a<c<b$ とする．関数 $f(x)$ が閉区間 $[a,b]$ で連続であるとき，

$$\int_a^b f(x)\,dx = \int_a^c f(x)\,dx + \int_c^b f(x)\,dx.$$

3.4 定積分

証明 $k = 0, 1, \ldots, n$ に対し $a_k = a + \dfrac{k(c-a)}{n}$ とおき, $k = n+1, n+2,$ $\ldots, 2n$ に対し $a_k = c + \dfrac{(k-n)(b-c)}{n}$ とおく. このとき,

$$\sum_{k=1}^{2n} f(a_k)(a_k - a_{k-1}) = \sum_{k=1}^{n} f(a_k) \cdot \frac{c-a}{n} + \sum_{k=n+1}^{2n} f(a_k) \cdot \frac{b-c}{n}$$

であり, これは $f(x)$ の $[a,b]$ におけるひとつのリーマン和である. この式で $n \to \infty$ として, 証明すべき式を得る. □

2点 a, b を含む区間で連続な関数 $f(x)$ に対して,

$$a > b \text{ のとき} \quad \int_a^b f(x)\,\mathrm{d}x = -\int_b^a f(x)\,\mathrm{d}x,$$

$$a = b \text{ のとき} \quad \int_a^b f(x)\,\mathrm{d}x = 0$$

と定義する. すると, 定理 3.12 は $a \geqq b$ のときも成り立ち, 定理 3.13 も a, b, c の大小関係に関係なく成り立つことが確かめられる.

○問 **3.29** 2点 a, b を含む区間で連続な関数 $f(x)$ に対して, 次の式が成り立つことを確かめよ.

$$\int_a^b f(x)\,\mathrm{d}x = -\int_b^a f(x)\,\mathrm{d}x$$

定理 3.14 関数 $f(x), g(x)$ が閉区間 $[a,b]$ で連続かつ $f(x) \geqq g(x)$ であるとき, 次の不等式が成り立つ.

$$\int_a^b f(x)\,\mathrm{d}x \geqq \int_a^b g(x)\,\mathrm{d}x \quad {}^{注\,4)}$$

証明 $h(x) = f(x) - g(x)$ とおくと, $[a,b]$ でつねに $h(x) \geqq 0$ であるから, 任意の $n \in \mathbb{N}$ に対して, $\displaystyle\sum_{k=1}^{n} h\left(a + \dfrac{k(b-a)}{n}\right) \cdot \dfrac{b-a}{n} \geqq 0$. この式で $n \to \infty$ として, $\displaystyle\int_a^b h(x)\,\mathrm{d}x \geqq 0$. 一方, 定理 3.12 より

$$\int_a^b h(x)\,\mathrm{d}x = \int_a^b f(x)\,\mathrm{d}x - \int_a^b g(x)\,\mathrm{d}x$$

注 4) この不等式で等号が成り立つのは, 恒等的に $f(x) = g(x)$ の場合に限る (演 3.10 参照).

なので，証明すべき式を得る． □

○問 **3.30** 関数 $f(x)$ が閉区間 $[a,b]$ で連続であるとき，次の不等式を証明せよ．

$$\left|\int_a^b f(x)\,\mathrm{d}x\right| \leqq \int_a^b |f(x)|\,\mathrm{d}x$$

3.5 微分積分学の基本定理

定理 3.15（積分に関する平均値の定理） 関数 $f(x)$ が閉区間 $[a,b]$ で連続であるとき，次の式をみたす $c \in (a,b)$ が存在する（図 3.3）．

$$\frac{1}{b-a}\int_a^b f(x)\,\mathrm{d}x = f(c)$$

証明 最大値・最小値の定理（§1.5）により，$f(x)$ は $[a,b]$ において最大値 M と最小値 m をもつ．$[a,b]$ において $m \leqq f(x) \leqq M$ なので，定理 3.12 (3) と定理 3.14 より，

$$m(b-a) \leqq \int_a^b f(x)\,\mathrm{d}x \leqq M(b-a).$$

ゆえに，$K = \dfrac{1}{b-a}\displaystyle\int_a^b f(x)\,\mathrm{d}x$ とおけば，$m \leqq K \leqq M$ なので，中間値の定理（§1.5）より，$f(x_1) = m$, $f(x_2) = M$, $x_1 \neq x_2$ をみたす x_1 と x_2 の間に $f(c) = K$ をみたす c が存在する． □

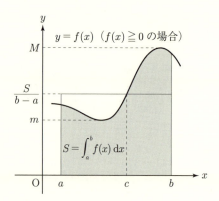

図 3.3

3.5 微分積分学の基本定理

定理 3.16 (積分に関する平均値の定理) 関数 $f(x)$ が開区間 I で連続であるとき,任意の $a, x \in I$ に対して,次の式をみたす $\theta \in (0,1)$ が存在する.
$$\int_a^x f(t)\,dt = (x-a)f(a+\theta(x-a))$$

証明 $x > a$ のとき,定理 3.15 より $c \in (a,x)$ があって,
$$\frac{1}{x-a}\int_a^x f(t)\,dt = f(c).$$
ゆえに,$\int_a^x f(t)\,dt = (x-a)f(c)$ を得て,$\theta = \dfrac{c-a}{x-a}$ とおくと,$c = a+\theta(x-a)$, $0 < \theta < 1$. $x < a$ の場合も同様にして確かめられる.$x = a$ の場合は明らかである. □

定理 3.17 (微分積分学の基本定理) $f(x)$ を開区間 I で連続な関数とする.定点 $a \in I$ をとり,$S(x) = \displaystyle\int_a^x f(t)\,dt$ とおけば[注5],I において
$$S'(x) = f(x).$$

証明 $x, x+h \in I$, $h \neq 0$, とする.定理 3.13 より,
$$S(x+h) - S(x) = -S(x) + S(x+h) = -\int_a^x f(t)\,dt + \int_a^{x+h} f(t)\,dt$$
$$= \int_x^a f(t)\,dt + \int_a^{x+h} f(t)\,dt = \int_x^{x+h} f(t)\,dt.$$
定理 3.16 より,$\theta \in (0,1)$ が存在して,$\displaystyle\int_x^{x+h} f(t)\,dt = hf(x+\theta h)$ であるから,
$$\frac{S(x+h) - S(x)}{h} = f(x+\theta h).$$
$h \to 0$ のとき,$x + \theta h \to x$ なので,$f(x)$ の連続性から $f(x+\theta h) \to f(x)$. よって,
$$S'(x) = \lim_{h \to 0} \frac{S(x+h) - S(x)}{h} = f(x). \qquad \square$$

[注5] 誤解のおそれが少ないので,積分変数にも上端と同じ文字 x を用いて,$\displaystyle\int_a^x f(t)\,dt$ を $\displaystyle\int_a^x f(x)\,dx$ と書くことも多い.

定理 3.18 （微分積分学の基本定理） $f(x)$ を開区間 I で連続な関数とする．関数 $F(x)$ が $f(x)$ の不定積分であれば，任意の $a, b \in I$ に対して，次の式が成り立つ．
$$\int_a^b f(x)\,\mathrm{d}x = F(b) - F(a)$$

証明 定理 3.17 より，$S(x) = \displaystyle\int_a^x f(t)\,\mathrm{d}t$ も $f(x)$ の不定積分である．定理 3.1 より，定数 C が存在して，I において $S(x) = F(x) + C$．このとき，
$$C = S(a) - F(a) = 0 - F(a) = -F(a)$$
であるから，
$$\int_a^b f(x)\,\mathrm{d}x = S(b) = F(b) + C = F(b) - F(a). \qquad \square$$

○**問 3.31** $f(x)$ が閉区間 $[a,b]$ で連続であれば，$f(x)$ の開区間 (a,b) における不定積分 $F(x)$ は，$[a,b]$ の両端も含めて連続であるようにできて，次の式が成り立つことを証明せよ．
$$\int_a^b f(x)\,\mathrm{d}x = F(b) - F(a)$$

3.6 定積分の計算

関数 $F(x)$ について，$F(b) - F(a)$ を記号 $\Big[F(x)\Big]_a^b$ で表す．定理 3.18 によれば，$F(x)$ が $f(x)$ の不定積分のとき，
$$\int_a^b f(x)\,\mathrm{d}x = \Big[F(x)\Big]_a^b = F(b) - F(a)$$
であり，関数 $f(x)$ の具体的な不定積分を知ることができれば，定積分 $\displaystyle\int_a^b f(x)\,\mathrm{d}x$ を計算することができる．

●**例 3.15** $\displaystyle\int x^2\,\mathrm{d}x = \frac{1}{3}x^3$ なので，
$$\int_0^1 x^2\,\mathrm{d}x = \left[\frac{1}{3}x^3\right]_0^1 = \frac{1}{3}\cdot 1^3 - \frac{1}{3}\cdot 0^3 = \frac{1}{3}.$$

3.6 定積分の計算

○問 **3.32** 関数 $F(x)$, $G(x)$ について,次の等式を証明せよ.
$$\Big[AF(x) + BG(x)\Big]_a^b = A\Big[F(x)\Big]_a^b + B\Big[G(x)\Big]_a^b \quad (A, B \text{ は定数})$$

○問 **3.33** 次の定積分を求めよ.

(1) $\displaystyle\int_{-1}^{3} (x^4 - 3x + 2)\,dx$
(2) $\displaystyle\int_{1}^{2} (x+1)(3x-5)\,dx$
(3) $\displaystyle\int_{0}^{1} \frac{dx}{\sqrt{4+x^2}}$
(4) $\displaystyle\int_{0}^{\frac{1}{2}} \sqrt{1-x^2}\,dx$

定理 3.19 (置換積分法の公式) 関数 $x = \varphi(t)$ は 2 点 α, β を含む開区間で C^1 級,$\varphi(\alpha) = a$, $\varphi(\beta) = b$,関数 $f(x)$ は φ による閉区間 $[\alpha, \beta]$ の像を含む区間で連続とする.このとき,
$$\int_a^b f(x)\,dx = \int_\alpha^\beta f(\varphi(t))\varphi'(t)\,dt.$$

証明 $F(x) = \displaystyle\int f(x)\,dx$ とおくと,定理 3.7 より $\displaystyle\int f(\varphi(t))\varphi'(t)\,dt = F(\varphi(t))$ なので,
$$\int_\alpha^\beta f(\varphi(t))\varphi'(t)\,dt = \Big[F(\varphi(t))\Big]_\alpha^\beta = F(\varphi(\beta)) - F(\varphi(\alpha))$$
$$= F(b) - F(a) = \Big[F(x)\Big]_a^b = \int_a^b f(x)\,dx. \quad \square$$

例題 3.6 次の定積分を求めよ.

(1) $\displaystyle\int_{-1}^{2} \frac{x}{\sqrt{x+2}}\,dx$
(2) $\displaystyle\int_{0}^{\frac{1}{2}} \frac{x^2}{\sqrt{1-x^2}}\,dx$

解 (1) $t = \sqrt{x+2}$ とおくと,$x = t^2 - 2$, $dx = 2t\,dt$,

x	-1	2
t	1	2

.

$$\int_{-1}^{2} \frac{x}{\sqrt{x+2}}\,dx = \int_{1}^{2} \frac{t^2-2}{t} \cdot 2t\,dt = 2\int_{1}^{2}(t^2-2)\,dt = 2\left[\frac{t^3}{3} - 2t\right]_1^2 = \frac{2}{3}.$$

(2) $x = \sin t$ とおくと,$dx = \cos t\,dt$,

x	0	$\frac{1}{2}$
t	0	$\frac{\pi}{6}$

.区間 $\left[0, \frac{\pi}{6}\right]$ において $\cos t > 0$ なので,$\cos t = \sqrt{1-\sin^2 t} = \sqrt{1-x^2}$.したがって,

$$\int_0^{\frac{1}{2}} \frac{x^2}{\sqrt{1-x^2}}\, dx = \int_0^{\frac{\pi}{6}} \frac{\sin^2 t}{\cos t} \cdot \cos t\, dt$$

$$= \int_0^{\frac{\pi}{6}} \sin^2 t\, dt = \int_0^{\frac{\pi}{6}} \frac{1}{2}(1-\cos 2t)\, dt$$

$$= \frac{1}{2}\left[t - \frac{1}{2}\sin 2t\right]_0^{\frac{\pi}{6}} = \frac{1}{2}\left(\frac{\pi}{6} - \frac{1}{2}\sin\frac{\pi}{3}\right)$$

$$= \frac{\pi}{12} - \frac{\sqrt{3}}{8}. \qquad \square$$

◯問 **3.34** 次の定積分を求めよ.

(1) $\displaystyle\int_0^1 (2x-1)^4\, dx$ 　　　(2) $\displaystyle\int_{-1}^1 \frac{x}{\sqrt{3-x}}\, dx$

(3) $\displaystyle\int_0^{\frac{\pi}{2}} \sin^3 x \cos x\, dx$ 　　　(4) $\displaystyle\int_0^{\log 3} e^x (e^x + 1)^2\, dx$

◯問 **3.35** $f(x)$ を閉区間 $[0,1]$ で連続な関数とするとき, 次の等式を証明せよ.

$$\int_0^{\frac{\pi}{2}} f(\cos x)\, dx = \int_0^{\frac{\pi}{2}} f(\sin x)\, dx$$

◯問 **3.36** 関数 $\varphi(t)$ は開区間 I で C^1 級かつ $\varphi'(t) \neq 0$ とする. I 内の閉区間 $[\alpha, \beta]$ の φ による像を $[a,b]$ とするとき, $[a,b]$ で連続な関数 $f(x)$ について, 次の等式を証明せよ.

$$\int_a^b f(x)\, dx = \int_\alpha^\beta f(\varphi(t)) |\varphi'(t)|\, dt$$

関数 $f(x)$ について, つねに

$$f(-x) = f(x) \qquad [f(-x) = -f(x)]$$

が成り立つとき, $f(x)$ は**偶関数**［**奇関数**］とよばれる.

> **定理 3.20** $a > 0$ とする. 閉区間 $[-a, a]$ で連続な関数 $f(x)$ について, 次のことが成り立つ.
> (1) $f(x)$ が偶関数のとき $\displaystyle\int_{-a}^a f(x)\, dx = 2\int_0^a f(x)\, dx$.
> (2) $f(x)$ が奇関数のとき $\displaystyle\int_{-a}^a f(x)\, dx = 0$.

3.6 定積分の計算

証明 $x = -t$ とおくと，$dx = -dt$，

x	0	$-a$
t	0	a

．定理 3.19 より，

$$\int_{-a}^{0} f(x)\,dx = \int_{a}^{0} f(-t)\,(-1)\,dt = \int_{0}^{a} f(-t)\,dt = \int_{0}^{a} f(-x)\,dx$$

であるから，

$$\int_{-a}^{a} f(x)\,dx = \int_{-a}^{0} f(x)\,dx + \int_{0}^{a} f(x)\,dx = \int_{0}^{a} f(-x)\,dx + \int_{0}^{a} f(x)\,dx.$$

(1) $f(-x) = f(x)$ なので，

$$\int_{-a}^{a} f(x)\,dx = \int_{0}^{a} f(x)\,dx + \int_{0}^{a} f(x)\,dx = 2\int_{0}^{a} f(x)\,dx.$$

(2) $f(-x) = -f(x)$ なので，

$$\int_{-a}^{a} f(x)\,dx = \int_{0}^{a} (-f(x))\,dx + \int_{0}^{a} f(x)\,dx$$
$$= -\int_{0}^{a} f(x)\,dx + \int_{0}^{a} f(x)\,dx = 0. \qquad \square$$

●例 3.16 $\sin x$ は奇関数，$\cos x$ は偶関数なので，

$$\int_{-\frac{\pi}{4}}^{\frac{\pi}{4}} (\sin x + \cos x)\,dx = 2\int_{0}^{\frac{\pi}{4}} \cos x\,dx = 2\Big[\sin x\Big]_{0}^{\frac{\pi}{4}} = 2 \cdot \frac{1}{\sqrt{2}} = \sqrt{2}.$$

定理 3.21（部分積分法の公式）関数 $f(x)$, $g(x)$ が 2 点 a, b を含む開区間で C^1 級のとき，次の式が成り立つ．

$$\int_{a}^{b} f(x)g'(x)\,dx = \Big[f(x)g(x)\Big]_{a}^{b} - \int_{a}^{b} f'(x)g(x)\,dx$$

証明 $(f(x)g(x))' = f'(x)g(x) + f(x)g'(x)$ なので，

$$\Big[f(x)g(x)\Big]_{a}^{b} = \int_{a}^{b} (f'(x)g(x) + f(x)g'(x))\,dx$$
$$= \int_{a}^{b} f'(x)g(x)\,dx + \int_{a}^{b} f(x)g'(x)\,dx.$$

ゆえに，証明すべき式を得る． $\square$

●例 3.17 $\displaystyle\int_0^{\frac{\pi}{6}} x\sin x\,dx = \Big[x\cdot(-\cos x)\Big]_0^{\frac{\pi}{6}} - \int_0^{\frac{\pi}{6}} 1\cdot(-\cos x)\,dx$

$\displaystyle\qquad\qquad = -\frac{\pi}{6}\cdot\frac{\sqrt{3}}{2} + \int_0^{\frac{\pi}{6}}\cos x\,dx$

$\displaystyle\qquad\qquad = -\frac{\sqrt{3}\,\pi}{12} + \Big[\sin x\Big]_0^{\frac{\pi}{6}} = -\frac{\sqrt{3}\,\pi}{12} + \frac{1}{2} = \frac{6-\sqrt{3}\,\pi}{12}.$

○問 **3.37**　次の定積分を求めよ．

(1) $\displaystyle\int_{-3}^{3}\left(5x^4 - 4x^3 + 3x^2 - 2x\right)dx$　　(2) $\displaystyle\int_{-\frac{\pi}{3}}^{\frac{\pi}{3}} x^3\cos x\,dx$

(3) $\displaystyle\int_0^1 x\tan^{-1} x\,dx$　　(4) $\displaystyle\int_0^1 x^2 e^{2x}\,dx$

3.7　広義積分

　必ずしも閉区間 $[a,b]$ の全体で定義されていない関数 $f(x)$ についても，以下のような場合には定積分 $\displaystyle\int_a^b f(x)\,dx$ に相当するものが定義される．それらを **広義積分** という．

- $f(x)$ が区間 $(a,b]$ で連続のとき　　$\displaystyle\int_a^b f(x)\,dx = \lim_{\varepsilon\to+0}\int_{a+\varepsilon}^b f(x)\,dx$

　　　　　　　　　　　　　　　　　　　　　　　　（図 3.4，3.5 参照）

- $f(x)$ が区間 $[a,b)$ で連続のとき　　$\displaystyle\int_a^b f(x)\,dx = \lim_{\varepsilon\to+0}\int_a^{b-\varepsilon} f(x)\,dx$

- $f(x)$ が区間 (a,b) で連続のとき　　$\displaystyle\int_a^b f(x)\,dx = \lim_{\substack{\varepsilon\to+0 \\ \varepsilon'\to+0}}\int_{a+\varepsilon}^{b-\varepsilon'} f(x)\,dx$

それぞれ右辺の極限が存在するときにのみ広義積分 $\displaystyle\int_a^b f(x)\,dx$ が定義される．また，ある $c\in(a,b)$ について，$f(x)$ が $[a,c)\cup(c,b]$ で連続であるときは

$$\int_a^b f(x)\,dx = \int_a^c f(x)\,dx + \int_c^b f(x)\,dx$$

と定義する．同様にして，閉区間 $[a,b]$ から有限個の点を除いた範囲で連続な関数 $f(x)$ について広義積分 $\displaystyle\int_a^b f(x)\,dx$ が定義される．いずれの広義積分も

3.7 広義積分

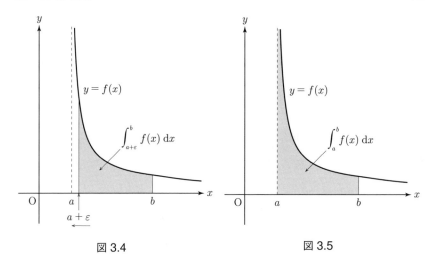

図 3.4　　　　　　　　図 3.5

$f(x)$ が閉区間 $[a, b]$ 全体で連続である場合には，本来の定積分と一致する．

●例 3.18　広義積分 $\displaystyle\int_0^1 \log x \, dx$ を求めよう．

$$\int_0^1 \log x \, dx = \lim_{\varepsilon \to +0} \int_\varepsilon^1 \log x \, dx$$
$$= \lim_{\varepsilon \to +0} \Bigl[x \log x - x \Bigr]_\varepsilon^1 = \lim_{\varepsilon \to +0} (-1 - \varepsilon \log \varepsilon + \varepsilon) = -1.$$

ここで，例 3.12 と例題 2.3 (2) を用いている．

●例 3.19　$I = \displaystyle\int_0^1 x^\alpha \, dx$ を求めよう．これは $\alpha \geqq 0$ のときは定積分，$\alpha < 0$ のときは広義積分である．$\alpha \neq -1$ のとき，

$$I = \lim_{\varepsilon \to +0} \int_\varepsilon^1 x^\alpha \, dx = \lim_{\varepsilon \to +0} \left[\frac{x^{\alpha+1}}{\alpha+1} \right]_\varepsilon^1 = \lim_{\varepsilon \to +0} \frac{1 - \varepsilon^{\alpha+1}}{\alpha+1}.$$

問 2.31 (§2.7) より，$\alpha > -1$ のとき $\displaystyle\lim_{\varepsilon \to +0} \varepsilon^{\alpha+1} = 0$，$\alpha < -1$ のとき $\displaystyle\lim_{\varepsilon \to +0} \varepsilon^{\alpha+1} = +\infty$ なので，$\alpha > -1$ のとき $I = \dfrac{1}{\alpha+1}$，$\alpha < -1$ のとき $I = +\infty$．次に，$\alpha = -1$ のとき，

$$I = \lim_{\varepsilon \to +0} \int_\varepsilon^1 \frac{dx}{x} = \lim_{\varepsilon \to +0} \Bigl[\log x \Bigr]_\varepsilon^1 = \lim_{\varepsilon \to +0} (-\log \varepsilon) = +\infty.$$

以上より，次の等式を得る．

$$\int_0^1 x^\alpha \,\mathrm{d}x = \begin{cases} \dfrac{1}{\alpha+1} & (\alpha > -1 \text{ のとき}) \\ +\infty & (\alpha \leqq -1 \text{ のとき}) \end{cases}$$

定理 3.22 関数 $f(x)$ は閉区間 $[a,b]$ から有限個の点を除いた範囲で連続とする．$f(x)$ の不定積分 $F(x)$ が閉区間 $[a,b]$ で連続であれば，

$$\int_a^b f(x)\,\mathrm{d}x = \Bigl[F(x)\Bigr]_a^b.$$

証明 $f(x)$ が区間 $(a,b]$ で連続の場合を考える．$F(x)$ は $[a,b]$ で連続なので，

$$\lim_{\varepsilon \to +0} F(a+\varepsilon) = F(a).$$

したがって，

$$\int_a^b f(x)\,\mathrm{d}x = \lim_{\varepsilon \to +0} \int_{a+\varepsilon}^b f(x)\,\mathrm{d}x = \lim_{\varepsilon \to +0} \Bigl[F(x)\Bigr]_{a+\varepsilon}^b$$

$$= \lim_{\varepsilon \to +0} (F(b) - F(a+\varepsilon))$$

$$= F(b) - F(a) = \Bigl[F(x)\Bigr]_a^b.$$

他の場合も確かめられる． □

●**例 3.20** $a > 0$ とする．関数 $\dfrac{1}{\sqrt{a^2-x^2}}$ は $x = \pm a$ では値が定義されていないが，不定積分 $\displaystyle\int \dfrac{\mathrm{d}x}{\sqrt{a^2-x^2}} = \sin^{-1}\dfrac{x}{a}$ は $-a \leqq x \leqq a$ で連続なので，次のような定積分と同様の計算ができる．

$$\int_{-a}^a \dfrac{\mathrm{d}x}{\sqrt{a^2-x^2}} = \Bigl[\sin^{-1}\dfrac{x}{a}\Bigr]_{-a}^a$$

$$= \sin^{-1} 1 - \sin^{-1}(-1) = \dfrac{\pi}{2} - \Bigl(-\dfrac{\pi}{2}\Bigr) = \pi.$$

○**問 3.38** 次の広義積分を求めよ．ただし，$a > 0$ である．

(1) $\displaystyle\int_{-2}^6 \dfrac{\mathrm{d}x}{\sqrt[3]{x+2}}$ 　(2) $\displaystyle\int_0^a \dfrac{x}{\sqrt{a^2-x^2}}\,\mathrm{d}x$ 　(3) $\displaystyle\int_{-1}^1 \dfrac{\mathrm{d}x}{1-x^2}$ 　(4) $\displaystyle\int_{-1}^1 \dfrac{\mathrm{d}x}{\sqrt{|x|}}$

区間 $[a, +\infty)$, $(-\infty, b]$, $(-\infty, +\infty)$ における**広義積分**が次のように定義される.

- $f(x)$ が区間 $[a, +\infty)$ で連続のとき $\displaystyle\int_a^{+\infty} f(x)\,dx = \lim_{b\to +\infty}\int_a^b f(x)\,dx$

- $f(x)$ が区間 $(-\infty, b]$ で連続のとき $\displaystyle\int_{-\infty}^b f(x)\,dx = \lim_{a\to -\infty}\int_a^b f(x)\,dx$

- $f(x)$ が区間 $(-\infty, +\infty)$ で連続のとき $\displaystyle\int_{-\infty}^{+\infty} f(x)\,dx = \lim_{\substack{a\to -\infty \\ b\to +\infty}}\int_a^b f(x)\,dx$

また，これらの区間から有限個の点を除いた範囲で連続な関数 $f(x)$ の広義積分は，区間を分けて広義積分の和を求めればよい.

● 例 3.21 $\displaystyle\int_{-\infty}^{+\infty}\frac{dx}{1+x^2} = \lim_{\substack{a\to -\infty \\ b\to +\infty}}\int_a^b \frac{dx}{1+x^2}$

$\displaystyle = \lim_{\substack{a\to -\infty \\ b\to +\infty}}\Bigl[\tan^{-1} x\Bigr]_a^b = \lim_{\substack{a\to -\infty \\ b\to +\infty}}(\tan^{-1} b - \tan^{-1} a) = \frac{\pi}{2} - \left(-\frac{\pi}{2}\right) = \pi.$

○ 問 **3.39** 次の広義積分を求めよ.

(1) $\displaystyle\int_0^{+\infty} e^{-3x}\,dx$ 　　　　(2) $\displaystyle\int_0^{+\infty} xe^{-x^2}\,dx$

(3) $\displaystyle\int_{-\infty}^1 \frac{dx}{(x-2)(x-3)}$ 　　(4) $\displaystyle\int_{-\infty}^{+\infty} \frac{dx}{1+x^4}$

○ 問 **3.40** α を定数とするとき，次の等式を証明せよ.

$$\int_1^{+\infty} x^\alpha\,dx = \begin{cases} \displaystyle -\frac{1}{\alpha+1} & (\alpha < -1 \text{ のとき}) \\ +\infty & (\alpha \geqq -1 \text{ のとき}) \end{cases}$$

3.8　ガンマ関数・ベータ関数

次の関数 $\Gamma(s)$, $B(p, q)$ をそれぞれ**ガンマ関数**，**ベータ関数**という.

$$\Gamma(s) = \int_0^{+\infty} e^{-x} x^{s-1}\,dx \quad (s > 0)$$

$$B(p, q) = \int_0^1 x^{p-1}(1-x)^{q-1}\,dx \quad (p > 0,\ q > 0)$$

次の関係式が成り立つ（演 7.9 参照）．

定理 3.23 任意の $p > 0$, $q > 0$ に対して，
$$B(p, q) = \frac{\Gamma(p)\,\Gamma(q)}{\Gamma(p+q)}.$$

例題 3.7 次の等式を証明せよ．
(1) $\Gamma(s+1) = s\,\Gamma(s)$ $(s > 0)$ (2) $\Gamma(n) = (n-1)!$ $(n \in \mathbb{N})$

解 (1) $\displaystyle\int_a^b e^{-x} x^s\,dx = \left[(-e^{-x})\,x^s\right]_a^b - \int_a^b (-e^{-x}) \cdot s x^{s-1}\,dx$

$\displaystyle\qquad = -e^{-b} b^s + e^{-a} a^s + s \int_a^b e^{-x} x^{s-1}\,dx.$

この式で $a \to +0$, $b \to +\infty$ とする．問 2.32 より $\displaystyle\lim_{b \to +\infty} e^{-b} b^s = 0$ であるから，
$$\int_0^{+\infty} e^{-x} x^s\,dx = s \int_0^{+\infty} e^{-x} x^{s-1}\,dx.$$
ゆえに，$\Gamma(s+1) = s\,\Gamma(s)$．

(2) (1) を用いて，数学的帰納法により，$\Gamma(n) = (n-1)!\,\Gamma(1)$ がわかる．さらに，
$$\Gamma(1) = \int_0^{+\infty} e^{-x}\,dx = \left[-e^{-x}\right]_0^{+\infty} = 1$$
であるから，$\Gamma(n) = (n-1)!$． □

例題 3.8 次の等式を証明せよ．
(1) $B\left(\frac{1}{2}, \frac{1}{2}\right) = \pi$ (2) $\Gamma\left(\frac{1}{2}\right) = \sqrt{\pi}$

解 (1) $\displaystyle B\left(\frac{1}{2}, \frac{1}{2}\right) = \int_0^1 \frac{dx}{\sqrt{x(1-x)}} = \int_0^1 \frac{dx}{\sqrt{\frac{1}{4} - \left(x - \frac{1}{2}\right)^2}}$

$\displaystyle\qquad = \left[\sin^{-1} \frac{x - \frac{1}{2}}{\frac{1}{2}}\right]_0^1 = \sin^{-1} 1 - \sin^{-1}(-1) = \pi.$

(2) $B\left(\frac{1}{2}, \frac{1}{2}\right) = \dfrac{\Gamma\left(\frac{1}{2}\right)\Gamma\left(\frac{1}{2}\right)}{\Gamma(1)} = \Gamma\left(\frac{1}{2}\right)^2$ より，
$$\Gamma\left(\frac{1}{2}\right) = \sqrt{B\left(\frac{1}{2}, \frac{1}{2}\right)} = \sqrt{\pi}.$$ □

演習問題 [A]

○問 **3.41**　$x = \cos^2 t$ とおくことにより，次の等式を証明せよ．
$$B(p, q) = 2\int_0^{\frac{\pi}{2}} (\cos t)^{2p-1} (\sin t)^{2q-1}\, dt \quad (p > 0,\ q > 0)$$

○問 **3.42**　問 3.41 を用いて，$n \geqq 2$ のとき，次の等式を証明せよ．
$$\int_0^{\frac{\pi}{2}} \sin^n x\, dx = \int_0^{\frac{\pi}{2}} \cos^n x\, dx$$
$$= \begin{cases} \dfrac{n-1}{n} \cdot \dfrac{n-3}{n-2} \cdots \dfrac{3}{4} \cdot \dfrac{1}{2} \cdot \dfrac{\pi}{2} & (n \text{ が偶数のとき}) \\ \dfrac{n-1}{n} \cdot \dfrac{n-3}{n-2} \cdots \dfrac{4}{5} \cdot \dfrac{2}{3} & (n \text{ が奇数のとき}) \end{cases}$$

○問 **3.43**　次の定積分を求めよ．
(1) $\displaystyle\int_0^{\frac{\pi}{2}} \cos^3\theta \sin^5\theta\, d\theta$ 　　(2) $\displaystyle\int_0^{\frac{\pi}{2}} \cos^4\theta \sin^4\theta\, d\theta$
(3) $\displaystyle\int_0^{\frac{\pi}{2}} \cos^6 x\, dx$ 　　(4) $\displaystyle\int_0^{\frac{\pi}{2}} \sin^7 x\, dx$

○問 **3.44**　$x = \sqrt{t}$ とおくことにより，次の等式を証明せよ．
$$\int_0^{+\infty} e^{-x^2}\, dx = \frac{\sqrt{\pi}}{2}$$

演習問題 [A]

3.1　次の不定積分を求めよ．
(1) $\displaystyle\int \frac{3x^4 - 2x + 1}{x^2}\, dx$ 　　(2) $\displaystyle\int \sqrt{x}\,(x + 2)\, dx$
(3) $\displaystyle\int \left(\sqrt{x} - \frac{1}{\sqrt{x}}\right)^2 dx$ 　　(4) $\displaystyle\int \left(\sqrt[4]{x^3} + \frac{1}{\sqrt[4]{x^3}}\right) dx$
(5) $\displaystyle\int \frac{\sin^2 x}{1 - \cos x}\, dx$ 　　(6) $\displaystyle\int \frac{1 + \cos^3 x}{\cos^2 x}\, dx$

3.2　次の不定積分を求めよ．
(1) $\displaystyle\int (2x + 1)^2\, dx$ 　　(2) $\displaystyle\int \frac{e^{4x} - e^x}{e^{2x}}\, dx$
(3) $\displaystyle\int \sin(2x - 3)\, dx$ 　　(4) $\displaystyle\int \sin x \cos x\, dx$
(5) $\displaystyle\int \sin 5x \sin 3x\, dx$ 　　(6) $\displaystyle\int \cos^3 x\, dx$

3.3 次の不定積分を求めよ．

(1) $\displaystyle\int x(x+1)^5\,dx$ (2) $\displaystyle\int \sin(\log x)\,dx$

(3) $\displaystyle\int \frac{\sqrt{x^2+1}}{x}\,dx$ (4) $\displaystyle\int \frac{\log x}{x}\,dx$

(5) $\displaystyle\int x\sin x\,dx$ (6) $\displaystyle\int x^2 e^{-x}\,dx$

3.4 次の不定積分を求めよ．

(1) $\displaystyle\int \frac{dx}{\sqrt{2x^2+1}}$ (2) $\displaystyle\int \frac{dx}{\sqrt{3-2x-x^2}}$

(3) $\displaystyle\int \frac{x^2+3}{x^2+2}\,dx$ (4) $\displaystyle\int \frac{dx}{x^2-2x+5}$

(5) $\displaystyle\int \frac{x+1}{2x^2-3x+1}\,dx$ (6) $\displaystyle\int \frac{x^2}{(x^2+1)(2x^2+3)}\,dx$

3.5 次の等式を証明せよ．

(1) $\dfrac{1-\sin x}{\cos x}+1 = \dfrac{2}{1+\tan\dfrac{x}{2}}$ (2) $\dfrac{1+\cos x}{\sin x} = \cot\dfrac{x}{2}$

(3) $\dfrac{1}{2}\log\dfrac{1+\sin x}{1-\sin x} = \log\left|\dfrac{1+\tan\frac{x}{2}}{1-\tan\frac{x}{2}}\right|$ (4) $\dfrac{1}{2}\log\dfrac{1-\cos x}{1+\cos x} = \log\left|\tan\dfrac{x}{2}\right|$

3.6 $a<b$ とする．$\sqrt{\dfrac{x-a}{b-x}}=t$ とおくことにより，次の不定積分を求めよ．

(1) $\displaystyle\int \sqrt{\dfrac{x-a}{b-x}}\,dx$ (2) $\displaystyle\int \dfrac{dx}{\sqrt{(x-a)(b-x)}}$

3.7 $a>0$ とする．$\sqrt{a}\,x+\sqrt{ax^2+bx+c}=t$ のとき，次の等式を証明せよ．

(1) $x = \dfrac{t^2-c}{2\sqrt{a}\,t+b}$

(2) $\sqrt{ax^2+bx+c} = \dfrac{\sqrt{a}\,t^2+bt+\sqrt{a}\,c}{2\sqrt{a}\,t+b}$

(3) $dx = \dfrac{2\left(\sqrt{a}\,t^2+bt+\sqrt{a}\,c\right)}{\left(2\sqrt{a}\,t+b\right)^2}\,dt$

3.8 $\mathbb{R}$ で微分可能であり，任意の $x_1, x_2 \in \mathbb{R}$ に対し $f(x_1+x_2) = f(x_1)+f(x_2)$ であるような関数 $f(x)$ を求めよ．

3.9 $\mathbb{R}$ で連続であり，次の等式をみたすような関数 $f(x)$ を求めよ．ただし，x_0, y_0, K は定数である．

$$f(x) = K\int_{x_0}^{x} f(t)\,dt + y_0$$

3.10 定理 3.14 において等号が成り立つのは，閉区間 $[a,b]$ で恒等的に $f(x)=g(x)$ の場合に限ることを証明せよ．

演習問題 [A]

3.11 関数 $f(x)$, $g(x)$ が閉区間 $[a,b]$ で連続で，つねに $g(x) > 0$ であるとき，次の等式をみたす $c \in (a,b)$ が存在することを証明せよ．
$$\int_a^b f(x)g(x)\,dx = f(c)\int_a^b g(x)\,dx$$

3.12 関数 $f(x) = x^3$ について，定理 3.15 の等式をみたす c を求めよ．

3.13 次の定積分を求めよ．

(1) $\displaystyle\int_1^2 \frac{3x+2}{x^2}\,dx$ 　　(2) $\displaystyle\int_0^\pi (e^x + \sin x)\,dx$

(3) $\displaystyle\int_0^3 |x-1|\,dx$ 　　(4) $\displaystyle\int_{-1}^3 |x(x-1)(x-2)|\,dx$

(5) $\displaystyle\int_{-\frac{\pi}{2}}^{\frac{\pi}{2}} \cos^4 x \sin^2 x\,dx$ 　　(6) $\displaystyle\int_0^a \sqrt{(a^2-x^2)^3}\,dx \quad (a>0)$

3.14 次の定積分を求めよ．ただし，$m, n \in \mathbb{Z}$ である．

(1) $\displaystyle\int_0^{2\pi} \sin mx \cos nx\,dx$ 　　(2) $\displaystyle\int_0^{2\pi} \sin mx \sin nx\,dx$

3.15 $f(x)$ を x の高々 3 次の多項式とする．任意の $a, b \in \mathbb{R}$ に対して，次の等式が成り立つことを証明せよ．
$$\int_a^b f(x)\,dx = \frac{1}{6}(b-a)\left\{f(a) + f(b) + 4f\left(\frac{a+b}{2}\right)\right\}$$

3.16 定積分を利用して次の極限を求めよ．

(1) $\displaystyle\lim_{n\to\infty} \frac{1}{n^6}\sum_{k=1}^n k^5$ 　　(2) $\displaystyle\lim_{n\to\infty} \sum_{k=1}^n \frac{1}{n+k}$

3.17 $\alpha > 2$ のとき，次の不等式を証明せよ．
$$\frac{1}{2} < \int_0^{\frac{1}{2}} \frac{dx}{\sqrt{1-x^\alpha}} < \frac{\pi}{6}$$

3.18 連続関数 $f(x)$ について，次の等式を証明せよ．
$$\int_0^1 f(x)\,dx = \int_0^1 f(1-x)\,dx$$

3.19 $\log x = \displaystyle\int_1^x \frac{dt}{t}$ $(x>0)$ を対数関数 $\log x$ の定義と考えて，任意の $x, y > 0$ に対して次の等式が成り立つことを証明せよ．
$$\log xy = \log x + \log y$$

3.20 区間 $[a,b]$ を $2n$ 等分したときの分点を
$$a = a_0 < a_1 < a_2 < \cdots < a_{2n-1} < a_{2n} = b$$
とし，$[a,b]$ で定義された関数 $f(x)$ について，$y_k = f(a_k)$ とおく $(k = 0, 1, \ldots, 2n)$．

各 $k = 1, 2, \ldots, n$ について，曲線 $y = f(x)$ の $a_{2k-1} \leqq x \leqq a_{2k}$ の部分を，3点 (a_{2k-2}, y_{2k-2}), (a_{2k-1}, y_{2k-1}), (a_{2k}, y_{2k}) を通る $y = px^2 + qx + r$ の形の関数のグラフでおきかえることにより，次の近似式を導け．ただし，$h = \dfrac{b-a}{2n}$ である．

$$\int_a^b f(x)\,\mathrm{d}x \fallingdotseq \frac{h}{3}\{y_0 + y_{2n} + 4(y_1 + y_3 + \cdots + y_{2n-1}) + 2(y_2 + y_4 + \cdots + y_{2n-2})\}\text{ 注6)}$$

3.21 区間 $[1, 2]$ を 4 等分して，シンプソンの公式（演 3.20）を用いることにより，定積分 $\displaystyle\int_1^2 \dfrac{\mathrm{d}x}{x} = \log 2$ の近似値を求めよ．

3.22 次の等式を証明せよ．
(1) $\displaystyle\int_0^1 (-x)^{k-1}\,\mathrm{d}x = (-1)^{k-1}\dfrac{1}{k}$ $(k = 1, 2, \ldots)$
(2) $\displaystyle\sum_{n=1}^{\infty} (-1)^{n-1}\dfrac{1}{n} = \log 2$

3.23 次の広義積分を求めよ．ただし，$a > 0$ である．
(1) $\displaystyle\int_0^1 \dfrac{\log x}{x}\,\mathrm{d}x$ (2) $\displaystyle\int_0^a \dfrac{x^2}{\sqrt{a^2 - x^2}}\,\mathrm{d}x$

3.24 $n \in \mathbb{N}$ について，広義積分 $J_n = \displaystyle\int_0^{+\infty} \dfrac{\mathrm{d}x}{(1+x^2)^n}$ を求めよ．

演習問題 [B]

3.25 $f(x)$, $g(x)$ は $[a, b)$ で定義された連続関数で，$0 \leqq f(x) \leqq g(x)$ とする．ここで b は $+\infty$ も許す．以下を示せ．
(1) 広義積分 $\displaystyle\int_a^b f(x)\,\mathrm{d}x$ は収束するか，$+\infty$ に発散するかのいずれかである．
(2) $\displaystyle\int_a^b f(x)\,\mathrm{d}x = +\infty$ ならば $\displaystyle\int_a^b g(x)\,\mathrm{d}x = +\infty$．
(3) $\displaystyle\int_a^b g(x)\,\mathrm{d}x$ が収束するならば，$\displaystyle\int_a^b f(x)\,\mathrm{d}x$ も収束する．

3.26 $\displaystyle\int_{-\infty}^{+\infty} \dfrac{\mathrm{d}x}{1 + x^6}$

3.27 $\displaystyle\int_{-\frac{\pi}{2}}^{\frac{\pi}{2}} \dfrac{x \sin x}{1 + \mathrm{e}^x}\,\mathrm{d}x$ （2010 年 筑波大学大学院）

注6) この近似式をシンプソンの公式という．$f(x)$ が $[a, b]$ を含む開区間で C^4 級であり，かつ $[a, b]$ で $|f^{(4)}(x)| \leqq M$（定数）のとき，誤差の限界が $\dfrac{1}{180}Mh^4(b-a)$ であることが知られている．

演習問題 [B]

3.28 $f(t)$ が $0 \leqq t \leqq 1$ で連続のとき，次の等式 (1)，(2) が成り立つことを示せ．また，これらの等式を用いて，(3) を求めよ．

(1) $\displaystyle\int_0^{\frac{\pi}{2}} f(\sin x)\,dx = \int_0^{\frac{\pi}{2}} f(\cos x)\,dx$

(2) $\displaystyle\int_0^{\pi} f(\sin x)\,dx = 2\int_0^{\frac{\pi}{2}} f(\sin x)\,dx$

(3) $\displaystyle\int_0^{\pi} \log\left(\sin\frac{x}{2}\right)dx$

(2014 年 北海道大学大学院)

3.29 多項式 $f(x)$ に対して，$I(f) = \displaystyle\int_0^1 f(x)\sin\pi x\,dx$ とおく．

(1) 次の等式を証明せよ．
$$I(f) = \frac{f(0)+f(1)}{\pi} - \frac{1}{\pi^2}I(f'')$$

(2) $l = 0, 1, 2, \ldots$ に対して，次の等式を証明せよ．
$$I(f) = \sum_{k=0}^{l}(-1)^k\frac{f^{(2k)}(0)+f^{(2k)}(1)}{\pi^{2k+1}} + \frac{(-1)^{l+1}}{\pi^{2l+2}}I\left(f^{(2l+2)}\right)$$

(3) $f(x) = x^n(1-x)^n$ のとき，次の等式を証明せよ．
$$I(f) = \frac{2(-1)^n(n!)^2}{\pi}\sum_{\frac{n}{2}\leqq k\leqq n}\frac{(-1)^k\,{}_{2k}C_n}{\pi^{2k}(2n-2k)!}$$

(4) π^2 が有理数とするときに矛盾を導くことによって，π が無理数であることを証明せよ．

3.30 k, n を自然数とする．
$$\lim_{n\to\infty} n^{k-1}\left(\frac{1}{n^k+1^k} + \frac{1}{n^k+2^k} + \cdots + \frac{1}{n^k+n^k}\right) = \int_0^1 \frac{dx}{1+x^k}$$
を示せ．

(2007 年 東北大学大学院)

3.31 $f(x)$ を区間 $[0,\infty)$ 上の実数値連続関数とする．$f(x)$ は $[0,\infty)$ 上単調非増加であり，$\displaystyle\lim_{T\to\infty}\int_0^T f(x)\,dx = +\infty$ を満たすとする．数列 $\{a_n\}_{n=1}^{\infty}$ を $a_n = \displaystyle\sum_{k=1}^n f(k)$ $(k = 1, 2, \ldots)$ で定める．

(1) 任意の $x \geqq 0$ に対して $f(x) > 0$ であることを証明せよ．

(2) 次の不等式が成り立つことを証明せよ．
$$\int_1^{n+1} f(x)\,dx \leqq a_n \leqq \int_0^n f(x)\,dx \quad (n = 1, 2, \ldots)$$

(3) 極限値 $\displaystyle\lim_{n\to\infty}\frac{a_n}{\displaystyle\int_1^n f(x)\,dx}$ を求めよ．

(2012 年 東北大学大学院)

3.32 次の問に答えよ．

(1) 正定数 c に対して，関数 $f_c : (-\pi, \pi) \to \left(-\dfrac{\pi}{2}, \dfrac{\pi}{2}\right)$ を
$$f_c(x) = \arctan\left(c \tan \dfrac{x}{2}\right) \text{\tiny 注7)}$$
により定める．このとき導関数 $f_c'(x)$ を $\cos x$ により表わせ．

(2) 定数 $\alpha > 1$ に対して，次の等式を証明せよ．
$$\int_0^\pi \dfrac{dx}{\alpha + \cos x} = \dfrac{\pi}{\sqrt{\alpha^2 - 1}}$$

(3) 定数 $\alpha > 1$ に対して，次の積分値を求めよ．
$$\int_0^\pi \dfrac{dx}{(\alpha + \cos x)^2} \qquad \text{(2013 年 東北大学大学院)}$$

3.33 自然数 $n = 1, 2, \ldots$ に対して $\mathbb{R}$ 上の関数 $f_n(x)$ を $f_n(x) = \dfrac{n}{\pi(4 + n^2 x^2)}$ と定める．

(1) 広義積分 $\displaystyle\int_{-\infty}^{+\infty} f_n(x)\,dx$ を求めよ．

(2) δ を正の実数とする．極限 $\displaystyle\lim_{n \to +\infty} \int_{-\delta}^{\delta} f_n(x)\,dx$ を求めよ．

(2013 年 東北大学大学院)

3.34 次の不定積分と定積分を求めよ．

(1) $\displaystyle\int (x+2) \sin(x^2 + 4x - 6)\,dx$

(2) $\displaystyle\int_e^{e^2} \dfrac{1}{x(\log x)^3}\,dx$ \qquad (2014 年 東北大学大学院)

3.35 以下の問に答えよ．

(1) 不定積分 $\displaystyle\int \dfrac{x^2}{\sqrt{x^2 + a}}\,dx$ を求めよ．ただし a は実数とする．

(2) 不定積分 $\displaystyle\int \dfrac{\sqrt{x^2 - 1}}{x(x+1)}\,dx$ を求めよ．

(3) 次の無限積分を求めよ．ただし b は実数とする．
$$\int_0^{+\infty} x e^{-x} \sin bx\,dx \qquad \text{(2014 年 東北大学大学院)}$$

注7) 本によって，アークサイン $\sin^{-1}$ を Sin^{-1}, Arcsin, arcsin と書く．また，$\sin x = y$ をみたすすべての x を表す記号として $\sin^{-1} y$ を用いる本もあり，注意を要する．アークコサイン $\cos^{-1}$，アークタンジェント $\tan^{-1}$ についても同様である．

演習問題 [B]

3.36 次の積分値を計算せよ．もし積分値が存在しない，または発散する場合には，その説明を与えよ．

(1) $\displaystyle\int_0^1 \frac{1}{\sqrt{x}}\,dx$ (2) $\displaystyle\int_0^1 \frac{1}{x^3}\,dx$ (3) $\displaystyle\int_{-1}^1 \frac{1}{x^3}\,dx$ (4) $\displaystyle\int_{-1}^1 \frac{x^2}{\sqrt{1-x^2}}\,dx$

（2013 年 筑波大学大学院）

3.37 次の問に答えよ．

(1) $y = e^{-x}$ $(x \geqq 0)$ のグラフを描き，$\displaystyle\int_1^{+\infty} e^{-x}\,dx$ の値を求めよ．もし積分が収束しない場合はその理由を述べよ．

(2) $y = e^{-x^2}$ $(x \geqq 0)$ のグラフを描き，$e^{-x} - e^{-x^2} \geqq 0$ となる x $(\geqq 0)$ の条件を求めよ．

(3) 上記の (1), (2) を用いて $\displaystyle\int_0^{+\infty} e^{-x^2}\,dx$ が収束することを示せ．

（2015 年 筑波大学大学院）

3.38 $\displaystyle\lim_{\varepsilon \to +0}\int_\varepsilon^1 \frac{\sin x}{x^\alpha}\,dx$ が収束するような実数 α の範囲を求めよ．

（2008 年 東北大学大学院）

3.39 次の問に答えよ．

(1) 広義積分 $\displaystyle\int_2^\infty \frac{1}{x(\log x)^2}\,dx$ の値を求めよ．

(2) 広義積分 $\displaystyle\int_2^\infty \frac{\cos x}{x(\log x)^2}\,dx$ が収束することを示せ．

(3) 広義積分 $\displaystyle\int_2^\infty \frac{\sin x}{\log x}\,dx$ が収束することを示せ． （2010 年 東北大学大学院）

3.40 次の極限が存在するか存在しないかを理由を付して示し，存在する場合にはその値を示せ．

$$\lim_{x \to +\infty} \frac{\displaystyle\int_0^x t^2(1+\sin t)\,dt}{\displaystyle\int_0^x t^2(1+\cos t)\,dt}$$

（2011 年 筑波大学大学院）

4
数列・級数

4.1 数列の極限

一般には，$\mathbb{Z}$ の部分集合を定義域とする関数を**数列**という．ここでは $\mathbb{N}$ を定義域とする数列を考える．数列 $f : \mathbb{N} \to \mathbb{R}$ について $f(n) = a_n$ と書いて，a_n を**第 n 項**といい，第1項を**初項**ともいう．数列 f を

$$a_1, a_2, \ldots, a_n, \ldots$$

と表す．これを簡単に $\{a_n\}_{n=1}^{\infty}$ または $\{a_n\}$ と書く．

●**例 4.1** a, d を定数とする．$a_1 = a, a_{n+1} - a_n = d$ なる漸化式により定まる数列の第 n 項は $a_n = a + (n-1)d$ である．この数列 $\{a_n\}$ を初項 a，公差 d の**等差数列**という．等差数列 $\{a_n\}$ の初項から第 n 項までの和を S_n とすれば，

$$S_n = \frac{1}{2}n\{2a + (n-1)d\} = \frac{1}{2}n(a_1 + a_n).$$

●**例 4.2** $a, r\, (\neq 0)$ を定数とする．$a_1 = a, \dfrac{a_{n+1}}{a_n} = r$ なる漸化式により定まる数列の第 n 項は $a_n = ar^{n-1}$ である．この数列 $\{a_n\}$ を初項 a，公比 r の**等比数列**という．等比数列 $\{a_n\}$ の初項から第 n 項までの和を S_n とすれば，$r \neq 1$ のとき

$$S_n = \frac{a(1-r^n)}{1-r} = \frac{a(r^n-1)}{r-1}$$

であり，$r = 1$ のとき $S_n = na$ である．

数列 $\{a_n\}$ に関して $n \to +\infty$ のときの極限を考えよう．例えば，番号 n が限りなく大きくなれば a_n が α に収束する[注1]とき，$\displaystyle\lim_{n \to \infty} a_n = \alpha$ と書く．

[注1] 任意の $\varepsilon > 0$ に対し $N \in \mathbb{N}$ が存在して $n \geqq N$ のときは $|a_n - \alpha| < \varepsilon$.

4.1 数列の極限

● 例 4.3 $\lim_{n\to\infty} \dfrac{1}{n} = 0$, $\lim_{n\to\infty} n = +\infty$, $\lim_{n\to\infty} (-n) = -\infty$.

例題 4.1 次の極限を求めよ.
(1) $\lim_{n\to\infty} \dfrac{2n-1}{n+3}$ \qquad (2) $\lim_{n\to\infty} n \sin \dfrac{1}{n}$

解 (1) $\lim_{n\to\infty} \dfrac{2n-1}{n+3} = \lim_{n\to\infty} \dfrac{2-\dfrac{1}{n}}{1+\dfrac{3}{n}} = \dfrac{2-0}{1+0} = 2.$

(2) $\lim_{n\to\infty} \dfrac{1}{n} = 0$, $\lim_{x\to 0} \dfrac{\sin x}{x} = 1$ なので,

$$\lim_{n\to\infty} n \sin \dfrac{1}{n} = \lim_{n\to\infty} \dfrac{\sin \dfrac{1}{n}}{\dfrac{1}{n}} = 1. \qquad \square$$

○ **問 4.1** 次の極限を求めよ.
(1) $\lim_{n\to\infty} \dfrac{2n^3 - 5n^2 - 7}{3n^3 + 4n^2 + 1}$ \qquad (2) $\lim_{n\to\infty} \dfrac{n^2+2}{n+1}$

(3) $\lim_{n\to\infty} (\sqrt{n+3} - \sqrt{n+1})$ \qquad (4) $\lim_{n\to\infty} \{\log_{10}(n+1) - \log_{10} n\}$

○ **問 4.2** 初項 a, 公差 d の等差数列 $\{a_n\}$ の極限を調べよ.

任意の $n \in \mathbb{N}$ について $a_n \leqq a_{n+1}$ $[a_n \geqq a_{n+1}]$ をみたす数列 $\{a_n\}$ は **単調非減少 [単調非増加]**(弱い意味で**単調増加 [単調減少]**)であるという. 任意の $n \in \mathbb{N}$ について $a_n \leqq c$ $[a_n \geqq c]$ をみたす $c \in \mathbb{R}$ が存在するような数列 $\{a_n\}$ は**上に有界 [下に有界]**であるという.

定理 4.1 次のことが成り立つ[注2]．
(1) 単調非減少かつ上に有界な数列は収束する.
(2) 単調非増加かつ下に有界な数列は収束する.

定理 4.2 数列 $\{x^n\}$ の極限は次のとおりである.

$$\lim_{n\to\infty} x^n = \begin{cases} 0 & (-1 < x < 1 \text{ のとき}) \\ 1 & (x = 1 \text{ のとき}) \\ +\infty & (x > 1 \text{ のとき}) \end{cases}$$

また，$x \leqq -1$ のとき，極限 $\lim_{n\to\infty} x^n$ は存在しない.

[注2] (1), (2) はいずれも連続性公理と同値である (演 4.15, 4.16 参照).

証明 $a_n = x^n$ とおく. $x > 1$, $x = 1$, $0 \leq x < 1$, $-1 < x < 0$, $x = -1$, $x < -1$ の 6 通りの場合に分けて証明する.

$x > 1$ のとき, 任意の $n \geq 1$ に対し $a_{n+1} = x^{n+1} > x^n = a_n$ なので, 数列 $\{a_n\}$ は単調増加である. ゆえに, 定理 4.1 より $\{a_n\}$ は収束するか, または $+\infty$ に発散する. 仮に $\{a_n\}$ が収束するとすれば, $\lim_{n\to\infty} a_n = \alpha$ とおき, 等式 $a_{n+1} = xa_n$ において $n \to \infty$ として, $\alpha = x\alpha$. これから, $\alpha = 0$. 一方, 任意の $n \geq 1$ に対し $a_n > 1$ なので $\alpha \geq 1$ でなければならず, 矛盾である. よって, $x > 1$ のとき $\lim_{n\to\infty} a_n = +\infty$.

$x = 1$ のとき $\lim_{n\to\infty} a_n = 1$ は明らか.

$0 \leq x < 1$ のとき, 任意の $n \geq 1$ に対し $a_n \geq 0$ なので, 数列 $\{a_n\}$ は下に有界である. また, $a_{n+1} = x^{n+1} \leq x^n = a_n$ なので, 数列 $\{a_n\}$ は単調減少であって, 定理 4.1 により収束する. $\lim_{n\to\infty} a_n = \alpha$ とおき, 等式 $a_{n+1} = xa_n$ において $n \to \infty$ として, $\alpha = x\alpha$. これから $\alpha = 0$ を得て, $0 \leq x < 1$ のとき $\lim_{n\to\infty} a_n = 0$.

$-1 < x < 0$ のとき, $0 < |x| < 1$ なので $\lim_{n\to\infty} |x^n| = \lim_{n\to\infty} |x|^n = 0$. ゆえに, $\lim_{n\to\infty} x^n = 0$ 注3).

$x = -1$ のとき, $x^{2n} = 1$, $x^{2n+1} = -1$. 偶数項の極限と奇数項の極限が異なるので $\lim_{n\to\infty} x^n$ は存在しない.

$x < -1$ のとき, $x^2 > 1$ なので $\lim_{n\to\infty} x^{2n} = \lim_{n\to\infty} (x^2)^n = +\infty$, $\lim_{n\to\infty} x^{2n+1} = \lim_{n\to\infty} x(x^2)^n = -\infty$. 偶数項の極限と奇数項の極限が異なるので $\lim_{n\to\infty} x^n$ は存在しない. □

○問 **4.3** 次の極限を求めよ.

(1) $\displaystyle\lim_{n\to\infty} \left(\frac{999}{1000}\right)^n$ (2) $\displaystyle\lim_{n\to\infty} 7 \cdot 3^{n-1}$

(3) $\displaystyle\lim_{n\to\infty} \frac{2^n + 1}{5^n + 4}$ (4) $\displaystyle\lim_{n\to\infty} \frac{1 - x^n}{1 + x^n}$ $(x \neq -1)$

○問 **4.4** 次の数列が収束するような $x \in \mathbb{R}$ の範囲を求めよ.

(1) $\{(3x+2)^n\}$ (2) $\{(x^2+x+1)^{n-1}\}$

注3) 一般に, 数列 $\{a_n\}$ について, $\lim_{n\to\infty} a_n = \alpha \Leftrightarrow \lim_{n\to\infty} |a_n - \alpha| = 0$. 特に, $\alpha = 0$ の場合を書けば, $\lim_{n\to\infty} a_n = 0 \Leftrightarrow \lim_{n\to\infty} |a_n| = 0$.

例題 4.2 任意の $x \in \mathbb{R}$ に対して, $\displaystyle\lim_{n\to\infty} \frac{x^n}{n!} = 0$ であることを証明せよ.

証明 $x = 0$ のときは明らか. $x > 0$ の場合を考える. $a_n = \dfrac{x^n}{n!}$ とおく. 任意の $n \geqq 1$ に対し $a_n > 0$ なので, 数列 $\{a_n\}$ は下に有界である. $N \geqq x$ なる $N \in \mathbb{N}$ をとっておく. $\dfrac{a_{n+1}}{a_n} = \dfrac{x}{n+1}$ であるから, $n \geqq N$ のとき $a_n > a_{n+1}$ が成り立つ. ゆえに, 数列 $\{a_n\}$ は第 N 項から先は単調減少なので収束する. $\displaystyle\lim_{n\to\infty} a_n = \alpha$ とおくと, 等式 $a_{n+1} = \dfrac{x}{n+1} a_n$ において $n \to \infty$ として, $\alpha = 0 \cdot \alpha$, すなわち, $\alpha = 0$ を得る. $x < 0$ の場合は, $|x| > 0$ なので $\displaystyle\lim_{n\to\infty} \left|\frac{x^n}{n!}\right| = \lim_{n\to\infty} \frac{|x|^n}{n!} = 0$. ゆえに, $\displaystyle\lim_{n\to\infty} \frac{x^n}{n!} = 0$. □

○**問 4.5** 定理 4.1 を用いて, $\displaystyle\lim_{n\to\infty} \frac{1}{n} = 0$ を証明せよ.

4.2 級　　数

数列 $\{a_n\}$ が与えられたとき, 形式的な和

$$\sum_{n=1}^{\infty} a_n = a_1 + a_2 + \cdots + a_n + \cdots$$

を **級数** という. 任意の $n \in \mathbb{N}$ に対し $S_n = \displaystyle\sum_{k=1}^{n} a_k = a_1 + a_2 + \cdots + a_n$ とおき, これを級数 $\displaystyle\sum_{n=1}^{\infty} a_n$ の **第 n 部分和** という. 数列 $\{S_n\}$ が収束する［発散する］とき, 級数 $\displaystyle\sum_{n=1}^{\infty} a_n$ は **収束する** ［**発散する**］という. 数列 $\{S_n\}$ の極限が S であるとき, S を級数 $\displaystyle\sum_{n=1}^{\infty} a_n$ の **和** といい, 次のように書く.

$$\sum_{n=1}^{\infty} a_n = a_1 + a_2 + \cdots + a_n + \cdots = S$$

○**問 4.6** 級数 $\displaystyle\sum_{n=1}^{\infty} a_n$, $\displaystyle\sum_{n=1}^{\infty} b_n$ が収束するとき, 次の等式を証明せよ.

$$\sum_{n=1}^{\infty}(Aa_n + Bb_n) = A\sum_{n=1}^{\infty} a_n + B\sum_{n=1}^{\infty} b_n \quad (A, B \text{ は定数})$$

定理 4.3 級数 $\sum_{n=1}^{\infty} a_n$ が収束すれば $\lim_{n \to \infty} a_n = 0$.

証明 $S_n = \sum_{k=1}^{n} a_k$ とおくと, 極限 $\lim_{n \to \infty} S_n = S$ は有限確定である. $n \geq 2$ のとき,

$$S_n - S_{n-1} = (a_1 + a_2 + \cdots + a_{n-1} + a_n) - (a_1 + a_2 + \cdots + a_{n-1}) = a_n$$

なので, $\lim_{n \to \infty} a_n = \lim_{n \to \infty} (S_n - S_{n-1}) = S - S = 0$. □

定理 4.3 の逆は成り立たない. 例えば, 次の例題 4.3 (2) がその例を与える.

例題 4.3 次の級数の和を求めよ.

(1) $\sum_{n=1}^{\infty} \dfrac{1}{n(n+1)}$ (2) 調和級数 $\sum_{n=1}^{\infty} \dfrac{1}{n}$

解 (1) 第 n 部分和は

$$\sum_{k=1}^{n} \frac{1}{k(k+1)} = \sum_{k=1}^{n} \left(\frac{1}{k} - \frac{1}{k+1} \right)$$
$$= \sum_{k=1}^{n} \frac{1}{k} - \sum_{k=1}^{n} \frac{1}{k+1} = \sum_{k=1}^{n} \frac{1}{k} - \sum_{k=2}^{n+1} \frac{1}{k} = 1 - \frac{1}{n+1}.$$

よって, $\sum_{n=1}^{\infty} \dfrac{1}{n(n+1)} = \lim_{n \to \infty} \left(1 - \dfrac{1}{n+1} \right) = 1.$

(2) 第 n 部分和は $S_n = \sum_{k=1}^{n} \dfrac{1}{k}$ であり, 数列 $\{S_n\}$ は単調増加である. 任意の $n \geq 1$ に対して,

$$S_{2^n} = 1 + \sum_{p=1}^{n} \left(\frac{1}{2^{p-1}+1} + \frac{1}{2^{p-1}+2} + \cdots + \frac{1}{2^p} \right)$$
$$> 1 + \sum_{p=1}^{n} (2^p - 2^{p-1}) \cdot \frac{1}{2^p}$$
$$= 1 + \sum_{p=1}^{n} \frac{1}{2} = 1 + \frac{n}{2} \to +\infty \quad (n \to \infty).$$

ゆえに, $\{S_n\}$ は上に有界ではない. よって, $\sum_{n=1}^{\infty} \dfrac{1}{n} = +\infty$. □

4.2 級数

定理 4.4 初項 $a\ (\neq 0)$, 公比 r の**等比級数**

$$\sum_{n=1}^{\infty} ar^{n-1} = a + ar + ar^2 + \cdots + ar^{n-1} + \cdots$$

が収束するための条件は $|r| < 1$ であり, このとき, 次の等式が成り立つ.

$$\sum_{n=1}^{\infty} ar^{n-1} = \frac{a}{1-r}$$

証明 第 n 部分和を S_n とすると, $r \neq 1$ のとき $S_n = \dfrac{a(1-r^n)}{1-r}$.

$|r| < 1$ のときは, 定理 4.2 より $\lim\limits_{n\to\infty} r^n = 0$ なので,

$$\sum_{n=1}^{\infty} ar^{n-1} = \lim_{n\to\infty} S_n = \frac{a}{1-r}.$$

$|r| \geqq 1$ のときは, 定理 4.2 より $\lim\limits_{n\to\infty} ar^{n-1} = 0$ がみたされないので, 定理 4.3 より $\sum_{n=1}^{\infty} ar^{n-1}$ は収束しない. □

○問 **4.7** 次の級数の和を求めよ.

(1) $\sum_{n=1}^{\infty} \dfrac{5}{2}\left(-\dfrac{1}{3}\right)^{n-1}$ (2) $\sum_{n=1}^{\infty} \dfrac{1}{4^n}$

(3) $\sum_{n=1}^{\infty} \dfrac{1}{n(n+2)}$ (4) $\sum_{n=1}^{\infty} \dfrac{1}{n(n+1)(n+2)}$

●例 **4.4** **循環小数**は整数の比に書き直すことができる. 例えば, 循環小数 $0.1\dot{2}$ とは, 数列

$$0.12,\quad 0.1212,\quad 0.121212,\quad 0.12121212,\quad 0.1212121212,\quad \ldots$$

の極限のことである. この数列の第 n 項は, 初項 0.12, 公比 0.01 の等比数列の初項から第 n 項までの和 $\sum_{k=1}^{n} 0.12 \cdot 0.01^{k-1}$ に等しいので,

$$0.1\dot{2} = \sum_{n=1}^{\infty} 0.12 \cdot 0.01^{n-1} = \frac{0.12}{1-0.01} = \frac{4}{33}.$$

○問 **4.8** 等比級数の和の公式を用いて, 次の循環小数を分数に直せ.

(1) $0.\dot{3}$ (2) $0.\dot{1}2\dot{3}$ (3) $2.5\dot{8}$ (4) $1.08\dot{7}2\dot{4}$

○問 **4.9** 級数 $\sum_{n=1}^{\infty} |a_n|$ が収束すれば, 級数 $\sum_{n=1}^{\infty} a_n$ も収束することを証明せよ.

級数 $\sum_{n=1}^{\infty} a_n$, $\sum_{n=1}^{\infty} b_n$ のすべての項について $|a_n| \leq b_n$ であるとき，$\sum_{n=1}^{\infty} b_n$ を $\sum_{n=1}^{\infty} a_n$ の**優級数**という．

定理 4.5 $\sum_{n=1}^{\infty} b_n$ が $\sum_{n=1}^{\infty} a_n$ の優級数であるとき，次のことが成り立つ．

(1) $\sum_{n=1}^{\infty} b_n$ が収束すれば $\sum_{n=1}^{\infty} a_n$ も収束する．

(2) $\sum_{n=1}^{\infty} |a_n| = +\infty$ ならば $\sum_{n=1}^{\infty} b_n = +\infty$.

証明 級数 $\sum_{n=1}^{\infty} |a_n|$, $\sum_{n=1}^{\infty} b_n$ の第 n 部分和をそれぞれ S_n, T_n とする．与えられた条件から数列 $\{S_n\}$, $\{T_n\}$ はいずれも単調非減少であり，$0 \leq S_n \leq T_n$ が成り立つことがわかる．

(1) 極限 $\lim_{n\to\infty} T_n = T$ は有限確定であり，$0 \leq S_n \leq T_n \leq T$ が成り立つので，数列 $\{S_n\}$ は上に有界である．ゆえに，定理 4.1 より，数列 $\{S_n\}$ は収束する．すなわち，$\sum_{n=1}^{\infty} |a_n|$ は収束する．したがって，問 4.9 より $\sum_{n=1}^{\infty} a_n$ も収束する．

(2) $T_n \geq S_n \to +\infty$ $(n \to \infty)$ より $\lim_{n\to\infty} T_n = +\infty$，すなわち，$\sum_{n=1}^{\infty} b_n = +\infty$. □

●**例 4.5** 級数 $\sum_{n=1}^{\infty} \dfrac{1}{n^2}$ が収束することを証明しよう．任意の $n \in \mathbb{N}$ に対して，
$$\frac{1}{(n+1)^2} \leq \frac{1}{n(n+1)}$$
が成り立つので，$\sum_{n=1}^{\infty} \dfrac{1}{n(n+1)}$ は $\sum_{n=1}^{\infty} \dfrac{1}{(n+1)^2}$ の優級数である．例題 4.3 (1) より，級数 $\sum_{n=1}^{\infty} \dfrac{1}{n(n+1)}$ は収束するので，定理 4.5 (1) より $\sum_{n=1}^{\infty} \dfrac{1}{(n+1)^2}$ も収束する．したがって，級数
$$\sum_{n=1}^{\infty} \frac{1}{n^2} = 1 + \sum_{n=2}^{\infty} \frac{1}{n^2} = 1 + \sum_{n=1}^{\infty} \frac{1}{(n+1)^2}$$
も収束する[注4]．

[注4] 正確な値も知られていて，$\sum_{n=1}^{\infty} \dfrac{1}{n^2} = \dfrac{\pi^2}{6}$.

●例 4.6 任意の $x \in \mathbb{R}$ に対して，級数 $\sum_{n=1}^{\infty} \dfrac{\sin nx}{n^2}$ が収束することを証明しよう．級数 $\sum_{n=1}^{\infty} \dfrac{1}{n^2}$ は級数 $\sum_{n=1}^{\infty} \dfrac{|\sin nx|}{n^2}$ の優級数である．例 4.5 より $\sum_{n=1}^{\infty} \dfrac{1}{n^2}$ は収束するので，定理 4.5 (1) より，$\sum_{n=1}^{\infty} \dfrac{\sin nx}{n^2}$ も収束する．

4.3 テイラー展開

点 a を含む開区間 I で C^∞ 級の関数 $f(x)$ を考える．テイラーの定理によれば，任意の $x \in I$, $n \in \mathbb{N}$ に対して，

$$\begin{cases} f(x) = \sum_{k=0}^{n-1} \dfrac{f^{(k)}(a)}{k!}(x-a)^k + R_n, \\ R_n = \dfrac{f^{(n)}(a + \theta(x-a))}{n!}(x-a)^n, \quad 0 < \theta < 1 \end{cases}$$

と書けるので，条件 $\lim_{n \to \infty} R_n = 0$ をみたす x の範囲において，次の等式が成り立つ．

$$f(x) = \sum_{n=0}^{\infty} \dfrac{f^{(n)}(a)}{n!}(x-a)^n$$
$$= f(a) + \dfrac{f'(a)}{1!}(x-a) + \dfrac{f''(a)}{2!}(x-a)^2 + \cdots + \dfrac{f^{(n)}(a)}{n!}(x-a)^n + \cdots$$

これを $f(x)$ の点 a を中心とする**テイラー展開**という．特に，$a=0$ の場合は，$f(x)$ の**マクローリン展開**という．

例題 4.4 数直線 $\mathbb{R}$ において，次の等式が成り立つことを証明せよ．
(1) $e^x = \sum_{n=0}^{\infty} \dfrac{1}{n!} x^n = 1 + \dfrac{x}{1!} + \dfrac{x^2}{2!} + \cdots + \dfrac{x^n}{n!} + \cdots$ 注5)
(2) $\sin x = \sum_{n=0}^{\infty} (-1)^n \dfrac{x^{2n+1}}{(2n+1)!}$
$= x - \dfrac{x^3}{3!} + \dfrac{x^5}{5!} - \cdots + (-1)^n \dfrac{x^{2n+1}}{(2n+1)!} + \cdots$

注5) この式で $x=1$ とおけば，$e = \sum_{n=0}^{\infty} \dfrac{1}{n!} = 1 + \dfrac{1}{1!} + \dfrac{1}{2!} + \cdots + \dfrac{1}{n!} + \cdots$．

解 (1) $f(x) = e^x$ とおくと, $f^{(n)}(x) = e^x$, $f^{(n)}(0) = 1$ $(n \geqq 0)$ であるから, マクローリンの定理より,

$$f(x) = \sum_{k=0}^{n-1} \frac{1}{k!} x^k + R_n, \quad R_n = \frac{e^{\theta x}}{n!} x^n, \quad 0 < \theta < 1$$

と書ける. $\theta x \leqq \theta |x| \leqq |x|$ なので, $e^{\theta x} \leqq e^{|x|}$. ゆえに,

$$|R_n| = \frac{e^{\theta x}}{n!} |x|^n \leqq e^{|x|} \cdot \frac{|x|^n}{n!}.$$

例題 4.2 より, 任意の $x \in \mathbb{R}$ に対し $\lim_{n \to \infty} \frac{|x|^n}{n!} = 0$ であるから, $\lim_{n \to \infty} R_n = 0$. したがって, 関数 e^x の $\mathbb{R}$ におけるマクローリン展開 $e^x = \sum_{n=0}^{\infty} \frac{1}{n!} x^n$ を得る.

(2) $f(x) = \sin x$ とおくと, 問 2.24 (1) より, $f^{(n)}(x) = \sin\left(x + n \cdot \frac{\pi}{2}\right)$ $(n \geqq 0)$ であるから, マクローリンの定理より,

$$f(x) = \sum_{k=0}^{n-1} \frac{f^{(k)}(0)}{k!} x^k + R_n, \quad R_n = \frac{\sin\left(\theta x + n \cdot \frac{\pi}{2}\right)}{n!} x^n, \quad 0 < \theta < 1$$

と書ける. $|R_n| = \left|\sin\left(\theta x + n \cdot \frac{\pi}{2}\right)\right| \cdot \frac{|x|^n}{n!} \leqq \frac{|x|^n}{n!}$ なので, 例題 4.2 より, 任意の $x \in \mathbb{R}$ に対して, $\lim_{n \to \infty} R_n = 0$. したがって, $\sin x$ の $\mathbb{R}$ におけるマクローリン展開

$$\sin x = \sum_{k=0}^{\infty} \frac{f^{(k)}(0)}{k!} x^k$$

を得る. $k = 2n$ のとき $f^{(k)}(0) = 0$ であり, $k = 2n+1$ のとき $f^{(k)}(0) = (-1)^n$ であるから, $\sin x = \sum_{n=0}^{\infty} (-1)^n \frac{x^{2n+1}}{(2n+1)!}$. □

○問 **4.10** $\mathbb{R}$ において次の等式が成り立つことを証明せよ.

$$\cos x = \sum_{n=0}^{\infty} (-1)^n \frac{x^{2n}}{(2n)!} = 1 - \frac{x^2}{2!} + \frac{x^4}{4!} - \cdots + (-1)^n \frac{x^{2n}}{(2n)!} + \cdots$$

●例 **4.7** $\alpha \in \mathbb{R}$ とする. $x > -1$ で定義された関数 $f(x) = (1+x)^\alpha$ について,

$$f^{(n)}(x) = \alpha(\alpha-1)\cdots(\alpha-n+1)(1+x)^{\alpha-n} \quad (n = 1, 2, \ldots)$$

であるから, マクローリンの定理より,

$$\begin{cases} f(x) = 1 + \sum_{k=1}^{n-1} \dfrac{\alpha(\alpha-1)\cdots(\alpha-k+1)}{k!} x^k + R_n, \\ R_n = \dfrac{\alpha(\alpha-1)\cdots(\alpha-n+1)}{n!} (1+\theta x)^{\alpha-n} x^n, \quad 0 < \theta < 1 \end{cases}$$

と書ける．$\alpha = 0, 1, 2, \ldots$ の場合，$n \geqq \alpha+1$ について $R_n = 0$．一方，$\alpha \neq 0, 1, 2, \ldots$ の場合，条件 $\lim_{n \to \infty} R_n = 0$ がみたされるのは $|x| < 1$ のときに限る（証明略）．このとき，関数 $(1+x)^\alpha$ のマクローリン展開は次のとおりである．

$$(1+x)^\alpha = \sum_{n=0}^\infty \binom{\alpha}{n} x^n = 1 + \binom{\alpha}{1} x + \binom{\alpha}{2} x^2 + \cdots + \binom{\alpha}{n} x^n + \cdots \quad (|x| < 1)$$

これを一般化された **2項定理**という．ただし，

$$\binom{\alpha}{0} = 1, \quad \binom{\alpha}{n} = \dfrac{\alpha(\alpha-1)\cdots(\alpha-n+1)}{n!} \quad (n = 1, 2, \ldots)$$

である．$\alpha \in \mathbb{N}$，$0 \leqq n \leqq \alpha$ のとき，$\binom{\alpha}{n}$ を $_\alpha C_n$ とも書く．

●**例 4.8** 関数 $\log(1+x)$, $\sin^{-1} x$, $\tan^{-1} x$ のマクローリン展開は，それぞれ次のとおりであることが知られている[注6]．

$$\log(1+x) = \sum_{n=1}^\infty (-1)^{n-1} \dfrac{x^n}{n} \qquad (-1 < x \leqq 1)$$

$$\sin^{-1} x = x + \sum_{n=1}^\infty \dfrac{1 \cdot 3 \cdots (2n-1)}{2 \cdot 4 \cdots (2n)} \dfrac{x^{2n+1}}{2n+1} \qquad (|x| \leqq 1)$$

$$\tan^{-1} x = \sum_{n=0}^\infty (-1)^n \dfrac{x^{2n+1}}{2n+1} \qquad (|x| \leqq 1)$$

4.4 整級数

次の形の級数を**整級数**という．

$$\sum_{n=0}^\infty c_n(x-a)^n = c_0 + c_1(x-a) + c_2(x-a)^2 + \cdots + c_n(x-a)^n + \cdots$$

整級数については，定数 $R \geqq 0$ が存在して，$|x-a| < R$ ならば収束し，$|x-a| > R$ ならば収束しないことが知られている．この R を**収束半径**という．ただし，任意の $x \neq a$ に対して収束しない場合は $R = 0$ であり，任意の

[注6] これらが $|x| < 1$ で収束することについては問 4.17 参照．

$x \in \mathbb{R}$ に対して収束する場合は $R = +\infty$ である.

次の定理 4.6 により, 関数 $f(x)$ が収束する整級数の和の形に書ければ, それは $f(x)$ のテイラー展開にほかならない.

定理 4.6 整級数 $\sum_{n=0}^{\infty} c_n (x-a)^n$ の収束半径を R とする. $R > 0$ のとき, 任意の $x \in (a-R, a+R)$ に対し $f(x) = \sum_{n=0}^{\infty} c_n (x-a)^n$ とおけば, $f(x)$ は開区間 $(a-R, a+R)$ で C^∞ 級の関数であって,

$$c_n = \frac{f^{(n)}(a)}{n!} \quad (n \geq 0).$$

○問 **4.11** 項別微分定理 (§4.5 参照) を用いて, 定理 4.6 を証明せよ.

●例 **4.9** 定理 4.4 より, 整級数 $\sum_{n=0}^{\infty} x^n$ の収束半径は 1 であり, 開区間 $(-1, 1)$ において, $\frac{1}{1-x} = \sum_{n=0}^{\infty} x^n$. これが関数 $\frac{1}{1-x}$ のマクローリン展開である.

○問 **4.12** 次の関数のマクローリン展開を求めよ.

(1) e^{-3x} (2) $\sin 2x$ (3) $\cos^2 x$ (4) $\dfrac{1}{1+x^2}$

○問 **4.13** 例題 4.2 を用いて, 整級数 $\sum_{n=0}^{\infty} n! x^n$ の収束半径が 0 であることを証明せよ.

収束半径に関して, 次の定理が知られている.

定理 4.7 (コーシー・アダマールの公式) 整級数 $\sum_{n=0}^{\infty} c_n (x-a)^n$ の収束半径を R とすれば, 極限 $\lim_{n \to \infty} \sqrt[n]{|c_n|}$ が存在するとき,

$$R = \frac{1}{\lim_{n \to \infty} \sqrt[n]{|c_n|}}. \quad \text{注 7)}$$

注 7) $\frac{1}{+0} = +\infty$, $\frac{1}{+\infty} = 0$ という約束のもとに, 分母が 0, $+\infty$ の場合にもこの公式が成り立つ.

4.4 整級数

○問 **4.14** 定理 4.7 を用いて，次の整級数の収束半径を求めよ．
(1) $\sum_{n=0}^{\infty} 2^n x^n$ (2) $\sum_{n=1}^{\infty} (-n)^n x^n$ (3) $\sum_{n=1}^{\infty} \frac{x^n}{n^{2n}}$ (4) $\sum_{n=1}^{\infty} n x^n$

I を関数 $f(x)$ の定義域に含まれる開区間とする．任意の $a \in I$ に対して，収束半径が正の整級数 $\sum_{n=0}^{\infty} c_n (x-a)^n$ が存在して，点 a の近くで，

$$f(x) = \sum_{n=0}^{\infty} c_n (x-a)^n$$

と書けるとき，$f(x)$ は I で**実解析的**であるという．初等関数は定義域に含まれる任意の開区間で実解析的である（証明略）．

●例 **4.10** 関数 $f(x) = \log(1+x)$ について，$f(0) = 0$ であり，$n \geq 1$ のとき，

$$f^{(n)}(x) = (-1)(-2)\cdots(-n+1)(1+x)^{-n}$$
$$= (-1)^{n-1}(n-1)!(1+x)^{-n}$$

であるから，$f^{(n)}(0) = (-1)^{n-1}(n-1)!$．関数 $f(x)$ は $x > -1$ で実解析的なので，定理 4.6 より，$x = 0$ の近くで，次の等式が成り立つ．

$$\log(1+x) = \sum_{n=0}^{\infty} \frac{f^{(n)}(0)}{n!} x^n$$
$$= \sum_{n=1}^{\infty} \frac{(-1)^{n-1}(n-1)!}{n!} x^n = \sum_{n=1}^{\infty} (-1)^{n-1} \frac{x^n}{n} \quad \text{注 8)}$$

○問 **4.15** 次の関数のマクローリン展開の最初の 4 項を求めよ．
(1) $\log(1+\sin x)$ (2) $\dfrac{e^x}{1+x^2}$

○問 **4.16** マクローリン展開を用いて，次の極限を求めよ．
(1) $\displaystyle\lim_{x \to 0} \dfrac{\sqrt{1+x}-1-\frac{1}{2}x+\frac{1}{8}x^2}{x^3}$ (2) $\displaystyle\lim_{x \to 0} \dfrac{\sin x - x + \frac{x^3}{6}}{x^5}$

注 8) 実際には，$-1 < x \leq 1$ でこの等式が成り立つ（例 4.8, 問 4.17 (1), 演 3.22 (2) 参照）．

4.5　項別微分・項別積分

整級数の形で表される関数について，次の定理が知られている．

定理 4.8 （項別微分定理）　整級数 $f(x) = \sum_{n=0}^{\infty} c_n(x-a)^n$ の収束半径が $R > 0$ のとき，整級数 $\sum_{n=0}^{\infty} (c_n(x-a)^n)' = \sum_{n=1}^{\infty} nc_n(x-a)^{n-1}$ の収束半径も R であり，開区間 $(a-R, a+R)$ において，
$$f'(x) = \sum_{n=1}^{\infty} nc_n(x-a)^{n-1}.$$

定理 4.9 （項別積分定理）　整級数 $f(x) = \sum_{n=0}^{\infty} c_n(x-a)^n$ の収束半径が $R > 0$ のとき，整級数 $\sum_{n=0}^{\infty} \int_a^x c_n(x-a)^n \,\mathrm{d}x = \sum_{n=0}^{\infty} \frac{c_n}{n+1}(x-a)^{n+1}$ の収束半径も R であり，開区間 $(a-R, a+R)$ において，
$$\int_a^x f(t)\,\mathrm{d}t = \sum_{n=0}^{\infty} \frac{c_n}{n+1}(x-a)^{n+1}.$$

例題 4.5　$|x| < 1$ のとき，次の等式を証明せよ．
$$\log\left(x + \sqrt{1+x^2}\right) = x + \sum_{n=1}^{\infty} (-1)^n \frac{1\cdot 3\cdots(2n-1)}{2\cdot 4\cdots(2n)} \frac{x^{2n+1}}{2n+1}$$

解　一般化された 2 項定理により，$|x^2| < 1$，すなわち，$|x| < 1$ において，
$$\frac{1}{\sqrt{1+x^2}} = (1+x^2)^{-\frac{1}{2}} = 1 + \sum_{n=1}^{\infty} \binom{-\frac{1}{2}}{n} x^{2n}.$$

ここで，$n \geqq 1$ のとき，
$$\binom{-\frac{1}{2}}{n} = \frac{\left(-\frac{1}{2}\right)\left(-\frac{1}{2}-1\right)\left(-\frac{1}{2}-2\right)\cdots\left(-\frac{1}{2}-n+1\right)}{n!}$$
$$= \frac{\left(-\frac{1}{2}\right)\left(-\frac{3}{2}\right)\cdots\left(-\frac{2n-1}{2}\right)}{n!}$$
$$= (-1)^n \frac{1\cdot 3\cdots(2n-1)}{2^n\, n!} = (-1)^n \frac{1\cdot 3\cdots(2n-1)}{2\cdot 4\cdots(2n)}$$

であるから，$|x| < 1$ において，
$$\frac{1}{\sqrt{1+x^2}} = 1 + \sum_{n=1}^{\infty} (-1)^n \frac{1 \cdot 3 \cdots (2n-1)}{2 \cdot 4 \cdots (2n)} x^{2n}.$$

よって，項別積分定理により，
$$\int_0^x \frac{dt}{\sqrt{1+t^2}} = x + \sum_{n=1}^{\infty} (-1)^n \frac{1 \cdot 3 \cdots (2n-1)}{2 \cdot 4 \cdots (2n)} \frac{x^{2n+1}}{2n+1}$$

であり，左辺は $\left[\log\left(t + \sqrt{1+t^2}\right)\right]_0^x = \log\left(x + \sqrt{1+x^2}\right)$ に等しい． □

〇問 **4.17** $|x| < 1$ のとき，次の等式を証明せよ．

(1) $\log(1+x) = \sum_{n=1}^{\infty} (-1)^{n-1} \dfrac{x^n}{n}$

(2) $\sin^{-1} x = x + \sum_{n=1}^{\infty} \dfrac{1 \cdot 3 \cdots (2n-1)}{2 \cdot 4 \cdots (2n)} \dfrac{x^{2n+1}}{2n+1}$

(3) $\tan^{-1} x = \sum_{n=0}^{\infty} (-1)^n \dfrac{x^{2n+1}}{2n+1}$

〇問 **4.18** 問 4.17 (1) を用いて，任意の $a > 0$ に対して次の等式が成り立つことを証明せよ．
$$\log a = 2 \sum_{n=0}^{\infty} \frac{1}{2n+1} \left(\frac{a-1}{a+1}\right)^{2n+1}$$

〇問 **4.19** 項別微分定理を用いて，$\sin x$ のマクローリン展開（例題 4.4 参照）から $\cos x$ のマクローリン展開を導け．

演習問題 [A]

4.1 次の極限を求めよ．

(1) $\displaystyle\lim_{n \to \infty} \frac{1 + 2 + \cdots + n}{n^2}$ 　　(2) $\displaystyle\lim_{n \to \infty} \frac{1}{\sqrt{n+1} - \sqrt{n}}$

(3) $\displaystyle\lim_{n \to \infty} \left(n - \sqrt{n^2 + 3}\right)$ 　　(4) $\displaystyle\lim_{n \to \infty} \left(\sqrt{n^2 + n + 1} - \sqrt{n^2 - n + 1}\right)$

(5) $\displaystyle\lim_{n \to \infty} \frac{2^{n+1} - 5^{n+1}}{5^n + (-3)^n}$ 　　(6) $\displaystyle\lim_{n \to \infty} \left(1 + \frac{1}{n}\right)^{4n}$

4.2 次の漸化式により定義される数列 $\{a_n\}$ について，極限 $\displaystyle\lim_{n \to \infty} a_n$ を求めよ．

(1) $a_1 = 1,\ a_{n+1} = \sqrt{2 + a_n}$ 　　(2) $a_1 = 2,\ a_{n+1} = \dfrac{1}{2}\left(a_n + \dfrac{2}{a_n}\right)$

4.3 $x \in \mathbb{R}$ について，極限 $\displaystyle\lim_{n \to \infty} nx^{n-1}$ を調べよ．

4.4 次の級数の和を求めよ．

(1) $\sum_{n=1}^{\infty} \left(\dfrac{1}{4^{n-1}} - \dfrac{2}{5^{n-1}} \right)$
(2) $\sum_{n=1}^{\infty} 2^{n-1}$
(3) $\sum_{n=1}^{\infty} \dfrac{1}{\sqrt{n} + \sqrt{n+1}}$
(4) $\sum_{n=1}^{\infty} \dfrac{n}{(n+1)!}$

4.5 次の等比級数が収束するような x の値の範囲を求めよ．また，そのときの和を求めよ．

(1) $\sum_{n=1}^{\infty} \{x(1-x)\}^{n-1}$
(2) $\sum_{n=1}^{\infty} \left(\dfrac{x}{1+x} \right)^n$

4.6 $x \in \mathbb{R}$ とする．級数 $\sum_{n=1}^{\infty} n x^{n-1}$ が収束するための条件は $|x| < 1$ であり，このとき，次の等式が成り立つことを証明せよ．
$$\sum_{n=1}^{\infty} n x^{n-1} = \dfrac{1}{(1-x)^2}$$

4.7 $x \in \mathbb{R}$ とする．級数 $\sum_{n=1}^{\infty} \dfrac{1}{n^x}$ が収束するための条件は，$x > 1$ であることを証明せよ．

4.8 定積分 $\int_k^{k+1} \dfrac{\mathrm{d}x}{x}$ を利用して，数列 $\left\{ \sum_{k=1}^n \dfrac{1}{k} - \log n \right\}$ が収束することを証明せよ[注9]．

4.9 任意の $x \in \mathbb{R}$ に対して，級数 $\sum_{n=1}^{\infty} \dfrac{x^n}{n!}$ が収束することを証明せよ．

4.10 ネイピアの数 e が無理数であることを証明せよ．

4.11 次の等式を証明せよ．

(1) $\sinh x = \sum_{n=0}^{\infty} \dfrac{x^{2n+1}}{(2n+1)!} = x + \dfrac{x^3}{3!} + \dfrac{x^5}{5!} + \cdots + \dfrac{x^{2n+1}}{(2n+1)!} + \cdots$

(2) $\cosh x = \sum_{n=0}^{\infty} \dfrac{x^{2n}}{(2n)!} = 1 + \dfrac{x^2}{2!} + \dfrac{x^4}{4!} + \cdots + \dfrac{x^{2n}}{(2n)!} + \cdots$

4.12 次の関数のマクローリン展開を x^4 の項まで求めよ．

(1) $\sqrt[4]{1+x}$
(2) $\dfrac{x}{\mathrm{e}^x + 1}$

4.13 ダランベールの公式（演 4.14 参照）を用いて，次の整級数の収束半径を求めよ．

(1) $\sum_{n=1}^{\infty} \sqrt{n}\, x^n$
(2) $\sum_{n=1}^{\infty} \dfrac{(-1)^n}{n^2} x^n$
(3) $\sum_{n=0}^{\infty} n!\, x^n$
(4) $\sum_{n=0}^{\infty} \dfrac{(n!)^2}{(2n)!} x^n$

[注9] 極限 $\gamma = \lim_{n \to \infty} \left(\sum_{k=1}^n \dfrac{1}{k} - \log n \right) = 0.577215664901532\cdots$ をオイラーの定数という．

演習問題 [B]

4.14◇ $c_n \neq 0$, $\lim_{n\to\infty} \left| \dfrac{c_n}{c_{n+1}} \right| = R$ のとき, 整級数 $\sum_{n=0}^{\infty} c_n(x-a)^n$ の収束半径は R であることを証明せよ (ダランベールの公式).

4.15◇ 連続性公理を用いて, 定理 4.1 を証明せよ.

4.16◇ 定理 4.1 の (1) または (2) を仮定して, 連続性公理 (p.12, 注 3 参照) を導け.

演習問題 [B]

4.17 以下に述べる主張について正しいか正しくないのか判定し, 正しいときは証明を与え, 正しくないときは反例を与えよ.

実数列 $\{a_n\}$ が $\lim_{n\to\infty} a_n = 0$ をみたすならば $\sum_{n=1}^{\infty} \dfrac{a_n}{n}$ は収束する.

(2001 年 東北大学大学院)

4.18 $n = 1, 2, \dots$ に対して $a_n = \displaystyle\int_0^1 \dfrac{dx}{1+x^n}$ とおくとき, 次の問に答えよ.

(1) 数列 $\{a_n\}$ は上に有界な単調増加数列であることを示せ.
(2) $\lim_{n\to\infty} a_n$ を求めよ.

(2003 年 東北大学大学院)

4.19 次の問に答えよ.

(1) $I_k = \displaystyle\int_0^{\frac{\pi}{2}} \sin^k x \, dx$ とする. 漸化式 $I_{k+2} = \dfrac{k+1}{k+2} I_k$ を示せ.

(2) 定数 a は $0 \leqq a < 1$ をみたすとする. 等式

$$\int_0^{\frac{\pi}{2}} \dfrac{dx}{\sqrt{1-a^2 \sin^2 x}}$$
$$= \dfrac{\pi}{2} \left\{ 1 + \left(\dfrac{1}{2}\right)^2 a^2 + \left(\dfrac{1 \cdot 3}{2 \cdot 4}\right)^2 a^4 + \cdots + \left(\dfrac{1 \cdot 3 \cdots (2n-1)}{2 \cdot 4 \cdots (2n)}\right)^2 a^{2n} + \cdots \right\}$$

を示せ.

(2004 年 東北大学大学院)

4.20 非負整数 n に対して, $I_n = \displaystyle\int_0^{\frac{\pi}{4}} (\tan x)^n \, dx$ とおく.

(1) $I_n + I_{n+2} = \dfrac{1}{n+1}$ を示せ.
(2) 数列 $\{I_n\}$ は単調減少列であることを示し, $\lim_{n\to\infty} I_n$ を求めよ.
(3) 無限級数 $\displaystyle\sum_{n=0}^{\infty} \dfrac{(-1)^n}{2n+1}$ の値を求めよ.

(2011 年 東北大学大学院)

4.21 次の関数の $x=0$ の近傍における 4 次までのテイラー展開を求めよ.

(1) $\dfrac{1}{1+x}$ (2) $\dfrac{1}{x^2 - 3x + 2}$

(2015 年 東北大学大学院)

4.22 次の問に答えよ．

(1) 関数
$$f(x) = \frac{1}{\sqrt{1+x}} \quad (x > -1)$$
の $x = 0$ におけるテイラー展開を求めよ．ただし，収束性について議論する必要はない．

(2) 関数
$$g(x) = \log \frac{1 + \sqrt{1+x}}{2} \quad (x > -1)$$
の $x = 0$ におけるテイラー展開が次の級数で与えられることを示せ．
$$\sum_{n=1}^{\infty} (-1)^{n-1} \frac{(2n-1)!!}{2n \cdot (2n)!!} x^n$$
また，この級数の収束半径を求めよ． (2001 年 名古屋大学大学院)

4.23 $y = \sin x \left(-\frac{\pi}{2} < x < \frac{\pi}{2} \right)$ の逆関数を $g(x) = \arcsin x$ とし，$f(x) = \frac{1}{2} g(x)^2$ とおく．このとき，以下の問いに答えよ．

(1) $g'(x)$ と $g''(x)$ を求めよ．

(2) 次の等式を示せ．
$$\left(1 - x^2\right) f''(x) - x f'(x) = 1$$

(3) $f(x)$ の $x = 0$ におけるテイラー展開を
$$f(x) = \sum_{n=0}^{\infty} a_n x^n$$
とするとき，
$$(n+2)(n+1) a_{n+2} = n^2 a_n \quad (n \geq 1)$$
が成り立つことを示せ．また，a_0, a_1, a_2 を求めよ．

(4) 次の極限値を求めよ．
$$\lim_{x \to 0} \frac{f(x) - \left(\frac{1}{2}x^2 + \frac{1}{6}x^4\right)}{x^6}$$
(2002 年 名古屋大学大学院)

5

偏導関数

5.1 平面・空間

$x, y \in \mathbb{R}$ の順序付けられた対 (つい) (x, y) 全体の集合を $\mathbb{R}^2$ と書く．すなわち，
$$\mathbb{R}^2 = \{(x, y) \mid x, y \in \mathbb{R}\}.$$
各 $(x, y) \in \mathbb{R}^2$ を直交座標系 O-xy の定められた**平面**（**座標平面**）の点の**座標**と考える．平面上の点とその点の座標を同一視することにより，$\mathbb{R}^2$ を平面上の点全体の集合と考えて，**平面** $\mathbb{R}^2$ という．

2 点 $P_1(x_1, y_1)$, $P_2(x_2, y_2) \in \mathbb{R}^2$ の間の**距離**（線分 P_1P_2 の**長さ**）は次の式で与えられる（図 5.1）．
$$P_1 P_2 = \sqrt{(x_1 - x_2)^2 + (y_1 - y_2)^2}$$

◯問 **5.1** 任意の $a, b, c, d \in \mathbb{R}$ に対して，次の不等式を証明せよ．
$$(ac + bd)^2 \leqq (a^2 + b^2)(c^2 + d^2) \quad (コーシー・シュワルツの不等式)$$

◯問 **5.2** 任意の $P_1, P_2, P_3 \in \mathbb{R}^2$ に対して，次の不等式を証明せよ．
$$P_1 P_3 \leqq P_1 P_2 + P_2 P_3 \quad (三角不等式)$$

平面 $\mathbb{R}^2$ の部分集合 E について，点 $(a, b) \in E$ は，適当な $\delta > 0$ をとれば，中心が (a, b)，半径が δ の**開円板** $\{(x, y) \mid (x-a)^2 + (y-b)^2 < \delta^2\}$ が E に含まれる，という条件をみたすとき E の**内点**とよばれる（図 5.2）．任意の $(x, y) \in E$ が E の内点であるとき，E は $\mathbb{R}^2$ の**開集合**または**領域**[注1] と

[注1], 2) 領域にそのすべての境界を付け加えて得られる集合を**閉領域**という．閉領域も含めて領域とよぶこともある．また，平面または空間の部分集合のことをしばしば**図形**とよぶ．

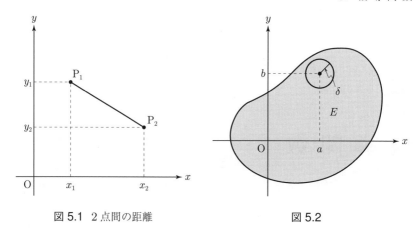

図 5.1 2点間の距離　　　　　図 5.2

よばれる．平面 $\mathbb{R}^2$ の開集合の補集合は $\mathbb{R}^2$ の**閉集合**とよばれる．

次に，$x, y, z \in \mathbb{R}$ の順序付けられた組 (x, y, z) 全体の集合を $\mathbb{R}^3$ と書く．すなわち，

$$\mathbb{R}^3 = \{(x, y, z) \mid x, y, z \in \mathbb{R}\}$$

を直交座標系 O-xyz の定められた**空間**（**座標空間**）の点全体の集合と考えて，**空間** $\mathbb{R}^3$ という．2点 $P_1(x_1, y_1, z_1)$, $P_2(x_2, y_2, z_2) \in \mathbb{R}^3$ の間の**距離**（線分 P_1P_2 の長さ）は次の式で与えられる．

$$P_1P_2 = \sqrt{(x_1 - x_2)^2 + (y_1 - y_2)^2 + (z_1 - z_2)^2}$$

空間 $\mathbb{R}^3$ の部分集合 E について，点 $(a, b, c) \in E$ は，適当な $\delta > 0$ をとれば，中心が (a, b, c)，半径が δ の**開球**

$$\{(x, y, z) \mid (x - a)^2 + (y - b)^2 + (z - c)^2 < \delta^2\}$$

が E に含まれる，という条件をみたすとき E の**内点**とよばれる．任意の $(x, y, z) \in E$ が E の内点であるとき E は $\mathbb{R}^3$ の**開集合**または**領域**[注2) とよばれる．空間 $\mathbb{R}^3$ の開集合の補集合は $\mathbb{R}^3$ の**閉集合**とよばれる．

一般に，$n \in \mathbb{N}$ について，集合

$$\mathbb{R}^n = \{(x_1, x_2, \ldots, x_n) \mid x_1, x_2, \ldots, x_n \in \mathbb{R}\}$$

を **n 次元ユークリッド空間**という．$n \geqq 4$ の場合も $\mathbb{R}^n$ における内点，開集合，閉集合，距離の概念が $n = 1, 2, 3$ の場合と同様に定義される．

5.2 2変数関数

平面 $\mathbb{R}^2$ の部分集合 D を定義域とする関数 $f : D \to \mathbb{R}$ は **2 変数関数**とよばれる. 任意の $(x, y) \in D$ をとり, $z = f(x, y)$ と書くとき,「z は x, y の関数」であるという. この表示において x と y を**独立変数**, z を**従属変数**という. 空間 $\mathbb{R}^3$ の部分集合 $\{(x, y, f(x, y)) \mid (x, y) \in D\}$ を f の**グラフ**とよぶ (図 5.3). これを**曲面** $z = f(x, y)$ ともいう. 関数 $f(x, y)$ が独立変数 x, y の具体的な式で与えられている場合には, f の定義域 D は, 式としての $f(x, y)$ が意味をもつ限り広くとられていると考えて, そのことを明示しないことが多い.

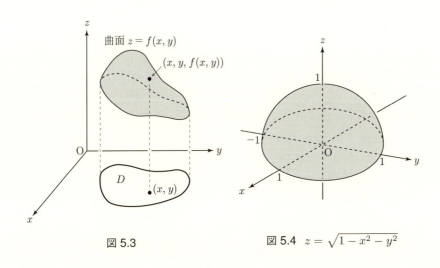

図 5.3

図 5.4 $z = \sqrt{1 - x^2 - y^2}$

● **例 5.1** 関数 $z = \sqrt{1 - x^2 - y^2}$ の定義域は, 特に制限する必要のない場合は, xy 平面上の集合 $\{(x, y) \in \mathbb{R}^2 \mid x^2 + y^2 \leqq 1\}$ であり, 値域は $0 \leqq z \leqq 1$ である. 方程式としての $z = \sqrt{1 - x^2 - y^2}$ は $x^2 + y^2 + z^2 = 1$ かつ $z \geqq 0$ と同値なので, この関数のグラフは, 原点 $\mathrm{O}(0, 0, 0)$ を中心とし, 半径が 1 の球の $z \geqq 0$ の部分である (図 5.4).

● **例 5.2** 関数 $z = -\dfrac{1}{2}x - \dfrac{1}{3}y + 1$ のグラフは, 空間内の 3 点 $(2, 0, 0)$, $(0, 3, 0)$, $(0, 0, 1)$ を通る平面である (図 5.5). 一般に, $a, b, c, d \in \mathbb{R}, (a, b, c) \neq (0, 0, 0)$ とするとき, 3 変数 x, y, z の 1 次方程式 $ax + by + cz + d = 0$ の表す図形は空間内の**平面**である (問 5.4 (2) 参照).

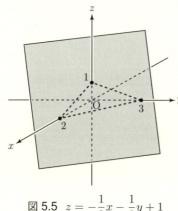

図 5.5 $z = -\dfrac{1}{2}x - \dfrac{1}{3}y + 1$ 　　図 5.6 $z = x^2$

●例 5.3 　2 変数 x, y の関数としての $z = x^2$ のグラフは, zx 平面上の放物線 $z = x^2$ 上の点を通り, y 軸に平行な直線をすべて集めてできる曲面である (図 5.6).

○問 5.3 　関数 $z = x^2 + y^2 - \dfrac{1}{2}$ の定義域を $x^2 + y^2 < 1$ とするときの値域を求めよ.

○問 5.4 　空間 $\mathbb{R}^3$ において次の方程式はどんな曲面を表すかを説明せよ[注3]. ただし, $R > 0$, $(a, b, c) \neq (0, 0, 0)$ である.
  (1) $(x - x_0)^2 + (y - y_0)^2 + (z - z_0)^2 = R^2$
  (2) $a(x - x_0) + b(y - y_0) + c(z - z_0) = 0$

$f(x, y)$ を平面 $\mathbb{R}^2$ の部分集合 D で定義された関数とする. 点 $\mathrm{P}(x, y)$ が, $\mathrm{P} \in D$ なる範囲において, 限りなく定点 $\mathrm{A}(a, b)$ に近づけば $f(x, y)$ が一定の値 α に収束するとき,

$$(x, y) \to (a, b) \text{ のとき } f(x, y) \to \alpha, \quad \mathrm{P} \to \mathrm{A} \text{ のとき } f(\mathrm{P}) \to \alpha,$$

$$\lim_{(x,y) \to (a,b)} f(x, y) = \alpha, \quad \lim_{\substack{x \to a \\ y \to b}} f(x, y) = \alpha, \quad \lim_{\mathrm{P} \to \mathrm{A}} f(\mathrm{P}) = \alpha$$

などと書き, α を**極限**または**極限値**という. ここで, P が限りなく A に近づくというのは, A と P との距離 AP が限りなく 0 に近づくことである.

そのほか, 1 変数関数の場合と同様に, $\displaystyle\lim_{(x,y) \to (a,b)} f(x, y) = +\infty$,

---

[注3] 空間 $\mathbb{R}^3$ の部分集合 D で定義された 3 変数関数 $F(x, y, z)$ が与えられたとき, 方程式 $F(x, y, z) = 0$ の表す図形または**曲面** $F(x, y, z) = 0$ とは, 集合 $\{(x, y, z) \in D \mid F(x, y, z) = 0\}$ のことである.

5.2 2変数関数

$\lim_{\substack{x \to +\infty \\ y \to +\infty}} f(x,y) = \alpha$ などの極限も定義される．2変数関数の極限についても定理 1.1, 1.2 と同様の性質が成り立つ．

●例 5.4 関数 $f(x,y) = \dfrac{x^2 y}{x^2 + y^2}$ について，

$$|f(x,y)| = \frac{x^2 |y|}{x^2 + y^2} \leqq \frac{(x^2+y^2)|y|}{x^2+y^2} = |y| \leqq \sqrt{x^2+y^2} \to 0 \quad ((x,y) \to (0,0))$$

であるから，$\lim_{(x,y) \to (0,0)} f(x,y) = 0$．

関数 $f(x,y)$ の定義域 D に属する点 (a,b) について
$$\lim_{(x,y) \to (a,b)} f(x,y) = f(a,b)$$
が成り立つとき，$f(x,y)$ は点 (a,b) で**連続**であるという．また，$f(x,y)$ が定義域 D の任意の点で連続であるとき，$f(x,y)$ は D で**連続**であるという．2変数関数の連続性についても定理 1.3, 1.4 と同様の性質が成り立つ．

●例 5.5 $A(x,y)$, $B(x,y)$ を x, y の多項式とするとき，関数 $f(x,y) = \dfrac{A(x,y)}{B(x,y)}$ は**有理関数**とよばれる．$f(x,y)$ は定義域 $\{(x,y) \in \mathbb{R}^2 \mid B(x,y) \neq 0\}$ で連続である．

例題 5.1 次の式で定義される関数 $f(x,y)$ の連続性を調べよ．
$$f(x,y) = \begin{cases} \dfrac{xy}{x^2+y^2} & ((x,y) \neq (0,0) \text{ のとき}) \\ 0 & ((x,y) = (0,0) \text{ のとき}) \end{cases}$$

解 例 5.5 より，関数 $f(x,y)$ は $(x,y) \neq (0,0)$ で連続である．次に，極限 $\lim_{(x,y) \to (0,0)} f(x,y)$ を調べるために，直線 $y = mx$ に沿って (x,y) を $(0,0)$ に近づけてみよう．$x \to 0$ のとき，

$$f(x, mx) = \frac{mx^2}{x^2 + m^2 x^2} = \frac{m}{1+m^2} \to \frac{m}{1+m^2}.$$

この値は，例えば $m = 0$ のとき 0，$m = 1$ のとき $\dfrac{1}{2}$ であって，(x,y) を $(0,0)$ に近づけるときの近づけ方により $f(x,y)$ は異なる値に近づく．よって，極限 $\lim_{(x,y) \to (0,0)} f(x,y)$ は存在せず，$f(x,y)$ は点 $(0,0)$ で連続ではない． □

○問 5.5　次の極限を調べよ.

(1) $\displaystyle\lim_{(x,y)\to(0,0)} \frac{x^2-y^2}{x^2+y^2}$

(2) $\displaystyle\lim_{(x,y)\to(0,0)} \frac{x^4-y^4}{x^2+y^2}$

(3) $\displaystyle\lim_{(x,y)\to(0,0)} \frac{3x+2y}{x+y}$

(4) $\displaystyle\lim_{(x,y)\to(0,0)} x\sin\frac{y}{x}$

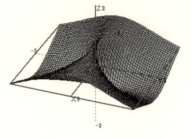

図 5.7　$z = \dfrac{x^2-y^2}{x^2+y^2}$

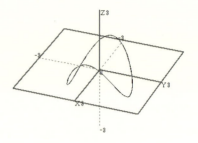

図 5.8 [注4)]

○問 5.6　次の式で定義される関数 $f(x,y)$ の連続性を調べよ.

$$f(x,y) = \begin{cases} \dfrac{xy(x^2-y^2)}{x^2+y^2} & ((x,y)\neq(0,0) \text{ のとき}) \\ 0 & ((x,y)=(0,0) \text{ のとき}) \end{cases}$$

平面 $\mathbb{R}^2$ の部分集合 K は, K を含む閉長方形 $R=[a,b]\times[c,d]$ [注5)] が存在するとき**有界**であるという. 有界な閉集合を**コンパクト集合**という.

定理 1.6 と類似の次の定理が成り立つ.

定理 5.1　（**最大値・最小値の定理**）　関数 $f(x,y)$ が平面 $\mathbb{R}^2$ のコンパクト集合 K で連続であるとき, K における $f(x,y)$ の最大値と最小値が必ず存在する.

$n\geq 3$ についても $\mathbb{R}^n$ の部分集合で定義された関数を **n 変数関数**といい, これらの関数の極限や連続性が 1 変数関数, 2 変数関数の場合と同様に定義される.

[注4)] $z = \dfrac{x^2-y^2}{x^2+y^2}$ において, $x=r\cos\theta$, $y=r\sin\theta$ のとき, $z=\cos^2\theta-\sin^2\theta=\cos 2\theta$. 図 5.7 の参考図.

[注5)] $[a,b]\times[c,d]=\{(x,y)\mid a\leq x\leq b,\ c\leq y\leq d\}$. 一般に, X, Y を集合とするとき, $x\in X$, $y\in Y$ の対 (x,y) 全体の集合を $X\times Y$ と書き, X, Y の**直積**という.

5.3 偏微分係数・偏導関数

$f(x,y)$ を平面 $\mathbb{R}^2$ の部分集合で定義された関数とする．$f(x,y)$ の定義域の内点 (a,b) をとる．1 変数関数 $x \mapsto f(x,b)$ $[y \mapsto f(a,y)]$ が $x = a$ $[y = b]$ で微分可能であるとき，$f(x,y)$ は点 (a,b) で x に関して $[y$ に関して$]$ **偏微分可能**であるという．この 1 変数関数の $x = a$ $[y = b]$ における微分係数を $f(x,y)$ の点 (a,b) における x に関する $[y$ に関する$]$ **偏微分係数**といい，$f_x(a,b)$ $[f_y(a,b)]$ と書く．すなわち，

$$f_x(a,b) = \lim_{h \to 0} \frac{f(a+h,b) - f(a,b)}{h} = \lim_{x \to a} \frac{f(x,b) - f(a,b)}{x-a},$$
$$f_y(a,b) = \lim_{k \to 0} \frac{f(a,b+k) - f(a,b)}{k} = \lim_{y \to b} \frac{f(a,y) - f(a,b)}{y-b}.$$

E を関数 $f(x,y)$ の定義域に含まれる領域とする．$f(x,y)$ が E の各点で x に関して $[y$ に関して$]$ 偏微分可能であるとき，$f(x,y)$ は E で x に関して $[y$ に関して$]$ **偏微分可能**であるという．このとき，E の各点に対して，その点における x に関する $[y$ に関する$]$ 偏微分係数を対応させる関数

$$f_x : E \to \mathbb{R}, \ (x,y) \mapsto f_x(x,y) \quad [f_y : E \to \mathbb{R}, \ (x,y) \mapsto f_y(x,y)\,]$$

を $f(x,y)$ の E における x に関する $[y$ に関する$]$ **偏導関数**という．

$$\begin{cases} f_x(x,y) = \lim_{h \to 0} \dfrac{f(x+h,y) - f(x,y)}{h} \\ f_y(x,y) = \lim_{k \to 0} \dfrac{f(x,y+k) - f(x,y)}{k} \end{cases}$$

偏導関数を求めることを**偏微分する**という．関数 $z = f(x,y)$ の x に関する $[y$ に関する$]$ 偏導関数の記号としては，

$$z_x, \ \frac{\partial}{\partial x}f(x,y), \ \frac{\partial f}{\partial x}, \ \frac{\partial z}{\partial x} \quad [z_y, \ \frac{\partial}{\partial y}f(x,y), \ \frac{\partial f}{\partial y}, \ \frac{\partial z}{\partial y}\,]$$

なども用いられる．

●例 5.6 関数 $z = x^2 - 2xy + y^3$ の偏導関数を求めよう．y を定数とみなし，x だけの関数と考えた z を微分することにより，z の x に関する偏導関数 $z_x = 2x - 2y$ を得る．x を定数とみなし，y だけの関数と考えた z を微分することにより，z の y に関する偏導関数 $z_y = -2x + 3y^2$ を得る．

例題 5.2 次の関数の偏導関数を求めよ．

(1) $z = \dfrac{y}{x^2+2}$ 　　　　(2) $z = (x^3+y^2)^4$

解 (1) $z_x = -\dfrac{2xy}{(x^2+2)^2}$, $z_y = \dfrac{1}{x^2+2}$.

(2) $z_x = 4(x^3+y^2)^3 \cdot \dfrac{\partial}{\partial x}(x^3+y^2) = 4(x^3+y^2)^3 \cdot 3x^2$

$= 12x^2(x^3+y^2)^3$.

$z_y = 4(x^3+y^2)^3 \cdot \dfrac{\partial}{\partial y}(x^3+y^2) = 4(x^3+y^2)^3 \cdot 2y$

$= 8y(x^3+y^2)^3$. □

○問 **5.7** 次の関数の偏導関数を求めよ．

(1) $z = x + 2y - 12$ 　　　　(2) $z = (7x+y+1)^{10}$

(3) $z = \dfrac{x^2-y^2}{x^2+y^2}$ 　　　　(4) $z = \tan^{-1}\dfrac{x}{y}$

○問 **5.8** 次の関数の点 $(1,2)$ における偏微分係数を求めよ．

(1) $f(x,y) = x^2 - 2xy - 5y^2$ 　　　　(2) $f(x,y) = e^{x^2+y^2}$

○問 **5.9** I, J を開区間とする．関数 $f(x,y)$ が $I \times J$ で $f_x = f_y = 0$ をみたせば，$f(x,y)$ は $I \times J$ で定数であることを証明せよ．

5.4 高次偏導関数

関数 $z = f(x,y)$ が x に関して偏微分可能で，偏導関数 $f_x(x,y)$ が x に関して [y に関して] 偏微分可能であるとき，$f_x(x,y)$ の x に関する [y に関する] 偏導関数を

$$f_{xx}(x,y), \quad z_{xx}, \quad \dfrac{\partial^2}{\partial x^2}f(x,y), \quad \dfrac{\partial^2 f}{\partial x^2}, \quad \dfrac{\partial^2 z}{\partial x^2}$$

$$[f_{xy}(x,y), \quad z_{xy}, \quad \dfrac{\partial^2}{\partial y \partial x}f(x,y), \quad \dfrac{\partial^2 f}{\partial y \partial x}, \quad \dfrac{\partial^2 z}{\partial y \partial x}]$$

などと書く．同様に，$f_y(x,y)$ の x に関する [y に関する] 偏導関数を

5.4 高次偏導関数

$$f_{yx}(x,y), \quad z_{yx}, \quad \frac{\partial^2}{\partial x \partial y} f(x,y), \quad \frac{\partial^2 f}{\partial x \partial y}, \quad \frac{\partial^2 z}{\partial x \partial y},$$

$$[f_{yy}(x,y), \quad z_{yy}, \quad \frac{\partial^2}{\partial y^2} f(x,y), \quad \frac{\partial^2 f}{\partial y^2}, \quad \frac{\partial^2 z}{\partial y^2}]$$

などと書く．関数 $f_{xx}(x,y)$, $f_{xy}(x,y)$, $f_{yx}(x,y)$, $f_{yy}(x,y)$ を $f(x,y)$ の**第2次偏導関数**という．

定理 5.2 領域 E において f_{xy} と f_{yx} が存在して，いずれも連続ならば，E において $f_{yx} = f_{xy}$．

証明 まず，f_{xy}, f_{yx} が存在する以上，f_x, f_y も存在していることに注意しよう．任意の $(a,b) \in E$ をとる．十分 0 に近い $h, k \neq 0$ について，

$$F = f(a+h, b+k) - f(a+h, b) - f(a, b+k) + f(a, b)$$

とおく．h, k を固定して，$\varphi(x) = f(x, b+k) - f(x, b)$ とおけば，

$$F = \varphi(a+h) - \varphi(a).$$

平均値の定理（§2.6）より，$\theta_1 \in (0,1)$ が存在して，

$$F = \varphi'(a+\theta_1 h)h = \left(f_x(a+\theta_1 h, b+k) - f_x(a+\theta_1 h, b)\right)h.$$

ふたたび，平均値の定理より，$\theta_2 \in (0,1)$ が存在して，

$$f_x(a+\theta_1 h, b+k) - f_x(a+\theta_1 h, b) = f_{xy}(a+\theta_1 h, b+\theta_2 k)k.$$

ゆえに，

$$F = f_{xy}(a+\theta_1 h, b+\theta_2 k)hk$$

を得る．次に，$\psi(y) = f(a+h, y) - f(a, y)$ とおけば，$F = \psi(b+k) - \psi(b)$ であり，同様にして，等式

$$F = f_{yx}(a+\theta_4 h, b+\theta_3 k)hk$$

をみたす $\theta_3, \theta_4 \in (0,1)$ が存在することがわかる．したがって，

$$f_{xy}(a+\theta_1 h, b+\theta_2 k)hk = f_{yx}(a+\theta_4 h, b+\theta_3 k)hk,$$

すなわち，$f_{xy}(a+\theta_1 h, b+\theta_2 k) = f_{yx}(a+\theta_4 h, b+\theta_3 k)$．関数 f_{xy} と f_{yx} が点 (a,b) で連続であることから，$(h,k) \to (0,0)$ として，$f_{xy}(a,b) = f_{yx}(a,b)$．したがって，$E$ において $f_{xy} = f_{yx}$． □

じつは，定理 5.2 よりも強い次の定理が成り立つ．しかし，無条件に $f_{xy} = f_{yx}$ というわけではない（演 5.8 参照）．

定理 5.3 （シュワルツの定理） 領域 E において f_x, f_y, f_{xy} が存在して，f_{xy} が連続ならば，E において f_{yx} も存在して，$f_{yx} = f_{xy}$．

例題 5.3 次の関数の偏導関数と第 2 次偏導関数を求めよ．
(1) $z = x^4 - xy^3$ （2） $z = y \log x$

解 (1) $z_x = 4x^3 - y^3$, $z_y = -3xy^2$, $z_{xx} = 12x^2$, $z_{xy} = -3y^2 = z_{yx}$, $z_{yy} = -6xy$.
(2) $z_x = \dfrac{y}{x}$, $z_y = \log x$, $z_{xx} = -\dfrac{y}{x^2}$, $z_{xy} = \dfrac{1}{x} = z_{yx}$, $z_{yy} = 0$. □

○問 **5.10** 次の関数の第 2 次偏導関数を求めよ．
(1) $z = e^{x^2 - y^2}$ （2） $z = e^x \sin y$
(3) $z = \sin(2x - 3y)$ （4） $z = \dfrac{x}{x^2 + y^2}$

さらに，3 次以上の偏導関数も帰納的に定義される．領域 E において，関数 $f(x, y)$ の第 n 次までのすべての偏導関数が存在し，かつ連続であるとき，$f(x, y)$ は E で $\mathbf{C}^n$ 級であるという．任意の $n \geqq 0$ について $f(x, y)$ が E で $\mathbf{C}^n$ 級のとき，$f(x, y)$ は E で $\mathbf{C}^\infty$ 級であるという．

定理 5.4 関数 $f(x, y)$ が領域 E で $\mathbf{C}^n$ 級のとき，各 $k = 0, 1, \ldots, n$ について，$f(x, y)$ の第 n 次偏導関数のうち x に関して $n - k$ 回偏微分し，y に関して k 回偏微分したものは，偏微分の順序に関係なく等しい．

証明 定理 5.2 を用いて，n に関する数学的帰納法による． □

$\mathbf{C}^n$ 級の関数 $z = f(x, y)$ を x に関して $n - k$ 回偏微分し，y に関して k 回偏微分して得られる**第 n 次偏導関数**を

$$\frac{\partial^n}{\partial x^{n-k} \partial y^k} f(x, y), \quad \frac{\partial^n z}{\partial x^{n-k} \partial y^k}, \quad \frac{\partial^n f}{\partial x^{n-k} \partial y^k}$$

などと書く．

5.5 全微分可能性

関数 $f(x,y)$ の定義域を D とし，(a,b) を D の定義域の内点とする．定数 $A, B \in \mathbb{R}$ が存在して，

$$f(x,y) = f(a,b) + A(x-a) + B(y-b) + o\left(\sqrt{(x-a)^2 + (y-b)^2}\right)$$

$$((x,y) \to (a,b))$$

が成り立つとき[注6]，$f(x,y)$ は点 (a,b) で**全微分可能（微分可能）**であるという．また，関数 $f(x,y)$ が領域 E の各点で全微分可能であるとき，$f(x,y)$ は E で**全微分可能（微分可能）**であるという．

定理 5.5 関数 $f(x,y)$ が点 (a,b) で全微分可能ならば，$f(x,y)$ は点 (a,b) で x, y のいずれに関しても偏微分可能である．

証明 $f(x,y)$ は点 (a,b) で全微分可能なので，定数 $A, B \in \mathbb{R}$ が存在して，関数

$$\varepsilon(x,y) = \frac{f(x,y) - \{f(a,b) + A(x-a) + B(y-b)\}}{\sqrt{(x-a)^2 + (y-b)^2}}$$

について $\lim_{(x,y)\to(a,b)} \varepsilon(x,y) = 0$ であるから，$y = b$ とおいて，$\lim_{x \to a} \varepsilon(x,b) = 0$．ゆえに，

$$\lim_{x \to a} \left| \frac{f(x,b) - f(a,b)}{x - a} - A \right| = \lim_{x \to a} \left| \frac{f(x,b) - \{f(a,b) + A(x-a)\}}{x - a} \right|$$

$$= \lim_{x \to a} \frac{|f(x,b) - \{f(a,b) + A(x-a)\}|}{|x - a|}$$

$$= \lim_{x \to a} |\varepsilon(x,b)| = 0$$

を得て，

$$f_x(a,b) = \lim_{x \to a} \frac{f(x,b) - f(a,b)}{x - a} = A.$$

同様にして，$f_y(a,b) = B$. □

[注6] 関数 $f(x,y), g(x,y), h(x,y)$ について，$\lim_{(x,y)\to(a,b)} \dfrac{f(x,y) - g(x,y)}{h(x,y)} = 0$ のとき，次のように書く．

$$f(x,y) = g(x,y) + o(h(x,y)) \quad ((x,y) \to (a,b))$$

◯**問 5.11** 関数 $f(x,y)$ が点 (a,b) で全微分可能ならば，$f(x,y)$ は点 (a,b) で連続であることを確かめよ．

関数 $f(x,y)$ が点 (a,b) で全微分可能であるとき，平面
$$z = f(a,b) + f_x(a,b)(x-a) + f_y(a,b)(y-b)$$
を曲面 $z = f(x,y)$ の点 $(a,b,f(a,b))$ における**接平面**という（図 5.9）．定理 5.5 の証明から，
$$A = f_x(a,b), \quad B = f_y(a,b)$$
なので，$\rho = \sqrt{(x-a)^2 + (y-b)^2}$ とおくとき，
$$f(x,y) = f(a,b) + f_x(a,b)(x-a) + f_y(a,b)(y-b) + o(\rho)$$
$$((x,y) \to (a,b)).$$
このことは曲面 $z = f(x,y)$ が点 $(a,b,f(a,b))$ の近くで接平面によって「近似される」ことを示している．

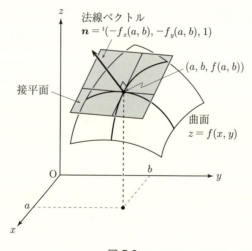

図 5.9

定理 5.6 関数 $f(x,y)$ が領域 E で C^1 級ならば，$f(x,y)$ は E で全微分可能である．

5.5 全微分可能性

証明 任意の $(a,b) \in E$ をとり，$\rho = \sqrt{(x-a)^2 + (y-b)^2}$ とおく．関数
$$\varepsilon(x,y) = \frac{f(x,y) - \{f(a,b) + f_x(a,b)(x-a) + f_y(a,b)(y-b)\}}{\rho}$$
について，$\lim_{(x,y) \to (a,b)} \varepsilon(x,y) = 0$ を示せばよい．$(x,y) \in E$，$(x,y) \neq (a,b)$ のとき，
$$f(x,y) = f(a,b) + f_x(a,b)(x-a) + f_y(a,b)(y-b) + \varepsilon(x,y)\rho$$
であり，点 (a,b) の近くの点 (x,y) に対して，平均値の定理（§2.6）より，
$$f(x,y) = f(a,y) + (x-a)f_x(a + \theta(x-a), y),$$
$$f(a,y) = f(a,b) + (y-b)f_y(a, b + \tau(y-b))$$
をみたす $\theta, \tau \in (0,1)$ が存在する．f_x, f_y は連続なので，
$$\alpha = f_x(a + \theta(x-a), y) - f_x(a,b),$$
$$\beta = f_y(a, b + \tau(y-b)) - f_y(a,b)$$
とおくと，$(x,y) \to (a,b)$ のとき $\alpha \to 0$，$\beta \to 0$．このとき，
$$f(x,y) = f(a,b) + (f(x,y) - f(a,y)) + (f(a,y) - f(a,b))$$
$$= f(a,b) + (x-a)f_x(a + \theta(x-a), y) + (y-b)f_y(a, b + \tau(y-b))$$
$$= f(a,b) + (x-a)(f_x(a,b) + \alpha) + (y-b)(f_y(a,b) + \beta)$$
$$= f(a,b) + f_x(a,b)(x-a) + f_y(a,b)(y-b) + (x-a)\alpha + (y-b)\beta$$
であるから，$\varepsilon(x,y)\rho = (x-a)\alpha + (y-b)\beta$．コーシー・シュワルツの不等式（問 5.1）より，
$$|(x-a)\alpha + (y-b)\beta| \leqq \rho\sqrt{\alpha^2 + \beta^2}$$
なので，$|\varepsilon(x,y)| \leqq \sqrt{\alpha^2 + \beta^2}$．よって，$\lim_{(x,y) \to (a,b)} \varepsilon(x,y) = 0$ を得て，$f(x,y)$ は点 (a,b) で全微分可能である． □

○**問 5.12** 次の曲面の指定された点における接平面の方程式を求めよ．
(1) $z = x^2 + 2y^2$，点 $(1,1,3)$
(2) $z = xy$，点 $(1,2,2)$
(3) $z = \sqrt{x^2 + y^2}$，点 $(4,3,5)$
(4) $z = \sin(x-y)$，点 $\left(\frac{\pi}{2}, \frac{\pi}{2}, 0\right)$

関数 $z = f(x,y)$ を全微分可能な関数とする．変数 x, y と無関係な独立変数 h, k を用意して，
$$\Delta z = \Delta f(x,y) = f(x+h, y+k) - f(x,y),$$
$$dz = df(x) = f_x(x,y)h + f_y(x,y)k$$
と書き，Δz を z の**増分**，dz を z の**全微分**（**微分**）という．特に，$z = x$ の場合を考えて，
$$\Delta x = (x+h) - x = h,$$
$$dx = 1 \cdot h + 0 \cdot k = h$$
を得て，$h = dx = \Delta x$．同様に，$z = y$ の場合を考えて，$k = dy = \Delta y$．ゆえに，任意の $z = f(x,y)$ について，
$$\Delta z = f(x+\Delta x, y+\Delta y) - f(x,y),$$
$$dz = f_x(x,y)\,dx + f_y(x,y)\,dy$$
であり，普通は，文字 h, k を使わずに，増分と全微分をこの形で表す．

●例 5.7　$z = \log(x+y^2)$ のとき，$z_x = \dfrac{1}{x+y^2}$, $z_y = \dfrac{2y}{x+y^2}$ なので，
$$dz = \frac{1}{x+y^2}\,dx + \frac{2y}{x+y^2}\,dy.$$

○問 **5.13**　次の関数の全微分 dz を求めよ．

(1) $z = x^2 - 3xy + 2y^2$　　　　　(2) $z = \dfrac{x}{y}$

(3) $z = \cos x \sin y$　　　　　　　(4) $z = \log(x+4y)$

5.6　合成関数の導関数・偏導関数

定理 5.7（合成関数の導関数）　$z = f(x,y)$ を平面 $\mathbb{R}^2$ の領域 E で全微分可能な関数，$x = \varphi(t)$, $y = \psi(t)$ を開区間 I で微分可能な関数とし，任意の $t \in I$ について $(\varphi(t), \psi(t)) \in E$ とする．このとき，合成関数 $z = f(\varphi(t), \psi(t))$ は I で微分可能であって，
$$\frac{dz}{dt} = f_x(\varphi(t), \psi(t))\varphi'(t) + f_y(\varphi(t), \psi(t))\psi'(t) = \frac{\partial z}{\partial x}\frac{dx}{dt} + \frac{\partial z}{\partial y}\frac{dy}{dt}.$$

証明 任意の $c \in I$ をとり，$\varphi(c) = a$，$\psi(c) = b$，$\rho = \sqrt{(x-a)^2 + (y-b)^2}$ とおく．$f(x, y)$ は点 (a, b) で全微分可能なので，E で定義された関数

$$\varepsilon(x, y) = \begin{cases} \dfrac{f(x, y) - \{f(a, b) + f_x(a, b)(x - a) + f_y(a, b)(y - b)\}}{\rho} & ((x, y) \neq (a, b) \text{ のとき}) \\ 0 & ((x, y) = (a, b) \text{ のとき}) \end{cases}$$

について，$\lim_{(x,y) \to (a,b)} \varepsilon(x, y) = 0 = \varepsilon(a, b)$ であり，E において，等式

$$f(x, y) - f(a, b) = f_x(a, b)(x - a) + f_y(a, b)(y - b) + \varepsilon(x, y)\rho$$

が成り立っている．この式に $x = \varphi(t)$，$y = \psi(t)$ を代入したのち，両辺を $t - c$ で割って，

$$\frac{f(\varphi(t), \psi(t)) - f(a, b)}{t - c} = f_x(a, b) \cdot \frac{\varphi(t) - a}{t - c} + f_y(a, b) \cdot \frac{\psi(t) - b}{t - c} + \varepsilon \cdot \frac{\rho}{t - c}.$$

ここで，

$$\lim_{t \to c} \frac{\varphi(t) - a}{t - c} = \varphi'(c), \quad \lim_{t \to c} \frac{\psi(t) - b}{t - c} = \psi'(c),$$

$$\lim_{t \to c} \left| \varepsilon \cdot \frac{\rho}{t - c} \right| = \lim_{t \to c} |\varepsilon(\varphi(t), \psi(t))| \sqrt{\left(\frac{\varphi(t) - a}{t - c}\right)^2 + \left(\frac{\psi(t) - b}{t - c}\right)^2}$$

$$= 0 \cdot \sqrt{\varphi'(c)^2 + \psi'(c)^2} = 0$$

であるから，変数 t の関数 $z = f(\varphi(t), \psi(t))$ の $t = c$ における微分係数は，

$$\lim_{t \to c} \frac{f(\varphi(t), \psi(t)) - f(a, b)}{t - c} = f_x(a, b)\varphi'(c) + f_y(a, b)\psi'(c)$$

$$= f_x(\varphi(c), \psi(c))\varphi'(c) + f_y(\varphi(c), \psi(c))\psi'(c).$$

したがって，I において，

$$\frac{dz}{dt} = f_x(\varphi(t), \psi(t))\varphi'(t) + f_y(\varphi(t), \psi(t))\psi'(t). \qquad \square$$

○問 **5.14** $f(x, y)$ を全微分可能な関数とするとき，次の関数の導関数を求めよ．
(1) $z = f(t^2, t^3)$ 　　　　　　　　(2) $z = f(\cos t, \sin t)$

●例 5.8　$z = \log(x^2 + y^2)$, $x = \cosh t$, $y = \sinh t$ のとき，定理 5.7 を用いて，$\dfrac{dz}{dt}$, $\dfrac{d^2z}{dt^2}$ を求めよう．

$$z_x = \frac{2x}{x^2+y^2}, \quad z_y = \frac{2y}{x^2+y^2},$$

$$z_{xx} = -\frac{2(x^2-y^2)}{(x^2+y^2)^2}, \quad z_{xy} = -\frac{4xy}{(x^2+y^2)^2} = z_{yx}, \quad z_{yy} = \frac{2(x^2-y^2)}{(x^2+y^2)^2},$$

$$\frac{dx}{dt} = \sinh t = y, \quad \frac{d^2x}{dt^2} = \cosh t = x, \quad \frac{dy}{dt} = \cosh t = x, \quad \frac{d^2y}{dt^2} = \sinh t = y.$$

したがって，

$$\frac{dz}{dt} = z_x \frac{dx}{dt} + z_y \frac{dy}{dt} = \frac{2x}{x^2+y^2} \cdot y + \frac{2y}{x^2+y^2} \cdot x$$

$$= \frac{4xy}{x^2+y^2} = \frac{2(e^{2t} - e^{-2t})}{e^{2t} + e^{-2t}} = 2\tanh 2t,$$

$$\frac{d^2z}{dt^2} = \frac{d}{dt}\left(z_x \frac{dx}{dt} + z_y \frac{dy}{dt}\right) = \frac{dz_x}{dt}\frac{dx}{dt} + z_x \frac{d^2x}{dt^2} + \frac{dz_y}{dt}\frac{dy}{dt} + z_y \frac{d^2y}{dt^2}$$

$$= \left(z_{xx}\frac{dx}{dt} + z_{xy}\frac{dy}{dt}\right)\frac{dx}{dt} + z_x \frac{d^2x}{dt^2} + \left(z_{yy}\frac{dy}{dt} + z_{yx}\frac{dx}{dt}\right)\frac{dy}{dt} + z_y \frac{d^2y}{dt^2}$$

$$= z_{xx}\left(\frac{dx}{dt}\right)^2 + 2z_{xy}\frac{dx}{dt}\frac{dy}{dt} + z_{yy}\left(\frac{dy}{dt}\right)^2 + z_x \frac{d^2x}{dt^2} + z_y \frac{d^2y}{dt^2}$$

$$= -\frac{2(x^2-y^2)}{(x^2+y^2)^2} \cdot y^2 - 2 \cdot \frac{4xy}{(x^2+y^2)^2} \cdot yx + \frac{2(x^2-y^2)}{(x^2+y^2)^2} \cdot x^2$$

$$+ \frac{2x}{x^2+y^2} \cdot x + \frac{2y}{x^2+y^2} \cdot y$$

$$= \frac{4(x^2-y^2)^2}{(x^2+y^2)^2} = \frac{16}{(e^{2t}+e^{-2t})^2} = \frac{4}{\cosh^2 2t}.$$

なお，$z = \log(x^2+y^2) = \log\cosh 2t$ から，直接，$\dfrac{dz}{dt}$, $\dfrac{d^2z}{dt^2}$ を求めれば，

$$\frac{dz}{dt} = \frac{1}{\cosh 2t} \cdot \sinh 2t \cdot 2 = 2\tanh 2t,$$

$$\frac{d^2z}{dt^2} = \frac{d}{dt}(2\tanh 2t) = \frac{4}{\cosh^2 2t}$$

であり，上記の計算結果と一致する．

○問 **5.15**　次のそれぞれの場合について，$\dfrac{dz}{dt}$ を求めよ．

(1) $z = x^3 y^2$, $x = \cos t$, $y = \sin t$

(2) $z = \cos x \sin y$, $x = e^t$, $y = \log t$

5.7 2変数関数のテイラーの定理

定理 5.8（合成関数の偏導関数） $z=f(x,y)$ を平面 $\mathbb{R}^2$ の領域 E で x, y に関して全微分可能な関数，$x=\varphi(u,v)$, $y=\psi(u,v)$ を平面 $\mathbb{R}^2$ の領域 D で u, v に関して偏微分可能な関数とし，任意の $(u,v)\in D$ について $(\varphi(u,v),\psi(u,v))\in E$ とする．このとき，合成関数 $z=f(\varphi(u,v),\psi(u,v))$ は D で u, v に関して偏微分可能であって，

$$\frac{\partial z}{\partial u}=\frac{\partial z}{\partial x}\frac{\partial x}{\partial u}+\frac{\partial z}{\partial y}\frac{\partial y}{\partial u}, \quad \frac{\partial z}{\partial v}=\frac{\partial z}{\partial x}\frac{\partial x}{\partial v}+\frac{\partial z}{\partial y}\frac{\partial y}{\partial v}.$$

証明 定理 5.7 による． □

〇**問 5.16** $z=f(x,y)$ を全微分可能な関数とする．a, b, c, d を定数として，
$$x=au+bv, \quad y=cu+dv$$
とおくとき，z_u, z_v を z_x, z_y で表せ．

〇**問 5.17** $z=f(x,y)$ を全微分可能な関数とする．$x=r\cos\theta$, $y=r\sin\theta$ $(r>0)$ のとき，次の等式を証明せよ．

(1) $z_x = z_r \cos\theta - \dfrac{1}{r} z_\theta \sin\theta$ \qquad (2) $z_y = z_r \sin\theta + \dfrac{1}{r} z_\theta \cos\theta$

(3) $z_x{}^2 + z_y{}^2 = z_r{}^2 + \dfrac{1}{r^2} z_\theta{}^2$

〇**問 5.18** $z=f(x,y)$ を C^2 級の関数とする．$x=r\cos\theta$, $y=r\sin\theta$ $(r>0)$ のとき，次の等式を証明せよ．

$$z_{xx}+z_{yy}=z_{rr}+\frac{1}{r^2}z_{\theta\theta}+\frac{1}{r}z_r$$

5.7 2変数関数のテイラーの定理

2項定理との類推により，$n\geqq 0$ に対して，記号的に，

$$\left(h\frac{\partial}{\partial x}+k\frac{\partial}{\partial y}\right)^n f = \sum_{r=0}^{n} {}_n\mathrm{C}_r h^{n-r} k^r \frac{\partial^n f}{\partial x^{n-r}\partial y^r}$$

と書く．ただし，$f(x,y)$ は C^n 級の関数であり，h, $k\in\mathbb{R}$ は定数である．関数 $\left(h\dfrac{\partial}{\partial x}+k\dfrac{\partial}{\partial y}\right)^n f$ の点 (a,b) における値を $\left(h\dfrac{\partial}{\partial x}+k\dfrac{\partial}{\partial y}\right)^n f(a,b)$ と書く．

● 例 5.9　$f(x,y) = x^2 y^3$ のとき，$f_{xx} = 2y^3$，$f_{xy} = 6xy^2$，$f_{yy} = 6x^2 y$ なので，

$$\left(5\frac{\partial}{\partial x} - 2\frac{\partial}{\partial y}\right)^2 f(x,y) = 25 \cdot 2y^3 - 20 \cdot 6xy^2 + 4 \cdot 6x^2 y$$
$$= 2y\left(12x^2 - 60xy + 25y^2\right).$$

○問 5.19　$f(x,y) = x^4 - 3x^2 y^2 + 2y^4$ について次の関数を求めよ．
(1)　$\left(2\dfrac{\partial}{\partial x} + 3\dfrac{\partial}{\partial y}\right)^2 f(x,y)$　　　　(2)　$\left(2\dfrac{\partial}{\partial x} + 3\dfrac{\partial}{\partial y}\right)^3 f(x,y)$

定理 5.9　$f(x,y)$ を平面 $\mathbb{R}^2$ の領域 E で C^n 級の関数とし，a, b, h, k を定数とする．このとき，$x = a + ht, y = b + kt$ とおくことにより定まる変数 t の関数

$$\varphi(t) = f(a + ht, b + kt)$$

は $(a + ht, b + kt) \in E$ なる t の範囲において C^n 級であって，次の式が成り立つ．

$$\varphi^{(n)}(t) = \left(h\frac{\partial}{\partial x} + k\frac{\partial}{\partial y}\right)^n f(a + ht, b + kt)$$

証明　$z = f(x,y)$，$x = a + ht$，$y = b + kt$ とおくとき，$p = 0, 1, \ldots, n$ について

$$\frac{d^p z}{dt^p} = \sum_{r=0}^{p} {}_p C_r\, h^{p-r} k^r \frac{\partial^p z}{\partial x^{p-r} \partial y^r}$$

であることを数学的帰納法で示せばよい．

まず，$p = 0$ のときは両辺とも z であって正しい．

次に，$\dfrac{d^{p-1} z}{dt^{p-1}} = \sum_{r=0}^{p-1} {}_{p-1} C_r\, h^{p-1-r} k^r \dfrac{\partial^{p-1} z}{\partial x^{p-1-r} \partial y^r}$ を仮定する．定理 5.7 を用いて，

$$\frac{d^p z}{dt^p} = \frac{d}{dt}\left(\frac{d^{p-1} z}{dt^{p-1}}\right) = \sum_{r=0}^{p-1} {}_{p-1} C_r\, h^{p-1-r} k^r \frac{d}{dt}\left(\frac{\partial^{p-1} z}{\partial x^{p-1-r} \partial y^r}\right)$$

$$= \sum_{r=0}^{p-1} {}_{p-1} C_r\, h^{p-1-r} k^r \left(\frac{\partial}{\partial x}\left(\frac{\partial^{p-1} z}{\partial x^{p-1-r} \partial y^r}\right)\frac{\partial x}{\partial t} + \frac{\partial}{\partial y}\left(\frac{\partial^{p-1} z}{\partial x^{p-1-r} \partial y^r}\right)\frac{\partial y}{\partial t}\right)$$

$$= \sum_{r=0}^{p-1} {}_{p-1} C_r\, h^{p-1-r} k^r \left(\frac{\partial^p z}{\partial x^{p-r} \partial y^r} \cdot h + \frac{\partial^p z}{\partial x^{p-1-r} \partial y^{r+1}} \cdot k\right)$$

を得て，あとは定理 2.13 の証明と同様である．　□

5.7 2変数関数のテイラーの定理

定理 5.10 （テイラーの定理） 関数 $f(x,y)$ が平面 $\mathbb{R}^2$ の領域 E で C^n 級であり，点 (a,b) と点 $(a+h,b+k)$ を結ぶ線分が E に含まれるとき，次の等式をみたす $\theta \in (0,1)$ が存在する．

$$\begin{cases} f(a+h,b+k) = \displaystyle\sum_{r=0}^{n-1} \frac{1}{r!} \left(h\frac{\partial}{\partial x} + k\frac{\partial}{\partial y} \right)^r f(a,b) + R_n, \\ R_n = \displaystyle\frac{1}{n!} \left(h\frac{\partial}{\partial x} + k\frac{\partial}{\partial y} \right)^n f(a+\theta h, b+\theta k) \end{cases}$$

証明 関数 $\varphi(t) = f(a+ht, b+kt)$ は $[0,1]$ を含む開区間で C^n 級であるから，1変数関数のマクローリンの定理（§2.8）より，$\theta \in (0,1)$ が存在して，

$$\varphi(1) = \sum_{r=0}^{n-1} \frac{\varphi^{(k)}(0)}{r!} \cdot 1^r + R_n = \sum_{r=0}^{n-1} \frac{1}{r!} \varphi^{(k)}(0) + R_n,$$

$$R_n = \frac{\varphi^{(n)}(\theta \cdot 1)}{n!} \cdot 1^n = \frac{1}{n!} \varphi^{(n)}(\theta)$$

と書ける．ゆえに，定理 5.7 より証明すべき式を得る． □

定理 5.11 （マクローリンの定理） 関数 $f(x,y)$ が平面 $\mathbb{R}^2$ の領域 E で C^n 級であり，原点 $(0,0)$ と点 (h,k) を結ぶ線分が E に含まれるとき，次の等式をみたす $\theta \in (0,1)$ が存在する．

$$\begin{cases} f(h,k) = \displaystyle\sum_{r=0}^{n-1} \frac{1}{r!} \left(h\frac{\partial}{\partial x} + k\frac{\partial}{\partial y} \right)^r f(0,0) + R_n, \\ R_n = \displaystyle\frac{1}{n!} \left(h\frac{\partial}{\partial x} + k\frac{\partial}{\partial y} \right)^n f(\theta h, \theta k) \end{cases}$$

証明 定理 5.10 で $(a,b) = (0,0)$ の場合である． □

定理 5.10 で $n=1$ の場合を**平均値の定理**という．また，定理 5.10, 5.11 における R_n を**剰余項**という．

○**問 5.20** $D = \{(x,y) \mid (x-a)^2 + (y-b)^2 < R^2\}$ とおく．ただし，$a, b \in \mathbb{R}$, $R > 0$ は定数である．関数 $f(x,y)$ が D において $f_x = f_y = 0$ をみたせば，$f(x,y)$ は D で定数であることを証明せよ．

○**問 5.21** 関数 $f(x,y) = x^3 + y^3$ に $n=2$ の場合のマクローリンの定理を適用した式における θ の値を求めよ．

○問 **5.22** 次の関数に $n=3$ の場合のマクローリンの定理を適用した式を書け.
(1) $f(x,y) = \cos(x+3y)$ (2) $f(x,y) = e^{xy}$

5.8 極値の判定

$f(x,y)$ を平面 $\mathbb{R}^2$ の部分集合で定義された関数とする.点 (a,b) の近くで,$f(x,y)$ が点 (a,b) で最大値[最小値]をとるとき,$f(x,y)$ は点 (a,b) で(弱い意味で)**極大**[**極小**]であるといい,$f(a,b)$ を $f(x,y)$ の(弱い意味での)**極大値**[**極小値**]という.極大値と極小値をあわせて**極値**という.

> **定理 5.12** 関数 $f(x,y)$ は点 (a,b) で x, y について偏微分可能とする.このとき,$f(x,y)$ が点 (a,b) で極値をとるならば,
> $$f_x(a,b) = f_y(a,b) = 0.$$

証明 1 変数関数 $x \mapsto f(x,b)$ は $x=a$ で極値をとるので,定理 2.14 より,$f_x(a,b) = 0$ を得る.$f_y(a,b) = 0$ についても同様である. □

● 例 **5.10** 関数 $f(x,y) = x^2 + y^2$ について,$f_x(x,y) = 2x$,$f_y(x,y) = 2y$.$2x = 2y = 0$ より $(x,y) = (0,0)$ を得て,定理 5.12 によれば,これが極値をとる点の唯一の候補である.実際,任意の (x,y) に対し $f(x,y) \geqq 0 = f(0,0)$ なので,$f(0,0) = 0$ は最小値である(図 5.10).

● 例 **5.11** 関数 $f(x,y) = -x^2 + y^2$ について,$f_x(x,y) = -2x$,$f_y(x,y) = 2y$.$-2x = 2y = 0$ より $(x,y) = (0,0)$ を得て,これが極値をとる点の唯一の候補である.しかし,点 $(0,0)$ のいくらでも近くに $f(x,y)$ が正になる点と負になる点の両方が存在し,$f(0,0) = 0$ は極値ではない(図 5.11).

● 例 **5.12** 関数 $z = x^3 + y^3 - 3xy$ が極値をとる点を求めたい.$z_x = 3x^2 - 3y$,$z_y = 3y^2 - 3x$.連立方程式 $3x^2 - 3y = 3y^2 - 3x = 0$ を解いて,$(x,y) = (0,0), (1,1)$.定理 5.12 によれば,これらが極値をとる点の候補である.実際には,z は点 $(1,1)$ で極小値 -1 をとるが,点 $(0,0)$ では極値をとらない(問 5.26 (3) 参照).

平面 $\mathbb{R}^2$ の領域で定義された関数の極値を調べるために,次の定理が用いられる.

5.8 極値の判定

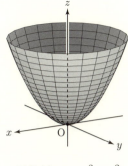

図 5.10 $z = x^2 + y^2$

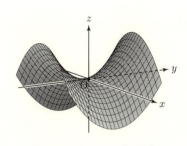

図 5.11 $z = -x^2 + y^2$

定理 5.13 $f(x, y)$ を平面 $\mathbb{R}^2$ の領域 E で C^2 級の関数とし,
$$D = f_{xx}f_{yy} - f_{xy}{}^2$$
とおく. このとき, $f_x(a, b) = f_y(a, b) = 0$ なる点 $(a, b) \in E$ について, 次のことが成り立つ.
(1) $D(a, b) > 0$, $f_{xx}(a, b) > 0$ ならば $f(x, y)$ は点 (a, b) で極小である.
(2) $D(a, b) > 0$, $f_{xx}(a, b) < 0$ ならば $f(x, y)$ は点 (a, b) で極大である.
(3) $D(a, b) < 0$ ならば $f(x, y)$ は点 (a, b) で極値をとらない.

証明 $\delta(x, y) = f(x, y) - f(a, b)$, $h = x - a$, $k = y - b$ とおく. テイラーの定理より, 点 (a, b) の近くの点 (x, y) について, $\theta \in (0, 1)$ が存在して,

$$\delta(x, y) = h f_x(a, b) + k f_y(a, b) + \frac{1}{2}\left(h\frac{\partial}{\partial x} + k\frac{\partial}{\partial y}\right)^2 f(a + \theta h, b + \theta k)$$
$$= \frac{1}{2}\left(\alpha h^2 + 2\beta h k + \gamma k^2\right).$$

ただし, $\alpha = f_{xx}(a + \theta h, b + \theta k)$, $\beta = f_{xy}(a + \theta h, b + \theta k)$, $\gamma = f_{yy}(a + \theta h, b + \theta k)$. さらに, $A = f_{xx}(a, b)$, $B = f_{xy}(a, b)$, $C = f_{yy}(a, b)$ とおく.

(1) $f_{xx}(a, b) = A > 0$, $D(a, b) = AC - B^2 > 0$ であり, f_{xx} と $D = f_{xx}f_{yy} - f_{xy}{}^2$ は E で連続なので, 点 (x, y) を点 (a, b) に十分近くとれば,

$$\alpha = f_{xx}(a + \theta h, b + \theta k) > 0, \quad \alpha\gamma - \beta^2 = D(a + \theta h, b + \theta k) > 0$$

となる. よって, 問 5.25 (1) より, さらに $(x, y) \neq (a, b)$ のとき,

$$\delta(x, y) = \frac{1}{2}\left(\alpha h^2 + 2\beta h k + \gamma k^2\right) > 0$$

となり，$f(x,y) > f(a,b)$ を得る．ゆえに，$f(x,y)$ は点 (a,b) で極小である．

(2) (1) と同様にして証明できる．

(3) $AC - B^2 < 0$ なので，問 5.24 (3) より，2 次方程式
$$(A - \lambda)(C - \lambda) - B^2 = 0$$
は $\lambda_1 < 0 < \lambda_2$ なる 2 つの解 λ_1, λ_2 をもつ．問 5.23（または例題 6.4（§6.5））より，関数 $Ax^2 + 2Bxy + Cy^2$ の円 $x^2 + y^2 = 1$ における最小値が λ_1，最大値が λ_2 であって，
$$A\xi_i{}^2 + 2B\xi_i\eta_i + C\eta_i{}^2 = \lambda_i, \quad \xi_i{}^2 + \eta_i{}^2 = 1$$
をみたす点 (ξ_i, η_i) が存在する $(i = 1, 2)$．関数 f_{xx}, f_{xy}, f_{yy} は E で連続なので，$(x,y) = (a + r\xi_i, b + r\eta_i)$ に対応する α, β, γ は，$r \to +0$ のときそれぞれ A, B, C に収束する．ゆえに，各 $i = 1, 2$ について，

$$\lim_{r \to +0} \frac{\delta(a + r\xi_i, b + r\eta_i)}{r^2}$$
$$= \lim_{r \to +0} \frac{1}{r^2} \cdot \frac{1}{2} \cdot \{\alpha(r\xi_i)^2 + 2\beta \cdot r\xi_i \cdot r\eta_i + \gamma(r\eta_i)^2\}$$
$$= \lim_{r \to +0} \frac{1}{2}\left(\alpha\xi_i{}^2 + 2\beta\xi_i\eta_i + \gamma\eta_i{}^2\right) = \frac{\lambda_i}{2}.$$

いま，$\frac{\lambda_1}{2} < 0$ なので，$r > 0$ が十分小さければ $\frac{\delta(a + r\xi_1, b + r\eta_1)}{r^2} < 0$, すなわち，$\delta(a + r\xi_1, b + r\eta_1) < 0$. ゆえに，十分小さい $r > 0$ に対して，$f(a + r\xi_1, b + r\eta_1) < f(a,b)$. 同様に，$\frac{\lambda_2}{2} > 0$ なので，十分小さい $r > 0$ に対して $f(a + r\xi_2, b + r\eta_2) > f(a,b)$. 点 (a,b) のいくらでも近くに $f(a,b)$ より小さい値をとる点と大きい値をとる点が存在することが示されたので，$f(x,y)$ は点 (a,b) で極小でも極大でもない． □

○問 **5.23** $a, b, c \in \mathbb{R}$ とする．円 $x^2 + y^2 = 1$ のパラメータ表示 $x = \cos\theta$, $y = \sin\theta$ を用いて，関数 $z = ax^2 + 2bxy + cy^2$ の円 $x^2 + y^2 = 1$ 上での最大値と最小値を求めよ．

○問 **5.24** $a, b, c \in \mathbb{R}$ とする．λ の 2 次方程式 $(a - \lambda)(c - \lambda) - b^2 = 0$ の解について，次のことを証明せよ．

(1) $a > 0, \ ac - b^2 > 0 \quad \Leftrightarrow \quad$ 2 つの解がいずれも正

(2) $a < 0, \ ac - b^2 > 0 \quad \Leftrightarrow \quad$ 2 つの解がいずれも負

5.8 極値の判定

(3) $ac - b^2 < 0$ $\Leftrightarrow$ 正の解と負の解が1つずつ

○問 **5.25** $a, b, c \in \mathbb{R}$ とする．問 5.23, 5.24 を用いて，次のことを証明せよ．
  (1) $a > 0$, $ac - b^2 > 0$ $\Leftrightarrow$ 任意の $(x, y) \neq (0, 0)$ に対し $ax^2 + 2bxy + cy^2 > 0$
  (2) $a < 0$, $ac - b^2 > 0$ $\Leftrightarrow$ 任意の $(x, y) \neq (0, 0)$ に対し $ax^2 + 2bxy + cy^2 < 0$
  (3) $ac - b^2 < 0$ $\Leftrightarrow$ $ax^2 + 2bxy + cy^2$ の値は x, y の値により正にも負にもなる

例題 5.4 次の関数の極値を求めよ．
  (1) $z = x^3 + xy^2 - x$ (2) $z = x^3 + y^2$

解 (1) $z_x = 3x^2 + y^2 - 1$, $z_y = 2xy$．連立方程式 $3x^2 + y^2 - 1 = 0$, $2xy = 0$ を解いて，$(x, y) = \left(\pm \frac{1}{\sqrt{3}}, 0\right)$, $(0, \pm 1)$．これらが極値をとる点の候補である．$D = z_{xx} z_{yy} - z_{xy}{}^2$ とおけば，$z_{xx} = 6x$, $z_{xy} = 2y$, $z_{yy} = 2x$ なので，$D = 6x \cdot 2x - (2y)^2 = 4\left(3x^2 - y^2\right)$．$(x, y) = \left(\frac{1}{\sqrt{3}}, 0\right)$ のとき，$D = 4 > 0$, $z_{xx} = 2\sqrt{3} > 0$, $z = -\frac{2}{3\sqrt{3}}$ なので，点 $\left(\frac{1}{\sqrt{3}}, 0\right)$ で極小値 $-\frac{2}{3\sqrt{3}}$ をとる．$(x, y) = \left(-\frac{1}{\sqrt{3}}, 0\right)$ のとき，$D = 4 > 0$, $z_{xx} = -2\sqrt{3} < 0$, $z = \frac{2}{3\sqrt{3}}$ なので，点 $\left(\frac{1}{\sqrt{3}}, 0\right)$ で極大値 $\frac{2}{3\sqrt{3}}$ をとる．$(x, y) = (0, \pm 1)$ のとき，$D = -4 < 0$ なので，2点 $(0, \pm 1)$ では極値をとらない．

(2) $z_x = 3x^2$, $z_y = 2y$, $z_{xx} = 6x$, $z_{xy} = 0$, $z_{yy} = 2$, $D = z_{xx}z_{yy} - z_{xy}{}^2 = 6x \cdot 2 - 0^2 = 12x$．$z_x = z_y = 0$ より $(x, y) = (0, 0)$ を得るが，この点では $D = 0$ となり，定理 5.13 が使えない．しかし，x 軸に沿っては $z = x^3$ であり，$x < 0$ のとき $z < 0$, $x > 0$ のとき $z > 0$ なので z は点 $(0, 0)$ で極値をとらないことがわかる．したがって，関数 $z = x^3 + y^2$ は極値をとらない． □

なお，曲面 $z = f(x, y)$ において，$f_x(a, b) = f_y(a, b) = 0$, $D(a, b) < 0$ をみたす点 $(a, b, f(a, b))$ は**鞍点**（あんてん）とよばれる．例えば，点 $(0, 0, 0)$ は曲面 $z = -x^2 + y^2$ の鞍点である（図 5.11）．

○問 **5.26** 次の関数の極値を求めよ．
  (1) $z = 3x^2 + 7y^2$
  (2) $z = x^2 - xy + y^2 - 2x + 4y$
  (3) $z = x^3 + y^3 - 3axy$ $(a > 0)$
  (4) $z = e^{-x}\left(x^2 - y^2\right)$

演習問題 [A]

5.1 中心 (a, b)，半径 $r > 0$ の開円板
$$D = \{(x, y) \in \mathbb{R}^2 \mid (x-a)^2 + (y-b)^2 < r^2\}$$
は平面 $\mathbb{R}^2$ の開集合であることを証明せよ．

5.2 任意の $(x_1, x_2, \ldots, x_n), (y_1, y_2, \ldots, y_n) \in \mathbb{R}^n$ に対して，次の不等式を証明せよ．
$$\left(\sum_{k=1}^{n} x_k y_k\right)^2 \leqq \left(\sum_{k=1}^{n} x_k^2\right)\left(\sum_{k=1}^{n} y_k^2\right) \quad \text{(コーシー・シュワルツの不等式)}$$

5.3 次の極限を調べよ．

(1) $\displaystyle\lim_{(x,y)\to(-2,1)} \frac{\sin(x+2y)}{x+2y}$
(2) $\displaystyle\lim_{(x,y)\to(0,0)} \frac{x^2 y}{x^4 + y^2}$

5.4 次の関数の偏導関数を求めよ．

(1) $z = 7x^3 + 3x^2 y - 2xy^2 - y^3$
(2) $z = e^x \cos y$

5.5 次の関数の第 2 次偏導関数を求めよ．

(1) $z = \log(x^2 + y^2)$
(2) $z = x^y \quad (x > 0)$

5.6 次の関数の第 3 次偏導関数を求めよ．

(1) $z = x^4 - x^2 y^3$
(2) $z = x^9 y + 2x^2 y^2$

(3) $z = \sin(5x - y)$
(4) $z = e^{x^2}(x+y)$

5.7 例題 5.1 の関数 $f(x, y)$ について，偏導関数 f_x, f_y を求めよ [注7]．

5.8 問 5.6 の関数 $f(x, y)$ について，$f_{xy}(0, 0)$ と $f_{yx}(0, 0)$ を求めよ [注8]．

5.9 $\varphi(t)$ を開区間 I で連続な 1 変数関数とするとき，$I \times I$ で定義された関数 $z = \displaystyle\int_x^y \varphi(t)\,dt$ について，z_x, z_y を求めよ．

5.10 $\varphi(t)$ を微分可能な 1 変数関数とする．次の等式を証明せよ．

(1) $z = \varphi(xy)$ のとき $x\dfrac{\partial z}{\partial x} - y\dfrac{\partial z}{\partial y} = 0$.

(2) $z = \dfrac{1}{y}\varphi\left(\dfrac{x}{y}\right)$ のとき $x\dfrac{\partial z}{\partial x} + y\dfrac{\partial z}{\partial y} + z = 0$.

5.11 $\varphi(t)$, $\psi(t)$ を 2 回微分可能な 1 変数関数，a を定数とするとき，関数 $z = \varphi(x+ay) + \psi(x-ay)$ について，等式 $z_{yy} = a^2 z_{xx}$ を証明せよ．

[注7] これは平面 $\mathbb{R}^2$ で x, y に関して偏微分可能であるが，連続でない関数の例である．

[注8] これは平面 $\mathbb{R}^2$ で 2 回偏微分可能であるが，$f_{xy} = f_{yx}$ が成り立たない関数の例である．

5.12 平面 $\mathbb{R}^2$ で全微分可能な関数 $z = f(x, y)$ が等式 $\dfrac{\partial z}{\partial x} + \dfrac{\partial z}{\partial y} = 0$ をみたせば，$\mathbb{R}$ で微分可能な 1 変数関数 φ が存在して，$z = \varphi(x - y)$ と書けることを証明せよ．

5.13 関数 $z = f(x, y)$ は全微分可能であり，
$$x = u\cos\alpha - v\sin\alpha, \quad y = u\sin\alpha + v\cos\alpha \quad (\alpha \text{ は定数})$$
のとき，次の等式を証明せよ．
$$z_x{}^2 + z_y{}^2 = z_u{}^2 + z_v{}^2$$

5.14 曲面 $xyz = a^3$ 上の点 (x_0, y_0, z_0) における接平面，yz 平面，zx 平面，xy 平面によって囲まれた三角錐の体積を求めよ．ただし，$a > 0$ である．

5.15 三角形 ABC において，$\mathrm{BC} = a$, $\mathrm{CA} = b$, $\mathrm{AB} = c$ とする．角 A が一定のとき，2 変数 b, c の関数としての a の全微分 $\mathrm{d}a$ を求めよ．

5.16 2 変数 l, g の関数 $T = 2\pi\sqrt{\dfrac{l}{g}}$ について，次の等式を証明せよ．
$$\frac{\mathrm{d}T}{T} = \frac{1}{2}\left(\frac{\mathrm{d}l}{l} - \frac{\mathrm{d}g}{g}\right)$$

5.17 次の関数の極値を求めよ．
  (1) $z = \sin x + \sin y$
  (2) $z = y + \mathrm{e}^x \log y$
  (3) $z = xy + \dfrac{1}{x} + \dfrac{1}{y}$
  (4) $z = x^2 + y^3 - 3y$

演習問題 [B]

5.18 以下の真偽を判定しなさい．
「2 変数関数 $f(x, y)$ が原点 $(0, 0)$ で各変数 x 及び y に関して偏微分可能ならば，$f(x, y)$ は原点 $(0, 0)$ において連続である．」 (2001 年 九州大学大学院)

5.19 (x, y) 平面で定義された次の関数 f について，f は任意の点で，両変数に関して偏微分可能であることを示しなさい．
$$f(x, y) = \begin{cases} \dfrac{2xy}{x^2 + y^2} & ((x, y) \neq (0, 0) \text{ のとき}) \\ 0 & ((x, y) = (0, 0) \text{ のとき}) \end{cases}$$
(2013 年 筑波大学大学院)

5.20 関数 $f(x, y)$ を
$$f(x, y) = \begin{cases} \dfrac{x^2 y}{x^2 + y^2} & (x, y) \neq (0, 0) \\ 0 & (x, y) = (0, 0) \end{cases}$$

と定める.$f(x,y)$ は $(x,y)=(0,0)$ で全微分可能ではないことを示せ.

(2008 年 金沢大学大学院)

5.21 関数 $z=\sin(x-y)$ の全微分を求めよ. (2015 年 お茶の水女子大学大学院)

5.22 $a>0$ とする.関数 $f:\mathbb{R}^2\to\mathbb{R}$ を

$$f(x,y)=\begin{cases}\dfrac{|xy|^a}{\sqrt{x^2+y^2}}, & (x,y)\neq(0,0)\\ 0, & (x,y)=(0,0)\end{cases}$$

で定義する.f が原点 $(0,0)$ で連続となる必要十分条件が $a>\dfrac{1}{2}$ であることを示せ.

(1999 年 東京工業大学大学院)

5.23 2 変数 x,y の関数 $f(x,y)=e^x\log(1+y)$ について以下の問いに答えよ.

(1) $f(x,y)$ のマクローリン展開を 3 次の項まで求めよ.

(2) 定数 a,b を $\displaystyle\lim_{(x,y)\to(0,0)}\dfrac{f(x,y)-y-\frac{x^2}{2}-xy}{ax^2+by^2}=1$ となるように定めよ.

(2013 年 広島大学大学院)

5.24 実 2 変数関数 $f(x,y)=x^4+y^4-x^2+2xy-y^2$ を考える.f の偏導関数を f_x,f_y で表す.以下の問いに答えよ.

(1) $f_x(x,y)=f_y(x,y)=0$ を満たす点 (x,y) をすべて求めよ.

(2) 関数 $f(x,y)$ の極値をすべて求めよ. (2010 年 九州大学大学院)

5.25 関数 $f(x,y)=\dfrac{1}{3}x^3-xy^2-x^2+2xy-4y^2-4y$ の極値を求めなさい.

(2015 年 東京農工大学大学院)

5.26 次の 2 変数関数 $f(x,y)$ の領域 D 上での極値を求めよ.

$$f(x,y)=\sin x\sin y\sin(x+y).$$

$$D=\left\{(x,y)\in\mathbb{R}^2\;\middle|\;-\dfrac{\pi}{2}<x<\dfrac{\pi}{2},\;-\dfrac{\pi}{2}<y<\dfrac{\pi}{2}\right\}$$

(2008 年 九州大学大学院)

6
曲　　線

6.1 関数の増減・凹凸

1 変数関数の増減を調べるために，次の定理がよく用いられる．

定理 6.1 開区間 I で微分可能な関数 $f(x)$ について，次のことが成り立つ．
(1) I でつねに $f'(x) > 0$ ならば $f(x)$ は I で単調増加である．
(2) I でつねに $f'(x) < 0$ ならば $f(x)$ は I で単調減少である．

証明 (1) $x_1, x_2 \in I$, $x_1 < x_2$, とする．平均値の定理により，$c \in (x_1, x_2)$ があって，
$$\frac{f(x_2) - f(x_1)}{x_2 - x_1} = f'(c)$$
が成り立つ．$x_2 - x_1 > 0$, $f'(c) > 0$ なので，$f(x_2) - f(x_1) > 0$. ゆえに，$f(x_1) < f(x_2)$ を得て，$f(x)$ が I で単調増加であることが示された．
(2) (1) と同様にして証明できる． □

●例 6.1 関数 $y = \dfrac{1}{4}x^4 - x^3 + x^2$ の**増減**を調べよう．導関数を求めると，
$$y' = x^3 - 3x^2 + 2x = x(x-1)(x-2).$$
$x < 0$, $1 < x < 2$ では $y' < 0$ なので単調減少，$0 < x < 1$, $2 < x$ では $y' > 0$ なので単調増加である．y は $x = 0, 2$ のとき極小値 0 をとり，$x = 1$ のとき極大値 $\dfrac{1}{4}$ をとる．これらのことをまとめて書いたのが次の**増減表**である．増減表において ↗ は単調増加，↘ は単調減少を示す．

x		0		1		2	
y'	$-$	0	$+$	0	$-$	0	$+$
y	↘	0 極小	↗	$\frac{1}{4}$ 極大	↘	0 極小	↗

図 6.1 がグラフの概形である.

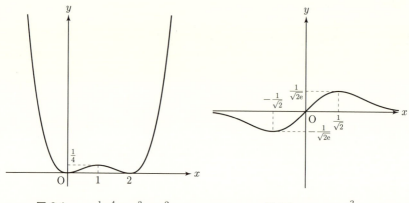

図 6.1 $y = \frac{1}{4}x^4 - x^3 + x^2$ 　　　図 6.2 $y = xe^{-x^2}$

例題 6.1 次の関数 $f(x)$ の最大値と最小値を求めよ.
(1) $f(x) = x^3 - 2x^2 + x \quad (0 \leqq x \leqq 2)$
(2) $f(x) = x\,e^{-x^2}$ 　（図 6.2）

解 (1) $f'(x) = 3x^2 - 4x + 1 = 3\left(x - \dfrac{1}{3}\right)(x-1)$. 関数 $f(x)$ の閉区間 $[0, 2]$ における増減表は次のとおりである.

x	0		$\frac{1}{3}$		1		2
$f'(x)$		$+$	0	$-$	0	$+$	
$f(x)$	0	↗	$\frac{4}{27}$ 極大	↘	0 極小	↗	2

よって, 最大値は $f(2) = 2$, 最小値は $f(0) = f(1) = 0$.

(2) $f'(x) = e^{-x^2} + x \cdot e^{-x^2} \cdot (-2x) = -\left(2x^2 - 1\right)e^{-x^2}$
$\qquad = -2\left(x + \dfrac{1}{\sqrt{2}}\right)\left(x - \dfrac{1}{\sqrt{2}}\right)e^{-x^2}.$

ロピタルの定理より

6.1 関数の増減・凹凸

$$\lim_{x \to \pm\infty} f(x) = \lim_{x \to \pm\infty} \frac{x}{e^{x^2}} = \lim_{x \to \pm\infty} \frac{1}{2x\,e^{x^2}} = 0.$$

関数 $f(x)$ の増減表は次のとおりである．

x	$-\infty$		$-\frac{1}{\sqrt{2}}$		$\frac{1}{\sqrt{2}}$		$+\infty$
$f'(x)$		$-$	0	$+$	0	$-$	
$f(x)$	0	$\searrow$	$-\frac{1}{\sqrt{2e}}$	$\nearrow$	$\frac{1}{\sqrt{2e}}$	$\searrow$	0
			極小		極大		

よって，最大値は $f\left(\dfrac{1}{\sqrt{2}}\right) = \dfrac{1}{\sqrt{2e}}$，最小値は $f\left(-\dfrac{1}{\sqrt{2}}\right) = -\dfrac{1}{\sqrt{2e}}$． □

○問 **6.1** 関数 $f(x) = x \log x$ の最小値を求めよ．

○問 **6.2** 次の関数の最大値と最小値を求めよ．
 (1) $y = \dfrac{x+a}{x^2+a^2}$ $(a > 0)$
 (2) $y = \dfrac{\sin x + 1}{\cos x + \sqrt{3}}$ $(0 \leqq x \leqq 2\pi)$

| **定理 6.2** 点 a の近くで2回微分可能な関数 $f(x)$ について，次のことが成り立つ．
 (1) $f'(a) = 0$，$f''(a) > 0$ ならば $f(x)$ は $x = a$ で極小である．
 (2) $f'(a) = 0$，$f''(a) < 0$ ならば $f(x)$ は $x = a$ で極大である．

証明 (1) $f''(a) = \lim\limits_{x \to a} \dfrac{f'(x) - f'(a)}{x - a} = \lim\limits_{x \to a} \dfrac{f'(x)}{x - a} > 0$ であるから，点 a の近くの x に対して，$\dfrac{f'(x)}{x-a} > 0$．ゆえに，点 a の近くで，$x < a$ ならば $f'(x) < 0$，$x > a$ ならば $f'(x) > 0$．定理 6.1 により，$x = a$ は $f(x)$ が単調減少から単調増加に転じる点なので，$f(x)$ は $x = a$ で極小である．
 (2) (1) と同様にして証明できる． □

○問 **6.3** 定理 6.2 を用いて，次の関数の極値を求めよ．
 (1) $f(x) = \log x - x$
 (2) $f(x) = x + \dfrac{a}{x}$ $(a > 0)$

微分可能な関数 $f(x)$ について，点 a の近くで，$x \neq a$ ならば $f(x) > f(a) + f'(a)(x-a)$ $[f(x) < f(a) + f'(a)(x-a)]$ であるとき，$f(x)$ は点 a で（強い意味で）**下に凸** [**上に凸**] であるという．ここで，曲線 $y = f(x)$ 上の点 $(a, f(a))$ における接線の方程式が

$$y = f(a) + f'(a)(x-a)$$

であることに注意しよう．要するに，$x = a$ の近くで接線が曲線より下に［上に］あることが下に凸［上に凸］ということである（図 6.3，6.4）．$f(x)$ が区間 I の各点で下に凸［上に凸］であるとき，$f(x)$ は I で**下に凸**［**上に凸**］であるという．また，点 a の近くで，$x < a$ ならば $f(x)$ は下に凸，$x > a$ ならば $f(x)$ は上に凸であるか，または $x < a$ ならば $f(x)$ は上に凸，$x > a$ ならば $f(x)$ は下に凸であるとき，点 $(a, f(a))$ を曲線 $y = f(x)$ の**変曲点**という．

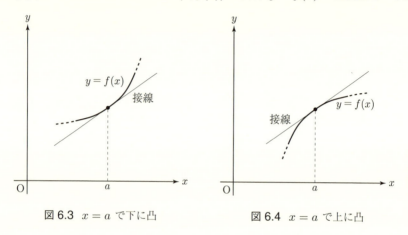

図 6.3　$x = a$ で下に凸　　　図 6.4　$x = a$ で上に凸

定理 6.3　開区間 I で 2 回微分可能な関数 $f(x)$ について，次のことが成り立つ．
(1) I でつねに $f''(x) > 0$ ならば $f(x)$ は I で下に凸である．
(2) I でつねに $f''(x) < 0$ ならば $f(x)$ は I で上に凸である．

証明　(1) 任意の $a \in I$ をとる．テイラーの定理により，任意の $x \in I$ に対して，$\theta \in (0, 1)$ が存在して，

$$f(x) = f(a) + f'(a)(x-a) + \frac{1}{2}f''(a + \theta(x-a))(x-a)^2.$$

$x \neq a$ のとき，$f''(a + \theta(x-a))(x-a)^2 > 0$ なので，$f(x) > f(a) + f'(a)(x-a)$ を得て，$f(x)$ が任意の $a \in I$ において下に凸であることが示された．

(2) (1) と同様にして証明できる． □

6.1 関数の増減・凹凸

●例 6.2 関数 $y = \tan^{-1} x$ の凹凸を調べよう（図 1.22）. $y' = \dfrac{1}{1+x^2}$, $y'' = -\dfrac{2x}{(1+x^2)^2}$. $x < 0$ では $y'' > 0$ なので下に凸, $x > 0$ では $y'' < 0$ なので上に凸である. 点 $(0,0)$ は変曲点である.

○問 6.4 関数 $y = ax^2 + bx + c$ の凹凸を調べよ. ただし, a, b, c は定数, $a \neq 0$ である.

○問 6.5 関数 $f(x)$ は点 a の近くで C^2 級とする. 点 $(a, f(a))$ が曲線 $y = f(x)$ の変曲点ならば $f''(a) = 0$ であることを証明せよ.

増減と凹凸を調べることは関数のグラフを描くために利用される. 次の例題 6.2 の表は関数の極限, 増減, 極値, 凹凸, 変曲点をまとめて書いたものであり, 記号 ↗ [↗] は単調増加かつ下に凸 [上に凸] であること, 記号 ↘ [↘] は単調減少かつ下に凸 [上に凸] であることを表す.

例題 6.2 次の関数の増減, 極値, 凹凸, 変曲点, 極限を調べ, グラフの概形を描け.
(1) $y = xe^x$ (2) $y = \dfrac{x^2}{x-1}$

解 (1) $y' = 1 \cdot e^x + xe^x = (x+1)e^x$,

$$y'' = 1 \cdot e^x + (x+1)e^x = (x+2)e^x,$$

$$\lim_{x \to +\infty} y = +\infty.$$

ロピタルの定理より,

$$\lim_{x \to -\infty} y = \lim_{x \to -\infty} \frac{x}{e^{-x}} = \lim_{x \to -\infty} \frac{1}{-e^{-x}} = \lim_{x \to -\infty} (-e^x) = 0.$$

増減, 極値, 凹凸, 変曲点, 極限は次の表のようになる. 図 6.5 がグラフの概形である.

x	$-\infty$		-2		-1		$+\infty$
y'		$-$	$-$	$-$	0	$+$	
y''		$-$	0	$+$	$+$	$+$	
y	0	↘	$-\dfrac{2}{e^2}$	↘	$-\dfrac{1}{e}$	↗	$+\infty$
			変曲点		極小		

(2) $y' = \dfrac{2x(x-1) - x^2 \cdot 1}{(x-1)^2} = \dfrac{x(x-2)}{(x-1)^2}$,

$y'' = \dfrac{(2x-2)(x-1)^2 - x(x-2) \cdot 2(x-1)}{(x-1)^4} = \dfrac{2}{(x-1)^3}$.

増減,極値,凹凸,極限は次の表のようになる.図 6.6 がグラフの概形である.

x	$-\infty$		0		1			2		$+\infty$
y'		$+$	0	$-$			$-$	0	$+$	
y''		$-$	$-$	$-$			$+$	$+$	$+$	
y	$-\infty$	↗	0	↘	$-\infty$	$+\infty$	↘	4	↗	$+\infty$
			極大					極小		

□

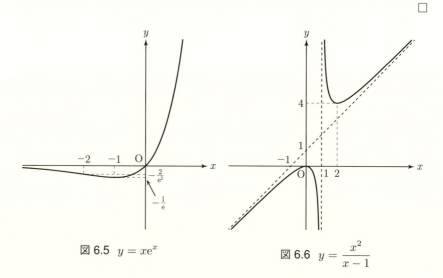

図 6.5 $y = xe^x$　　　図 6.6 $y = \dfrac{x^2}{x-1}$

○問 **6.6** 次の関数の極限,増減,極値,凹凸,変曲点を調べ,グラフの概形を描け.
(1) $y = x^3 - 3x^2 - 6x + 1$　　(2) $y = 3x^4 - 4x^3$
(3) $y = \dfrac{4x}{x^2 + 1}$　　(4) $y = x + 2\sin x$ $(0 \leqq x \leqq 2\pi)$

6.2 曲線のパラメータ表示

平面 $\mathbb{R}^2$ 内の曲線 C を，区間 I で連続な関数 $\varphi(t)$, $\psi(t)$ を用いて，

$$x = \varphi(t), \quad y = \psi(t)$$

の形で表したとき，これを**曲線 C のパラメータ表示**（**媒介変数表示**）という．また，この表示における変数 t を**パラメータ**（**媒介変数**）という．

ここでは，I が開区間，関数 $\varphi(t)$, $\psi(t)$ が I で C^1 級の場合を考える．$t_0 \in I$ をとり，$x_0 = \varphi(t_0)$, $y_0 = \psi(t_0)$ とおく．いま，$\varphi'(t_0) \neq 0$ とする．$\varphi'(t_0) > 0$ のときは $t = t_0$ の近くで $\varphi'(t) > 0$ なので，定理 6.1 (1) より，$t = t_0$ の近くで $\varphi(t)$ は単調増加である．また，$\varphi'(t_0) < 0$ のときは $t = t_0$ の近くで $\varphi'(t) < 0$ なので，定理 6.1 (2) より，$t = t_0$ の近くで $\varphi(t)$ は単調減少である．いずれの場合も $t = t_0$ の近くでは $x = \varphi(t)$ の逆関数 $t = \varphi^{-1}(x)$ が定まる．これを $y = \psi(t)$ に代入することにより，$x = x_0$ の近くで定義された関数 $y = \psi(\varphi^{-1}(x))$ を得る．すなわち，曲線 C は点 (x_0, y_0) の近くでは x の関数 y を定めることがわかった．同様にして，$\psi'(t_0) \neq 0$ のときは，曲線 C は点 (x_0, y_0) の近くで y の関数 $x = \varphi(\psi^{-1}(y))$ を定める．

定理 6.4 $\varphi(t)$, $\psi(t)$ を C^1 級の関数とする．$\dfrac{dx}{dt} \neq 0$ なる範囲においてパラメータ表示 $x = \varphi(t)$, $y = \psi(t)$ から定まる x の関数 y について，

$$\frac{dy}{dx} = \frac{\psi'(t)}{\varphi'(t)} = \frac{\dfrac{dy}{dt}}{\dfrac{dx}{dt}}.$$

証明 $\varphi'(t_0) \neq 0$ なる t_0 の近くで定まる $x = \varphi(t)$ の逆関数 $t = \varphi^{-1}(x)$ について，定理 2.6 より $\dfrac{dt}{dx} = \dfrac{1}{\varphi'(t)}$．ゆえに，$x$ の関数 $y = \psi(\varphi^{-1}(x))$ について，定理 2.5 より，

$$\frac{dy}{dx} = \frac{dy}{dt}\frac{dt}{dx} = \psi'(t) \cdot \frac{1}{\varphi'(t)} = \frac{\psi'(t)}{\varphi'(t)}. \qquad \square$$

●**例 6.3** $a > 0$ とする．$x = a\cos t$, $y = a\sin t$ は円 $x^2 + y^2 = a^2$ のパラメータ表示である．

$$\frac{\mathrm{d}y}{\mathrm{d}x} = \frac{\dfrac{\mathrm{d}y}{\mathrm{d}t}}{\dfrac{\mathrm{d}x}{\mathrm{d}t}} = \frac{a\cos t}{-a\sin t} = -\cot t,$$

$$\frac{\mathrm{d}^2 y}{\mathrm{d}x^2} = \frac{\mathrm{d}}{\mathrm{d}x}\left(\frac{\mathrm{d}y}{\mathrm{d}x}\right) = \frac{\dfrac{\mathrm{d}}{\mathrm{d}t}\left(\dfrac{\mathrm{d}y}{\mathrm{d}x}\right)}{\dfrac{\mathrm{d}x}{\mathrm{d}t}} = \frac{\csc^2 t}{-a\sin t} = -\frac{1}{a}\csc^3 t.$$

〇問 **6.7** $\varphi(t)$, $\psi(t)$ を C^2 級の関数とする．$\dfrac{\mathrm{d}x}{\mathrm{d}t} \neq 0$ なる範囲においてパラメータ表示 $x = \varphi(t)$, $y = \psi(t)$ から定まる x の関数 y について，次の等式を証明せよ．

$$\frac{\mathrm{d}^2 y}{\mathrm{d}x^2} = \frac{\dfrac{\mathrm{d}^2 y}{\mathrm{d}t^2}\dfrac{\mathrm{d}x}{\mathrm{d}t} - \dfrac{\mathrm{d}y}{\mathrm{d}t}\dfrac{\mathrm{d}^2 x}{\mathrm{d}t^2}}{\left(\dfrac{\mathrm{d}x}{\mathrm{d}t}\right)^3}$$

〇問 **6.8** 次の曲線について $\dfrac{\mathrm{d}y}{\mathrm{d}x}$, $\dfrac{\mathrm{d}^2 y}{\mathrm{d}x^2}$ を t の式で表せ．ただし，$a > 0$ である．

(1) $x = t^2$, $y = t^3$　　　　　　(2) $x = \dfrac{1}{t+1}$, $y = \dfrac{1}{t-1}$

(3) アステロイド $x = a\cos^3 t$, $y = a\sin^3 t$　（図 6.7）

(4) サイクロイド $x = a(t - \sin t)$, $y = a(1 - \cos t)$　（図 6.8）

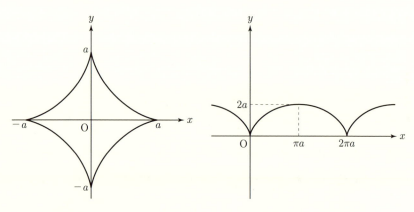

図 6.7 アステロイド　　　　　図 6.8 サイクロイド

〇問 **6.9** 次の曲線について $\dfrac{\mathrm{d}y}{\mathrm{d}x}$, $\dfrac{\mathrm{d}^2 y}{\mathrm{d}x^2}$ を t の式で表せ．また，概形を描け．

(1) $x = 2t - 3$, $y = 2t^2 - 2$　　　　(2) $x = \dfrac{1-t^2}{1+t^2}$, $y = \dfrac{2t}{1+t^2}$

定理 6.5 $\varphi(t), \psi(t)$ を C^1 級の関数とする．$(\varphi'(t_0), \psi'(t_0)) \neq (0,0)$ なる t_0 をとり，$x_0 = \varphi(t_0)$, $y_0 = \psi(t_0)$ とおく．このとき，パラメータ表示 $x = \varphi(t)$, $y = \psi(t)$ により与えられる曲線 C 上の点 (x_0, y_0) における接線の方程式は，
$$\frac{x - x_0}{\varphi'(t_0)} = \frac{y - y_0}{\psi'(t_0)} \text{ 注1)}.$$

証明 $\varphi'(t_0) \neq 0$ のとき，定理 6.4 により，曲線 C が点 (x_0, y_0) の近くで定める x の関数 y について $\dfrac{dy}{dx} = \dfrac{\psi'(t)}{\varphi'(t)}$ なので，接線の方程式は $y = y_0 + \dfrac{\psi'(t_0)}{\varphi'(t_0)}(x - x_0)$．これから，$\dfrac{x - x_0}{\varphi'(t_0)} = \dfrac{y - y_0}{\psi'(t_0)}$ を得る．$\psi'(t_0) \neq 0$ のときの議論も同様である． □

○問 **6.10** 曲線 C 上の点 P を通り，P における C の接線に垂直な直線を P における C の**法線**という．定理 6.5 の条件のもとで，点 (x_0, y_0) における法線は，次の方程式で与えられることを証明せよ．
$$\varphi'(t_0)(x - x_0) + \psi'(t_0)(y - y_0) = 0$$

○問 **6.11** 円 $x^2 + y^2 = a^2$ 上の点 (x_0, y_0) における接線と法線の方程式を例 6.3 のパラメータ表示を利用して求めよ．ただし，$a > 0$ である．

6.3 極方程式

点 $P(x,y) \in \mathbb{R}^2$ について，$x = r\cos\theta$, $y = r\sin\theta$ をみたす $r \geq 0$ と $\theta \in \mathbb{R}$ の対 (r, θ) を P の**極座標**といい，r を**動径**，θ を**偏角**という（図 6.9）．このとき，$r = \sqrt{x^2 + y^2} = OP$ であり，$P \neq O$ のとき θ は半直線 Ox から線分 OP までの角度である．$P = O$ のとき θ は任意である．極座標を考えるとき，原点 O を**極**，半直線 Ox を**始線**という．なお，点 P の本来の座標 (x, y) を**直交座標**という．

●例 **6.4** 点 P の直交座標が $(-1, -\sqrt{3})$ であるとき，$\left(2, \dfrac{4\pi}{3}\right)$ は P の極座標

注1) この式は，$\varphi'(t_0) = 0$ のときは $x - x_0 = 0$, $\psi'(t_0) = 0$ のときは $y - y_0 = 0$ を表すものと理解する．

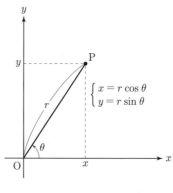

図 6.9

である．また，$\left(2, -\dfrac{2\pi}{3}\right)$ も P の極座標である．点 P の偏角 θ をすべて書けば，$\theta = \dfrac{4\pi}{3} + 2n\pi$，$n \in \mathbb{Z}$，である．

○問 **6.12** 次の直交座標をもつ点の極座標 (r, θ) を 1 つ求めよ．
(1) $(0, 5)$　　　(2) $(3, -\sqrt{3})$　　　(3) $(-2, 2)$　　　(4) $(1, 3)$

○問 **6.13** 次の極座標をもつ点の直交座標 (x, y) を求めよ．
(1) $\left(2, \dfrac{5\pi}{4}\right)$　(2) $\left(\dfrac{1}{3}, \dfrac{5\pi}{6}\right)$　(3) $\left(7, \cos^{-1}\dfrac{2}{7}\right)$　(4) $\left(\sqrt{17}, -\tan^{-1}\dfrac{3}{5}\right)$

○問 **6.14** 平面上の 2 点 P_1, P_2 の極座標をそれぞれ (r_1, θ_1), (r_2, θ_2) とするとき，次の等式を証明せよ．
$$P_1 P_2 = \sqrt{{r_1}^2 + {r_2}^2 - 2 r_1 r_2 \cos(\theta_1 - \theta_2)}$$

極座標 (r, θ) についての方程式を**極方程式**という．平面 $\mathbb{R}^2$ において，曲線 C が直交座標 (x, y) についての方程式 $F(x, y) = 0$ で与えられていれば，C の極方程式は $F(r\cos\theta, r\sin\theta) = 0$ である．

○問 **6.15** 平面において，中心の直交座標が $(a, 0)$，半径が a の円の極方程式を求めよ．ただし，$a > 0$ である．

○問 **6.16** 次の極方程式を直交座標 (x, y) についての方程式に書き直せ．ただし，$a > 0$ である．
(1) $r = a$　　　　　　　　　　(2) $r^2 \left(1 + 3\sin^2\theta\right) = 4$
(3) カージオイド（心臓形）　$r = a(1 + \cos\theta)$　　（図 6.10）
(4) レムニスケート（連珠形）　$r^2 = a^2 \cos 2\theta$　　（図 6.11）

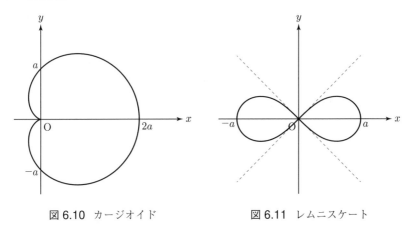

図 6.10 カージオイド　　　図 6.11 レムニスケート

6.4 陰関数

$f(x,y)$ を平面 $\mathbb{R}^2$ の部分集合で定義された関数とする．$\mathbb{R}$ の適当な区間 I, J をとれば，任意の $x \in I$ に対し $f(x,y) = 0$ をみたすような $y \in J$ がただ1つ存在する場合には，任意の $x \in I$ に対しこのような $y \in J$ を対応させることにより，I を定義域とする関数 $y = \varphi(x)$ が定まる．この関数を方程式 $f(x,y) = 0$ の定める**陰関数**という．また，方程式 $f(x,y) = 0$ を関数 $y = \varphi(x)$ の**陰関数表示**という．

●例 6.5　方程式 $x^2 + y^2 - 1 = 0$ を y について解くと，$y = \pm\sqrt{1-x^2}$．ここで，$-1 \leqq x \leqq 1$, $y \geqq 0$ のとき $y = \sqrt{1-x^2}$ であり，$-1 \leqq x \leqq 1$, $y \leqq 0$ のとき $y = -\sqrt{1-x^2}$．これらが方程式 $x^2 + y^2 - 1 = 0$ の定める陰関数である（図 6.12）．

陰関数の存在について，次の定理が知られている（演 6.13 参照）．

定理 6.6　（**陰関数の定理**）　$f(x,y)$ を平面 $\mathbb{R}^2$ の領域 E で C^1 級の関数とする．$(a,b) \in E$, $f(a,b) = 0$, $f_y(a,b) \neq 0$ のとき，a を含む開区間 I，b を含む開区間 J を適当にとれば，任意の $x \in I$ に対し $f(x,y) = 0$ をみたす $y \in J$ がただ1つ存在し，任意の $x \in I$ に対しこのような $y \in J$ を対応させることにより，I を定義域とする関数 $y = \varphi(x)$ が定まる．しかも，この関数は I で C^1 級である．

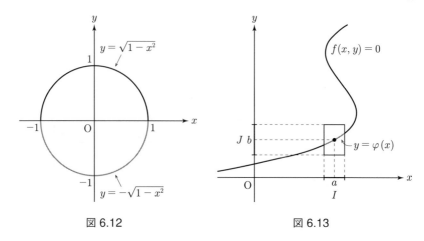

図 6.12　　　　　図 6.13

定理 6.6 によって定まる陰関数 $y = \varphi(x)$ について，$\varphi(a) = b$ かつ $x \in I$ のとき $f(x, \varphi(x)) = 0$ が成り立っている．恒等式 $f(x, \varphi(x)) = 0$ の両辺を x で微分することにより $\dfrac{d}{dx} f(x, \varphi(x)) = 0$ を得るが，定理 5.7 より，左辺は $f_x(x, \varphi(x)) + f_y(x, \varphi(x)) \varphi'(x)$ に等しい．ゆえに，$f_y(x, \varphi(x)) \neq 0$ なる範囲において，

$$\frac{dy}{dx} = \varphi'(x) = -\frac{f_x(x, \varphi(x))}{f_y(x, \varphi(x))} = -\frac{f_x(x, y)}{f_y(x, y)}.$$

また，$f(a, b) = 0$，$f_x(a, b) \neq 0$ なる点 (a, b) の近くでは $\psi(b) = a$，$f(\psi(y), y) = 0$ なる関数 $x = \psi(y)$ が定まり，同様に，

$$\frac{dx}{dy} = \psi'(y) = -\frac{f_y(\varphi(y), y)}{f_x(\varphi(y), y)} = -\frac{f_y(x, y)}{f_x(x, y)}.$$

○問 **6.17** 関数 $f(x, y)$ が C^2 級のとき，定理 6.6 によって定まる陰関数 $y = \varphi(x)$ も C^2 級であって，次の等式が成り立つことを証明せよ．ここで，f_{xx} は $f_{xx}(x, y) = f_{xx}(x, \varphi(x))$ の略記であり，他も同様である．

$$\frac{d^2 y}{dx^2} = -\frac{f_{xx} f_y{}^2 - 2 f_{xy} f_x f_y + f_{yy} f_x{}^2}{f_y{}^3}$$

例題 6.3 次の方程式の定める陰関数について $\dfrac{dy}{dx}$，$\dfrac{d^2 y}{dx^2}$ を求めよ．

(1) $\cos x + \sin y + 1 = 0$　　(2) $x^2 + 2\sqrt{3}\,xy - y^2 = 1$　（図 6.14）

6.4 陰関数

解 (1) $f(x, y) = \cos x + \sin y + 1$ とおく. $f_x = -\sin x$, $f_y = \cos y$ なので,

$$\frac{dy}{dx} = -\frac{f_x}{f_y} = -\frac{-\sin x}{\cos y} = \frac{\sin x}{\cos y},$$

$$\frac{d^2 y}{dx^2} = \frac{d}{dx}\left(\frac{dy}{dx}\right) = \frac{d}{dx}\left(\frac{\sin x}{\cos y}\right) = \frac{\cos x \cos y - \sin x \cdot (-\sin y) \cdot \frac{dy}{dx}}{\cos^2 y}$$

$$= \frac{\cos x \cos y + \sin x \sin y \cdot \frac{\sin x}{\cos y}}{\cos^2 y} = \frac{\cos x \cos^2 y + \sin^2 x \sin y}{\cos^3 y}.$$

(2) $f(x, y) = x^2 + 2\sqrt{3}\,xy - y^2 - 1$ とおく. $f_x = 2x + 2\sqrt{3}\,y$, $f_y = 2\sqrt{3}\,x - 2y$ なので,

$$\frac{dy}{dx} = -\frac{f_x}{f_y} = -\frac{2x + 2\sqrt{3}\,y}{2\sqrt{3}\,x - 2y} = -\frac{x + \sqrt{3}\,y}{\sqrt{3}\,x - y},$$

$$\frac{d^2 y}{dx^2} = \frac{d}{dx}\left(\frac{dy}{dx}\right) = \frac{d}{dx}\left(-\frac{x + \sqrt{3}\,y}{\sqrt{3}\,x - y}\right)$$

$$= -\frac{\frac{d}{dx}\left(x + \sqrt{3}\,y\right) \cdot \left(\sqrt{3}\,x - y\right) - \left(x + \sqrt{3}\,y\right) \cdot \frac{d}{dx}\left(\sqrt{3}\,x - y\right)}{\left(\sqrt{3}\,x - y\right)^2}$$

$$= -\frac{\left(1 + \sqrt{3} \cdot \frac{dy}{dx}\right)\left(\sqrt{3}\,x - y\right) - \left(x + \sqrt{3}\,y\right)\left(\sqrt{3} - \frac{dy}{dx}\right)}{\left(\sqrt{3}\,x - y\right)^2}$$

$$= -\frac{\left(1 - \sqrt{3} \cdot \frac{x + \sqrt{3}\,y}{\sqrt{3}\,x - y}\right)\left(\sqrt{3}\,x - y\right) - \left(x + \sqrt{3}\,y\right)\left(\sqrt{3} + \frac{x + \sqrt{3}\,y}{\sqrt{3}\,x - y}\right)}{\left(\sqrt{3}\,x - y\right)^2}$$

$$= \frac{4\left(x^2 + 2\sqrt{3}\,xy - y^2\right)}{\left(\sqrt{3}\,x - y\right)^3} = \frac{4}{\left(\sqrt{3}\,x - y\right)^3}. \qquad \square$$

○問 **6.18** 次の方程式の定める陰関数について $\dfrac{dy}{dx}$, $\dfrac{d^2 y}{dx^2}$ を求めよ.

(1) $x^2 - xy + y^2 = 1$
(2) $x^3 - 3xy + y^3 = 0$ (図 6.15)
(3) $xy = \log x + \log y$
(4) $3\sin(2x - y) + 2x - y = 0$

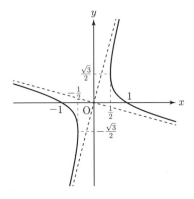
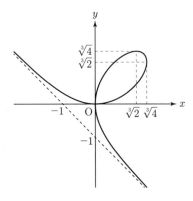

図 6.14 $x^2 + 2\sqrt{3}\,xy - y^2 = 1$ 図 6.15 $x^3 + y^3 - 3xy = 0$

定理 6.7 $f(x,y)$ を C^1 級の関数とするとき，条件

$$(f_x(x_0, y_0),\ f_y(x_0, y_0)) \neq (0, 0)$$

をみたす曲線 $f(x,y) = 0$ 上の点 (x_0, y_0) における接線の方程式は

$$f_x(x_0, y_0)\,(x - x_0) + f_y(x_0, y_0)\,(y - y_0) = 0.$$

証明 $f_y(x_0, y_0) \neq 0$ のとき，定理 6.6 により，点 (x_0, y_0) の近くで，

$$\varphi(x_0) = y_0, \quad f(x, \varphi(x)) = 0$$

なる陰関数 $y = \varphi(x)$ が定まる．$\varphi'(x) = -\dfrac{f_x(x, \varphi(x))}{f_y(x, \varphi(x))}$ であるから，接線の方程式は

$$y = y_0 - \dfrac{f_x(x_0, y_0)}{f_y(x_0, y_0)}\,(x - x_0).$$

ゆえに，$f_x(x_0, y_0)\,(x - x_0) + f_y(x_0, y_0)\,(y - y_0) = 0$ を得る．$f_x(x_0, y_0) \neq 0$ のときの議論も同様である． □

○問 **6.19** 次の曲線の指定された点における接線の方程式を求めよ．
 (1) $x^3 + x^2 - y^2 = 0$, 点 $(3, 6)$
 (2) $x^2 + 2xy + y^2 - x + y = 0$, 点 $(0, -1)$

○問 **6.20** 定理 6.7 の条件のもとで，点 (x_0, y_0) における法線は，次の方程式で与えられることを証明せよ．

$$\dfrac{x - x_0}{f_x(x_0, y_0)} = \dfrac{y - y_0}{f_y(x_0, y_0)}$$

○問 **6.21** $a>0$, $b>0$, $p\neq 0$ とする．次の2次曲線上の点 (x_0, y_0) における接線と法線の方程式を求めよ．

(1) 楕円 $\dfrac{x^2}{a^2}+\dfrac{y^2}{b^2}=1$ 　　(2) 双曲線 $\dfrac{x^2}{a^2}-\dfrac{y^2}{b^2}=1$ 　（図 6.16）

(3) 双曲線 $\dfrac{x^2}{a^2}-\dfrac{y^2}{b^2}=-1$ （図 6.17）　　(4) 放物線 $y^2=4px$ 　（図 6.18, 6.19）

○問 **6.22** 曲線 $f(x,y)=0$ 上の点 (x_0,y_0) は $f_x(x_0,y_0)=f_y(x_0,y_0)=0$ をみたすとき，**特異点**とよばれる．次の曲線の特異点を求めよ．ただし，$a\neq 0$ とする．

(1) $y^2 = x(x-a)^2$ 　　(2) 正葉線 $x^3+y^3-3axy=0$

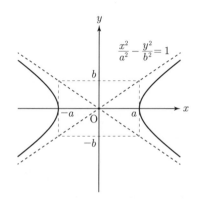

図 6.16 双曲線

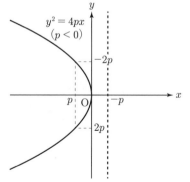

図 6.17 双曲線

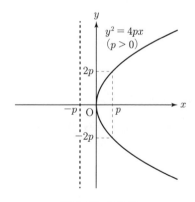

図 6.18 放物線

図 6.19 放物線

6.5 条件付き極値問題

関数 $f(x,y)$ の定義域を特定の曲線の上に制限して極値を調べることを**条件付き極値問題**とよぶが,その際に有用なのが次の定理である.

定理 6.8 (ラグランジュの乗数法) 平面 $\mathbb{R}^2$ の領域 E で,関数 $f(x,y)$ は全微分可能,関数 $\varphi(x,y)$ は C^1 級であり,曲線 $\varphi(x,y)=0$ は E に含まれているとする.点 (a,b) が $f(x,y)$ の曲線 $\varphi(x,y)=0$ 上での極値をとる点であり,かつそれが曲線 $\varphi(x,y)=0$ の特異点でなければ,次の式をみたす $\lambda \in \mathbb{R}$ が存在する.

$$f_x(a,b) - \lambda \varphi_x(a,b) = f_y(a,b) - \lambda \varphi_y(a,b) = 0$$

証明 $(\varphi_x(a,b), \varphi_y(a,b)) \neq (0,0)$ なので,まず,$\varphi_y(a,b) \neq 0$ の場合を考える.陰関数の定理により,$x=a$ の近くで定義された C^1 級の関数 $c(x)$ が存在して,点 (a,b) の近くでは,曲線 $\varphi(x,y)=0$ は関数 $y=c(x)$ のグラフと一致する.$g(x) = f(x, c(x))$ とおくと,$g(x)$ は $x=a$ で極値をとるので,定理 2.14 より,$g'(a) = f_x(a,b) + f_y(a,b) c'(a) = 0$. ここで,$c'(a) = -\dfrac{\varphi_x(a,b)}{\varphi_y(a,b)}$ なので,$f_x(a,b) - \dfrac{f_y(a,b)}{\varphi_y(a,b)} \cdot \varphi_x(a,b) = 0$. したがって,$\lambda = \dfrac{f_y(a,b)}{\varphi_y(a,b)}$ とおいて,$f_x(a,b) - \lambda \varphi_x(a,b) = 0$ と $f_y(a,b) - \lambda \varphi_y(a,b) = 0$ が成り立つ.$\varphi_x(a,b) \neq 0$ の場合の証明も同様である. □

例題 6.4 $a, b, c \in \mathbb{R}$ とする.ラグランジュの乗数法を用いて,関数

$$z = ax^2 + 2bxy + cy^2$$

の円 $x^2 + y^2 = 1$ 上での最大値と最小値を求めよ.

解 $\varphi = x^2 + y^2 - 1$ とおく.円 $\varphi = 0$ の上で z は最大値と最小値をもつ.また,円 $\varphi = 0$ は特異点をもたない.定理 6.8 より,極値をとる点 (x,y) において,

$$z_x - \lambda \varphi_x = (2ax + 2by) - \lambda \cdot 2x = 0, \quad z_y - \lambda \varphi_y = (2bx + 2cy) - \lambda \cdot 2y = 0$$

をみたす λ が存在する.すなわち,$(a-\lambda)x + by = 0$, $bx + (c-\lambda)y = 0$.点 $(0,0)$ は円 $\varphi = 0$ 上にはないので,$(x,y) \neq (0,0)$. ゆえに,

$$(a-\lambda)(c-\lambda) - b^2 = 0$$

演習問題 ［A］

を得る[注2)]. $ax + by = \lambda x$, $bx + cy = \lambda y$ であるから,

$$z = ax^2 + 2bxy + cy^2 = x(ax+by) + y(bx+cy)$$
$$= x \cdot \lambda x + y \cdot \lambda y = \lambda (x^2 + y^2) = \lambda.$$

ゆえに, 2 次方程式 $(a-\lambda)(c-\lambda) - b^2 = 0$ の 2 つの解

$$\lambda = \frac{(a+c) \pm \sqrt{(a-c)^2 + 4b^2}}{2}$$

の一方が z の最大値, 他方が z の最小値であり,

$$\frac{(a+c) - \sqrt{(a-c)^2 + 4b^2}}{2} \leqq \frac{(a+c) + \sqrt{(a-c)^2 + 4b^2}}{2}$$

が成り立っている. ゆえに, 最大値は $\dfrac{(a+c) + \sqrt{(a-c)^2 + 4b^2}}{2}$, 最小値は $\dfrac{(a+c) - \sqrt{(a-c)^2 + 4b^2}}{2}$. □

○問 **6.23** ラグランジュの乗数法を用いて, 関数 $z = 2x + y$ の楕円 $4x^2 + y^2 = 4$ 上での最大値と最小値を求めよ.

演習問題 ［A］

6.1 次の不等式を証明せよ.

(1) $0 < x < \dfrac{\pi}{2}$ のとき $\sin x > \dfrac{2}{\pi} x$.

(2) $0 < x < \dfrac{\pi}{2}$ のとき $\tan x > x + \dfrac{x^3}{3}$.

6.2 平面 $\mathbb{R}^2$ において, 点 $A(3,0)$ と放物線 $y = x^2$ 上の点 P の距離 AP の最小値を求めよ.

6.3 関数 $f(x) = x^3 - x^2 - x + k$ の極大値が正, 極小値が負になるような定数 k の値の範囲を求めよ.

[注2)] 連立 1 次方程式 $\begin{cases} Ax + By = 0 \\ Cx + Dy = 0 \end{cases}$ が $\begin{cases} x = 0 \\ y = 0 \end{cases}$ 以外の解をもつための条件は $AD - BC = 0$.

6.4 関数 $f(x) = \dfrac{x^2}{x^4+4}$ の増減を調べることにより，方程式 $x^2 = a\left(x^4+4\right)$ の実数解の個数を a の値によって分類せよ．

6.5 a, b, c, d を定数，$a \neq 0$ とする．曲線 $y = ax^3 + bx^2 + cx + d$ の変曲点を求めよ．次に，この曲線が変曲点に関して対称であることを証明せよ．

6.6 楕円 $x = 4\cos t$, $y = 3\sin t$ 上の $t = \dfrac{\pi}{4}$ に対応する点における接線と法線の方程式を求めよ．

6.7 $a > 0$ とする．アステロイド $x = a\cos^3 t$, $y = a\sin^3 t$ 上の $(\pm a, 0)$, $(0, \pm a)$ 以外の任意の点 P における接線と x 軸，y 軸との交点をそれぞれ S, T とするとき，ST が一定であることを証明せよ．

6.8 関数 $f(x, y)$ は C^2 級であり，$f(a, b) = 0$, $f_y(a, b) \neq 0$ とする．このとき，点 (a, b) の近くで方程式 $f(x, y) = 0$ の定める陰関数 $y = \varphi(x)$ について，次のことを証明せよ．

(1) 関数 $y = \varphi(x)$ が $x = a$ で極値をとるならば，$f_x(a, b) = 0$．

(2) $f_x(a, b) = 0$ かつ $-\dfrac{f_{xx}(a, b)}{f_y(a, b)} < 0$ ならば，$y = \varphi(x)$ は $x = a$ で極大値 b をとる．

(3) $f_x(a, b) = 0$ かつ $-\dfrac{f_{xx}(a, b)}{f_y(a, b)} > 0$ ならば，$y = \varphi(x)$ は $x = a$ で極小値 b をとる．

6.9 次の曲線の特異点を求めよ．ただし，$a > 0$ である．

(1) $x^3 - y^2 = 0$
(2) レムニスケート $\left(x^2 + y^2\right)^2 = a^2\left(x^2 - y^2\right)$

6.10 関数 $z = xy^3$ の円 $x^2 + y^2 = a^2$ 上での最大値と最小値を求めよ．ただし，$a > 0$ である．

6.11 平面 $\mathbb{R}^2$ において，原点 O と双曲線 $x^2 + 2\sqrt{3}xy - y^2 = 1$ (図 6.14) 上の点 P との距離 OP の最小値を求めよ．

6.12 体積が一定の直円柱のうち表面積が最小なものの底面の半径と高さの比を求めよ．

6.13$^\diamond$ 定理 6.6 (陰関数の定理) を証明せよ．

演習問題 [B]

6.14 $2x^2 + 2xy + y^2 - 1 = 0$ が定める陰関数 $y = f(x)$ の y' および極大値と極小値を求めよ． (2010年 筑波大学大学院)

6.15 $e^{xy} + y \log x = \cos 2x$ のとき，$\dfrac{dy}{dx}$ を求めよ． (2014年 東北大学大学院)

6.16 $x \geqq 0$, $y \geqq 0$, $z \geqq 0$ かつ $x^2 + y^2 + z = 1$ の条件の下で，xyz の最大値を求めよ． (2009年 大阪大学大学院)

6.17 実数 x, y, z が $x^2 + y^2 + z^2 = 1$ を満たすとき，関数 $f(x, y, z) = xy + yz + zx$ の最大値および最小値を求めよ． (2014年 大阪大学大学院)

6.18 $\mathbb{R}^2$ 上の関数 $f(x, y) = x^3 + 4xy^2 - x$ について，次の問いに答えよ．
(1) f の極値を求めよ．
(2) $D = \{(x, y) \in \mathbb{R}^2 \mid x \geqq 0, x^2 + y^2 \leqq 1\}$ とするとき，f の D における最大値，最小値，およびそれらを与える点を求めよ． (2011年 金沢大学大学院)

6.19 $x \geqq 0$, $y \geqq 0$, $z \geqq 0$, $x + y + z = 1$ という条件を課された変数 x, y, z についての関数 $H(x, y, z) = x \log x + y \log y + z \log z$ の最小値を求めよ．
(2015年 お茶の水女子大学大学院（改）)

7

2 重 積 分

7.1 2重積分・累次積分

2変数関数 $f(x,y)$ の定義域に含まれる**閉長方形** $R = [a,b] \times [c,d]$ を考える．閉区間 $[a,b]$ を m 個に分割するときの分点，閉区間 $[c,d]$ を n 個に分割するときの分点をそれぞれ

$$a = a_0 < a_1 < a_2 < \cdots < a_m = b,$$
$$c = c_0 < c_1 < c_2 < \cdots < c_n = d$$

とする．番号 $i = 1, 2, \ldots, m$, $j = 1, 2, \ldots, n$ の対 (i,j) のそれぞれに対して，点 $P_{ij}(x_{ij}, y_{ij}) \in [a_{i-1}, a_i] \times [c_{j-1}, c_j]$ をとり，和

$$S = \sum_{i=1}^{m} \sum_{j=1}^{n} f(x_{ij}, y_{ij})(a_i - a_{i-1})(c_j - c_{j-1})$$

を作る．この形の和を $f(x,y)$ の**リーマン和**という．$a_i - a_{i-1}$ ($i = 1, 2, \ldots, m$) の最大値と $c_j - c_{j-1}$ ($j = 1, 2, \ldots, n$) の最大値が限りなく 0 に近づくように $[a,b]$ と $[c,d]$ の分割を細かくすれば，分割の仕方や点 P_{ij} のとり方に関係なく，$f(x,y)$ のリーマン和 S が一定の値 I に収束するとき，$f(x,y)$ は閉長方形 R で**積分可能**であるという．このときの極限 I を関数 $f(x,y)$ の R における**2重積分**といい，$\iint_R f(x,y)\, dx\, dy$ と書く．

〇問 7.1 $R = [a,b] \times [c,d]$ とする．k を定数とするとき，定義に従って，2重積分 $\iint_R k\, dx\, dy$ を求めよ．

7.1 2重積分・累次積分

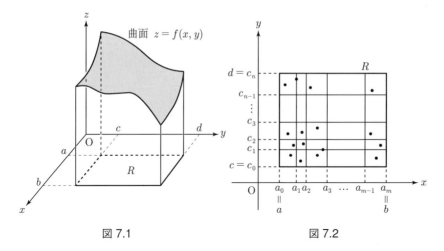

図 7.1　　　　　　図 7.2

K を平面 $\mathbb{R}^2$ の有界集合とし，K を含む閉長方形 $R = [a,b] \times [c,d]$ をとる．K で有界[注1)] な任意の関数 $f(x,y)$ に対して，

$$f^*(x,y) = \begin{cases} f(x,y) & ((x,y) \in K \text{ のとき}) \\ 0 & ((x,y) \notin K \text{ のとき}) \end{cases}$$

とおく．関数 $f^*(x,y)$ が閉長方形 R で積分可能であるとき，関数 $f(x,y)$ は K で**積分可能**であるという．このとき，$f(x,y)$ の K における **2 重積分**を

$$\iint_K f(x,y)\,dx\,dy = \iint_R f^*(x,y)\,dx\,dy$$

により定義する．この定義は K を含む R のとり方によらない．記号 $\iint_K f(x,y)\,dx\,dy$ において，$f(x,y)$ を**被積分関数**，変数 x, y を**積分変数**，K を**積分範囲**という．2 重積分は，積分変数のとり方に無関係である．例えば，

$$\iint_K f(x,y)\,dx\,dy = \iint_K f(u,v)\,du\,dv.$$

[注1)] 任意の $(x,y) \in K$ に対し $|f(x,y)| \leqq M$ が成り立つような定数 M が存在するとき，関数 $f(x,y)$ は K で**有界**であるという．K がコンパクト集合かつ $f(x,y)$ が K で連続のときは，最大値・最小値の定理により $f(x,y)$ は K で有界である．

平面 $\mathbb{R}^2$ の有界集合 K は，定数関数 1 が K で積分可能であるとき**面積確定**であるといい，このとき，

$$\mu(K) = \iint_K \mathrm{d}x\,\mathrm{d}y \quad \text{注 2)}$$

を K の**面積**という．

2重積分について，以下の定理が知られている．

定理 7.1 関数 $f(x,y)$ が平面 $\mathbb{R}^2$ の面積確定の有界集合 K で連続かつ有界ならば，$f(x,y)$ は K で積分可能である．

定理 7.2 K_1, K_2 を平面 $\mathbb{R}^2$ の面積確定の有界集合とすると，$K_1 \cap K_2$, $K_1 \cup K_2$ も面積確定の有界集合である．さらに，$\mu(K_1 \cap K_2) = 0$ ならば，$K_1 \cup K_2$ で連続かつ有界な関数 $f(x,y)$ に対して，

$$\iint_{K_1 \cup K_2} f(x,y)\,\mathrm{d}x\,\mathrm{d}y = \iint_{K_1} f(x,y)\,\mathrm{d}x\,\mathrm{d}y + \iint_{K_2} f(x,y)\,\mathrm{d}x\,\mathrm{d}y.$$

定理 7.3 関数 $f(x,y)$, $g(x,y)$ は平面 $\mathbb{R}^2$ の面積確定の有界集合 K で連続かつ有界とする．このとき，次のことが成り立つ．

(1) $\displaystyle\iint_K (f(x,y) + g(x,y))\,\mathrm{d}x\,\mathrm{d}y$
$$= \iint_K f(x,y)\,\mathrm{d}x\,\mathrm{d}y + \iint_K g(x,y)\,\mathrm{d}x\,\mathrm{d}y$$

(2) $\displaystyle\iint_K k f(x,y)\,\mathrm{d}x\,\mathrm{d}y = k \iint_K f(x,y)\,\mathrm{d}x\,\mathrm{d}y \quad$ (k は定数)

(3) K において $f(x,y) \geqq g(x,y)$ であるとき，
$$\iint_K f(x,y)\,\mathrm{d}x\,\mathrm{d}y \geqq \iint_K g(x,y)\,\mathrm{d}x\,\mathrm{d}y.$$

○**問 7.2** 定理 7.3 (1), (2) を用いて，次の等式を確かめよ．ただし，A, B は定数である．

$$\iint_K (Af(x,y) + Bg(x,y))\,\mathrm{d}x\,\mathrm{d}y = A\iint_K f(x,y)\,\mathrm{d}x\,\mathrm{d}y + B\iint_K g(x,y)\,\mathrm{d}x\,\mathrm{d}y$$

注 2) $\displaystyle\iint_K \mathrm{d}x\,\mathrm{d}y$ は $\displaystyle\iint_K 1\,\mathrm{d}x\,\mathrm{d}y$ の略記．

次の定理 7.4 の (1) または (2) の形の集合 K は面積をもち，2 重積分 $\iint_K f(x,y)\,dx\,dy$ は，それぞれ右辺の**累次積分**によって計算される（図 7.3, 図 7.4）．

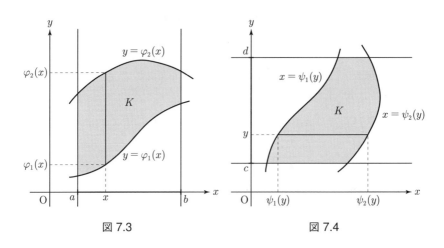

図 7.3　　　　　　　　図 7.4

定理 7.4　(1) 関数 $\varphi_1(x)$, $\varphi_2(x)$ は閉区間 $[a,b]$ で連続かつ $\varphi_1(x) \leqq \varphi_2(x)$ とする．関数 $f(x,y)$ が集合 $K = \{(x,y) \mid x \in [a,b],\ \varphi_1(x) \leqq y \leqq \varphi_2(x)\}$ で連続であるとき，x の関数 $\displaystyle\int_{\varphi_1(x)}^{\varphi_2(x)} f(x,y)\,dy$ は $[a,b]$ で連続であって，次の等式が成り立つ．

$$\iint_K f(x,y)\,dx\,dy = \int_a^b \left(\int_{\varphi_1(x)}^{\varphi_2(x)} f(x,y)\,dy \right) dx$$

(2) 関数 $\psi_1(y)$, $\psi_2(y)$ は閉区間 $[c,d]$ で連続かつ $\psi_1(y) \leqq \psi_2(y)$ とする．関数 $f(x,y)$ が集合 $K = \{(x,y) \mid y \in [c,d],\ \psi_1(y) \leqq x \leqq \psi_2(y)\}$ で連続であるとき，y の関数 $\displaystyle\int_{\psi_1(y)}^{\psi_2(y)} f(x,y)\,dx$ は $[c,d]$ で連続であって，次の等式が成り立つ．

$$\iint_K f(x,y)\,dx\,dy = \int_c^d \left(\int_{\psi_1(y)}^{\psi_2(y)} f(x,y)\,dx \right) dy$$

(3) 関数 $f(x,y)$ が閉長方形 $R = [a,b] \times [c,d]$ で連続であるとき,

$$\iint_R f(x,y)\,dx\,dy$$
$$= \int_a^b \left(\int_c^d f(x,y)\,dy \right) dx = \int_c^d \left(\int_a^b f(x,y)\,dx \right) dy \text{ 注3)}.$$

○問 7.3 関数 $F(x,y)$ が $R = [a,b] \times [c,d]$ を含む領域で C^2 級のとき, 定理 7.4 (3) を用いて, 次の等式を証明せよ.

$$\iint_R F_{xy}(x,y)\,dx\,dy = F(b,d) - F(b,c) - F(a,d) + F(a,c)$$

7.2　2重積分の計算

2重積分を定義に従って計算するのは, 多くの場合, 困難であり, 実際の2重積分を計算する際に必要になるのが定理 7.4 である. 具体的な2重積分の積分範囲は, x 軸, y 軸に平行な線分を何本か引くことにより, 定理 7.4 の (1) または (2) の形のいくつかの集合に分割できるようなものであればよい (図 7.5).

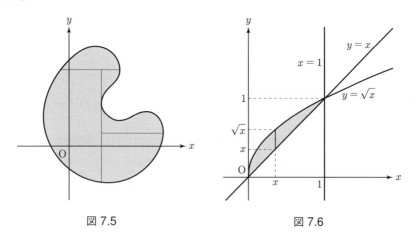

図 7.5　　　　　図 7.6

注3) これは (1), (2) で K が閉長方形の場合である.

7.2 2重積分の計算

例題 7.1 次の 2 重積分を求めよ.

(1) $\iint_K x^2 y \, dx \, dy, \quad K = [1, 3] \times [-1, 0]$

(2) $\iint_K xy \, dx \, dy, \quad K = \{(x, y) \mid 0 \leqq x \leqq 1, \, x \leqq y \leqq \sqrt{x}\}$ （図 7.6）

解 (1) $\iint_K x^2 y \, dx \, dy = \int_1^3 \left(\int_{-1}^0 x^2 y \, dy \right) dx = \int_1^3 \left[\frac{1}{2} x^2 y^2 \right]_{y=-1}^{y=0} dx$

$= \int_1^3 \left(-\frac{1}{2} x^2 \right) dx = -\frac{1}{2} \left[\frac{1}{3} x^3 \right]_1^3 = -\frac{13}{3}.$

あるいは，次のように計算してもよい．

$\iint_K x^2 y \, dx \, dy = \int_{-1}^0 \left(\int_1^3 x^2 y \, dx \right) dy = \int_{-1}^0 \left[\frac{1}{3} x^3 y \right]_{x=1}^{x=3} dy$

$= \int_{-1}^0 \frac{26}{3} y \, dy = \frac{26}{3} \left[\frac{1}{2} y^2 \right]_{-1}^0 = -\frac{13}{3}.$

(2) $\iint_K xy \, dx \, dy = \int_0^1 \left(\int_x^{\sqrt{x}} xy \, dy \right) dx = \int_0^1 \left[\frac{1}{2} xy^2 \right]_{y=x}^{y=\sqrt{x}} dx$

$= \int_0^1 \frac{1}{2} (x^2 - x^3) \, dx = \frac{1}{2} \left[\frac{x^3}{3} - \frac{x^4}{4} \right]_0^1 = \frac{1}{24}.$

また，$K = \{(x, y) \mid 0 \leqq y \leqq 1, \, y^2 \leqq x \leqq y\}$ と表せるので，次のように計算してもよい．

$\iint_K xy \, dx \, dy = \int_0^1 \left(\int_{y^2}^y xy \, dx \right) dy = \int_0^1 \left[\frac{1}{2} x^2 y \right]_{x=y^2}^{x=y} dy$

$= \int_0^1 \frac{1}{2} (y^3 - y^5) \, dy = \frac{1}{2} \left[\frac{y^4}{4} - \frac{y^6}{6} \right]_0^1 = \frac{1}{24}.$ □

累次積分の計算のとき，次の例題 7.2 (2) のように積分順序の変更が必要になることがある．

例題 7.2 次の累次積分を求めよ.

(1) $\int_0^{\frac{\pi}{2}} \left\{ \int_0^{\sin x} (x - y) \, dy \right\} dx$

(2) $\int_0^1 \left(\int_y^1 \sin x^2 \, dx \right) dy$

解 (1) $\displaystyle\int_0^{\frac{\pi}{2}}\left\{\int_0^{\sin x}(x-y)\,dy\right\}dx = \int_0^{\frac{\pi}{2}}\left[xy-\frac{y^2}{2}\right]_{y=0}^{y=\sin x}dx$

$\displaystyle = \int_0^{\frac{\pi}{2}}\left(x\sin x - \frac{1}{2}\sin^2 x\right)dx$

$\displaystyle = \int_0^{\frac{\pi}{2}} x\sin x\,dx - \frac{1}{2}\int_0^{\frac{\pi}{2}}\sin^2 x\,dx$

$\displaystyle = \left[x\cdot(-\cos x)\right]_0^{\frac{\pi}{2}} - \int_0^{\frac{\pi}{2}} 1\cdot(-\cos x)\,dx - \frac{1}{2}\cdot\frac{1}{2}\cdot\frac{\pi}{2} = 1 - \frac{\pi}{8}.$

(2) $\{(x,y)\mid 0\leqq y\leqq 1,\ y\leqq x\leqq 1\} = \{(x,y)\mid 0\leqq x\leqq 1,\ 0\leqq y\leqq x\}$
であるから,

$\displaystyle\int_0^1\left(\int_y^1 \sin x^2\,dx\right)dy = \int_0^1\left(\int_0^x \sin x^2\,dy\right)dx = \int_0^1\left[y\sin x^2\right]_{y=0}^{y=x}dx$

$\displaystyle = \int_0^1 x\sin x^2\,dx = \left[-\frac{1}{2}\cos x^2\right]_0^1 = \frac{1}{2}(1-\cos 1). \quad\square$

○問 **7.4** 次の2重積分を求めよ.

(1) $\displaystyle\iint_K \frac{x^2}{1+y^2}\,dx\,dy, \quad K = \{(x,y)\mid 1\leqq x\leqq 2,\ 0\leqq y\leqq 1\}$

(2) $\displaystyle\iint_K \sin(2x+y)\,dx\,dy, \quad K = \left\{(x,y)\;\middle|\;0\leqq x\leqq \frac{\pi}{2},\ x\leqq y\leqq 2x\right\}$

(3) $\displaystyle\iint_K (xy+3x^2)\,dx\,dy, \quad K = \{(x,y)\mid 0\leqq y\leqq 1,\ 2y^2\leqq x\leqq 2y\}$

(4) $\displaystyle\iint_K y\,dx\,dy, \quad K = \{(x,y)\mid x^2\leqq y\leqq x+2\}$

○問 **7.5** 次の累次積分を求めよ.

(1) $\displaystyle\int_0^1\left\{\int_0^{y^2}(2x+y^2)\,dx\right\}dy$ 　　(2) $\displaystyle\int_2^3\left(\int_{\frac{1}{2}x}^{2x}\frac{x}{y}\,dy\right)dx$

(3) $\displaystyle\int_0^1\left(\int_{\sqrt{y}}^1 e^{x^3}\,dx\right)dy$ 　　(4) $\displaystyle\int_0^{\log 2}\left(\int_{e^x}^2 \frac{x}{\log y}\,dy\right)dx$

○問 **7.6** $f(x,y)$ を連続な関数とする. 次の累次積分の積分順序を変更せよ.

(1) $\displaystyle\int_0^2\left(\int_0^{\sqrt{y}} f(x,y)\,dx\right)dy$ 　　(2) $\displaystyle\int_0^1\left(\int_{e^y}^e f(x,y)\,dx\right)dy$

7.3 積分変数の変換

X, Y を集合とする．各 $x \in X$ に対し $y \in Y$ を 1 つずつ対応させる規則 f が与えられたとき，f を X から Y への**写像**（**変換**，**関数**）といい，
$$f : X \to Y, \quad f : x \mapsto y, \quad y = f(x)$$
などと書く．このとき，X を**定義域**（**始集合**），Y を**終集合**という．写像 f により $x \in X$ に対応する Y の元 $f(x)$ を f による x の**像**（**値**）という．また，X の任意の部分集合 A に対して，
$$f(A) = \{f(x) \mid x \in A\}$$
と書き，これを f による A の像という．特に，f による定義域 X の像 $f(X)$ を f の**像**（**値域**）という．

写像 $f : X \to Y$ について，
$$x_1, x_2 \in X, \quad f(x_1) = f(x_2) \quad \text{ならば} \quad x_1 = x_2$$
であるとき，f を**単射**（**1 対 1 の写像**）という．また，$f(X) = Y$ であるとき，f を**全射**（**上への写像**）という．写像 f が全射かつ単射であるとき，f を**全単射**という．

○問 **7.7** 次の問に答えよ．

(1) 平面の 3 点 $P_1(x_1, y_1)$, $P_2(x_2, y_2)$, $P_3(x_3, y_3)$ を頂点とする三角形の面積を S とするとき，次の式を証明せよ．
$$S = \frac{1}{2} |(x_2 - x_1)(y_3 - y_1) - (x_3 - x_1)(y_2 - y_1)|$$

(2) $A(a, 0)$, $B(0, b)$, $C(a, b)$ とする．**線形変換**
$$F : \mathbb{R}^2 \to \mathbb{R}^2, \quad (u, v) \mapsto (x, y), \quad x = pu + qv, \quad y = ru + sv$$
による長方形 OACB の像として得られる平行四辺形の面積が $|ps - qr||ab|$ であることを証明せよ．

ここでは，平面 $\mathbb{R}^2$ の 2 つの部分集合の間の写像を**変換**とよぶことにする．$\varphi(u, v)$, $\psi(u, v)$ を u, v について偏微分可能な 2 変数関数とする．変換
$$F : (u, v) \mapsto (x, y), \quad x = \varphi(u, v), \quad y = \psi(u, v)$$
について，
$$\frac{\partial(x, y)}{\partial(u, v)} = \frac{\partial x}{\partial u}\frac{\partial y}{\partial v} - \frac{\partial x}{\partial v}\frac{\partial y}{\partial u}$$
と書き，これを F の**ヤコビアン**（**ヤコビ行列式**）という．

○問 **7.8** 次の変換について，ヤコビアン $\dfrac{\partial(x,y)}{\partial(u,v)}$ を求めよ．

(1) $\begin{cases} x = u^2 + v^2 \\ y = uv \end{cases}$
(2) $\begin{cases} x = u \sec v \\ y = u \tan v \end{cases}$

1 変数関数についての置換積分法の公式（問 3.36 参照）に類似の，次の定理が成り立つ．

定理 7.5 関数 $\varphi(u,v)$, $\psi(u,v)$ は C^1 級とする．変換
$$F : (u, v) \mapsto (x, y), \quad x = \varphi(u, v), \quad y = \psi(u, v)$$
による面積確定の集合 L の像が K であり，L から面積が 0 の集合を除いた集合の上で F が単射であるとき[注4]，K で連続な関数 $f(x,y)$ について，次の式が成り立つ．
$$\iint_K f(x,y) \, dx\, dy = \iint_L f(\varphi(u,v), \psi(u,v)) \left| \frac{\partial(x,y)}{\partial(u,v)} \right| du\, dv$$

証明の詳細は省略するが，概要は以下のとおりである．xy 平面上の関数 $f^*(x,y)$ を
$$f^*(x,y) = \begin{cases} f(x,y) & ((x,y) \in K \text{ のとき}) \\ 0 & ((x,y) \notin K \text{ のとき}) \end{cases}$$
により定義する．L を含む閉長方形 R をとり，R を縦と横に十分細かく分けたものを $L_1, L_2, \ldots, L_N$ とする．F が R で単射の場合を考えよう．各 L_i の F による像を K_i とすれば，
$$\iint_K f(x,y) \, dx\, dy = \sum_{i=1}^N \iint_{K_i} f^*(x,y) \, dx\, dy \quad (\text{図 7.7}).$$
L_i が L に含まれるときを考える．L_i の左下の頂点を $P_i(u_i, v_i)$ とし，点 $Q_i = F(P_i)$ の座標を (x_i, y_i) とすれば，$\iint_{K_i} f(x,y)\, dx\, dy \fallingdotseq f(Q_i) \mu(K_i)$ である．点 P_i の近くで

[注4] F が L で単射の場合はもちろんよい．また，例えば，L が定理 7.4 の (1) または (2) の形の集合であって，F が L の境界を除いて単射の場合などもよい．

7.3 積分変数の変換

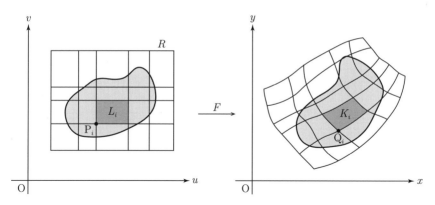

図 7.7

$$\begin{cases} x - x_i \fallingdotseq \dfrac{\partial x}{\partial u}(\mathrm{P}_i)\,(u - u_i) + \dfrac{\partial x}{\partial v}(\mathrm{P}_i)\,(v - v_i) \\ y - y_i \fallingdotseq \dfrac{\partial y}{\partial u}(\mathrm{P}_i)\,(u - u_i) + \dfrac{\partial y}{\partial v}(\mathrm{P}_i)\,(v - v_i) \end{cases}$$

なので，P_i, Q_i を原点とみなせば，F を L_i 上で近似的に線形変換とみることができて，K_i は近似的に平行四辺形である．問 7.7 (2) より，

$$\begin{aligned} \mu(K_i) &\fallingdotseq \left| \frac{\partial x}{\partial u}(\mathrm{P}_i)\frac{\partial y}{\partial v}(\mathrm{P}_i) - \frac{\partial x}{\partial v}(\mathrm{P}_i)\frac{\partial y}{\partial u}(\mathrm{P}_i) \right| \mu(L_i) \\ &= \left| \frac{\partial(x,y)}{\partial(u,v)}(\mathrm{P}_i) \right| \mu(L_i). \end{aligned}$$

ゆえに，

$$\begin{aligned} \iint_{K_i} f^*(x,y)\,\mathrm{d}x\,\mathrm{d}y &\fallingdotseq f(F(\mathrm{P}_i)) \left| \frac{\partial(x,y)}{\partial(u,v)}(\mathrm{P}_i) \right| \mu(L_i) \\ &\fallingdotseq \iint_{L_i} f(\varphi(u,v),\psi(u,v)) \left| \frac{\partial(x,y)}{\partial(u,v)} \right| \mathrm{d}u\,\mathrm{d}v. \end{aligned}$$

また，L_i が L に含まれないようなすべての i についての $\iint_{K_i} f^*(x,y)\,\mathrm{d}x\,\mathrm{d}y$ の和は 0 に近い．したがって，近似式

$$\begin{aligned} \iint_K f(x,y)\,\mathrm{d}x\,\mathrm{d}y &\fallingdotseq \sum_{i=1}^{N} \iint_{L_i} f^*(\varphi(u,v),\psi(u,v)) \left| \frac{\partial(x,y)}{\partial(u,v)} \right| \mathrm{d}u\,\mathrm{d}v \\ &= \iint_L f(\varphi(u,v),\psi(u,v)) \left| \frac{\partial(x,y)}{\partial(u,v)} \right| \mathrm{d}u\,\mathrm{d}v \end{aligned}$$

を得るが，この誤差は R の分割を限りなく細かくするとき 0 に収束し，等式

$$\iint_K f(x,y)\,\mathrm{d}x\,\mathrm{d}y = \iint_L f(\varphi(u,v),\psi(u,v)) \left|\frac{\partial(x,y)}{\partial(u,v)}\right| \mathrm{d}u\,\mathrm{d}v$$

を得る.

○問 **7.9** $K = \{(x,y) \mid 0 \leqq 2x+y \leqq 2,\ -2 \leqq 2x-y \leqq 0\}$ のとき，
$$u = 2x+y, \quad v = 2x-y$$
とおいて，2重積分 $\displaystyle\iint_K (3x-y)\,\mathrm{d}x\,\mathrm{d}y$ を求めよ．

○問 **7.10** $K = \{(x,y) \mid x^2 + 2\sqrt{3}\,xy - y^2 \geqq 1,\ \sqrt{2} \leqq \sqrt{3}\,x+y \leqq 2\}$ のとき，
$$u = \frac{\sqrt{3}\,x+y}{2}, \quad v = \frac{-x+\sqrt{3}\,y}{2}$$
とおいて[注5]，2重積分 $\displaystyle\iint_K \left(\sqrt{3}\,x+y\right)\mathrm{d}x\,\mathrm{d}y$ を求めよ．

7.4 極座標変換

変換 $(r,\theta) \mapsto (x,y) = (r\cos\theta, r\sin\theta)$ を**極座標変換**という．

定理 7.6 極座標変換 $x = r\cos\theta,\ y = r\sin\theta$ による面積確定の有界集合 L の像が K であり，L から面積が 0 の集合を除いた集合の上で極座標変換が単射であるとき，K 上の連続関数 $f(x,y)$ に対して，

$$\iint_K f(x,y)\,\mathrm{d}x\,\mathrm{d}y = \iint_L f(r\cos\theta, r\sin\theta)\,r\,\mathrm{d}r\,\mathrm{d}\theta.$$

証明 極座標変換 $x = r\cos\theta,\ y = r\sin\theta$ のヤコビアンは

$$\frac{\partial(x,y)}{\partial(r,\theta)} = \frac{\partial x}{\partial r}\frac{\partial y}{\partial \theta} - \frac{\partial x}{\partial \theta}\frac{\partial y}{\partial r}$$
$$= \cos\theta \cdot r\cos\theta - (-r\sin\theta)\cdot\sin\theta = r\left(\cos^2\theta + \sin^2\theta\right) = r \geqq 0$$

であるから，定理 7.5 による． □

[注5] 一般に，座標軸を原点のまわりに角 α だけ回転して得られる座標を (u,v) とすれば，もとの座標 (x,y) との間の関係式は $\begin{cases} u = x\cos\alpha + y\sin\alpha \\ v = -x\sin\alpha + y\cos\alpha \end{cases}$ であり，この問では座標軸を角 $\dfrac{\pi}{6}$ だけ回転する．曲線 $x^2 + 2\sqrt{3}\,xy - y^2 = 1$ は直角双曲線である（図 6.14）．

7.5 広義の2重積分

○問 **7.11** $0 < \beta - \alpha \leqq 2\pi$ とし,関数 $\varphi(\theta)$, $\psi(\theta)$ は $[\alpha, \beta]$ で連続かつ $0 \leqq \psi(\theta) \leqq \varphi(\theta)$ とする.極方程式で表された2曲線 $r = \varphi(\theta)$, $r = \psi(\theta)$ と2半直線 $\theta = \alpha$, $\theta = \beta$ で囲まれた図形を K とするとき,次の式が成り立つことを確かめよ(図 7.8).

$$\iint_K f(x, y)\,dx\,dy = \int_\alpha^\beta \left(\int_{\psi(\theta)}^{\varphi(\theta)} f(r\cos\theta, r\sin\theta)\,r\,dr \right) d\theta$$

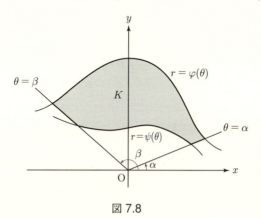

図 7.8

○問 **7.12** 極座標変換により次の2重積分を求めよ.
(1) $\iint_K \sqrt{x^2 + y^2}\,dx\,dy$, $K = \{(x, y) \mid x^2 + y^2 \leqq 1\}$
(2) $\iint_K (x^2 + y^2)\,dx\,dy$, $K = \{(x, y) \mid x^2 + y^2 \leqq x\}$

7.5 広義の2重積分

平面 $\mathbb{R}^2$ 内の有界でない集合 K を考える.$R \to +\infty$ のとき単調に増大して K に収束するような面積確定の有界集合 $K(R)$ ($R > 0$) が存在するとき,K は**面積確定**であるという.このとき,関数 $f(x, y)$ の K における**広義積分**は次の式で計算される.

$$\iint_K f(x, y)\,dx\,dy = \lim_{R \to +\infty} \iint_{K(R)} f(x, y)\,dx\,dy$$

例えば,K と閉円板 $\{(x, y) \mid x^2 + y^2 \leqq R^2\}$ または閉正方形 $[-R, R] \times [-R, R]$ の共通部分 $K(R)$ が面積確定の有界集合であればよい.

次の定理が知られている．

定理 7.7 関数 $f(x,y)$ は面積確定の集合 K で連続であり，つねに $f(x,y) \geqq 0$ とする．このとき，広義積分 $\iint_K f(x,y)\,dx\,dy$ は，$R \to +\infty$ のとき単調に増大して K に収束するような面積確定の有界集合 $K(R)$（$R>0$）のとり方によらずに確定する．

$\mathbb{R}^2$ 内の面積確定の集合 K に対して，広義積分

$$\mu(K) = \iint_K dx\,dy$$

を K の**面積**という．

●例 7.1 $c > 0$ を定数とするとき，集合

$$K = \left\{(x,y) \in \mathbb{R}^2 \mid x \geqq 1,\ 0 \leqq y \leqq \frac{1}{x^c}\right\}$$

の面積 $\mu(K)$ を求めよう．$K(R) = K \cap ([-R,R] \times [-R,R])$ とおけば，$R > 1$ のとき，

$$K(R) = \left\{(x,y) \in \mathbb{R}^2 \mid 1 \leqq x \leqq R,\ 0 \leqq y \leqq \frac{1}{x^c}\right\}$$

であるから，問 3.40 より，次の式を得る．

$$\mu(K) = \lim_{R \to +\infty} \iint_{K(R)} dx\,dy$$

$$= \lim_{R \to +\infty} \int_1^R \frac{dx}{x^c} = \begin{cases} \dfrac{1}{c-1} & (c > 1 \text{ のとき}) \\ +\infty & (0 < c \leqq 1 \text{ のとき}) \end{cases}$$

○問 **7.13** 次の広義積分を求めよ．

(1) $\displaystyle\iint_{\mathbb{R}^2} \frac{dx\,dy}{(x^2+y^2+1)^2}$ (2) $\displaystyle\iint_K \frac{dx\,dy}{x^3 y^2}$, $K = \{(x,y) \mid x \geqq 1,\ y \geqq 1\}$

例題 7.3 次の等式を証明せよ．

$$\int_0^{+\infty} e^{-x^2}\,dx = \frac{\sqrt{\pi}}{2}$$

解 $I = \displaystyle\int_0^{+\infty} e^{-x^2}\,dx$ とおく．

$$I^2 = \left(\int_0^{+\infty} e^{-x^2} dx\right)^2 = \left(\lim_{R\to +\infty} \int_0^R e^{-x^2} dx\right)^2$$

$$= \lim_{R\to +\infty} \left(\int_0^R e^{-x^2} dx\right)^2 = \lim_{R\to +\infty} \left(\int_0^R e^{-x^2} dx\right)\left(\int_0^R e^{-y^2} dy\right)$$

$$= \lim_{R\to +\infty} \int_0^R \left(\int_0^R e^{-x^2-y^2} dy\right) dx = \iint_{x\geqq 0,\, y\geqq 0} e^{-x^2-y^2} dx\, dy$$

$$= \lim_{R\to +\infty} \iint_{\substack{x^2+y^2 \leqq R^2 \\ x\geqq 0,\, y\geqq 0}} e^{-x^2-y^2} dx\, dy = \lim_{R\to \infty} \int_0^{\frac{\pi}{2}} \left(\int_0^R e^{-r^2} r\, dr\right) d\theta$$

$$= \lim_{R\to \infty} \frac{\pi}{2}\left[-\frac{1}{2} e^{-r^2}\right]_0^R = \lim_{R\to \infty} \frac{\pi}{4}\left(1 - e^{-R^2}\right) = \frac{\pi}{4}.$$

$I \geqq 0$ に注意して, $I = \sqrt{\dfrac{\pi}{4}} = \dfrac{\sqrt{\pi}}{2}$, すなわち, $\displaystyle\int_0^{+\infty} e^{-x^2} dx = \dfrac{\sqrt{\pi}}{2}$.   □

平面 $\mathbb{R}^2$ 内の面積確定の集合 K 内の点 (a,b) で関数 $f(x,y)$ が連続でない場合を考える. 集合 K から開円板 $\{(x,y) \mid (x-a)^2 + (y-b)^2 < \varepsilon^2\}$ を除いた集合を $K(\varepsilon)$ と書くとき, $f(x,y)$ の K における**広義積分**は次の式で計算される.

$$\iint_K f(x,y)\, dx\, dy = \lim_{\varepsilon \to +0} \iint_{K(\varepsilon)} f(x,y)\, dx\, dy$$

○問 **7.14** 次の広義積分を求めよ.

(1) $\displaystyle\iint_K \log(x^2+y^2)\, dx\, dy, \quad K = \{(x,y) \mid x^2+y^2 \leqq 1\}$

(2) $\displaystyle\iint_K \frac{x+y}{\sqrt{x^2+y^2}}\, dx\, dy, \quad K = \{(x,y) \mid x^2+y^2 \leqq 1,\, x \geqq 0,\, y \geqq 0\}$

演習問題 [A]

7.1 次の2重積分を求めよ.

(1) $\displaystyle\iint_K (x^2+y^2)\, dx\, dy, \quad K = \{(x,y) \mid 0 \leqq x \leqq 1,\, 0 \leqq y \leqq 1\}$

(2) $\displaystyle\iint_K \frac{x}{(x+y-1)^2}\, dx\, dy, \quad K = \{(x,y) \mid 1 \leqq x \leqq 3,\, 1 \leqq y \leqq 2\}$

(3) $\iint_K e^{x^3} dx\,dy, \quad K = \{(x,y) \mid 0 \leqq x \leqq 1,\ 0 \leqq y \leqq x^2\}$

(4) $\iint_K x\,dx\,dy, \quad K = \{(x,y) \mid \sqrt{x} + \sqrt{y} \leqq 1,\ x \geqq 0,\ y \geqq 0\}$

(5) $\iint_K e^{x-y} dx\,dy, \quad K = \{(x,y) \mid 0 \leqq y \leqq x \leqq 1\}$

(6) $\iint_K \sqrt{x}\,dx\,dy, \quad K = \{(x,y) \mid x^2 + y^2 \leqq x\}$

7.2 次の K を積分範囲とする 2 重積分 $\iint_K (x^2 - xy)\,dx\,dy$ を求めよ.

(1) K は 4 点 $(1,0),\ (2,-2),\ (4,0),\ (2,1)$ を頂点とする四角形の周および内部

(2) K は 3 点 $(0,0),\ (3,1),\ (1,3)$ を頂点とする三角形の周および内部

7.3 極座標変換により次の 2 重積分を計算せよ. ただし, $a > b > 0$ である.

(1) $\iint_K xy\,dx\,dy, \quad K = \{(x,y) \mid x^2 + y^2 \leqq a^2,\ x \geqq 0,\ y \geqq 0\}$

(2) $\iint_K x^3\,dx\,dy, \quad K = \{(x,y) \mid x^2 + y^2 \leqq a^2,\ x \geqq 0,\ y \geqq 0\}$

(3) $\iint_K \left(\tan^{-1}\dfrac{y}{x}\right)^2 dx\,dy, \quad K = \{(x,y) \mid a^2 \leqq x^2 + y^2 \leqq b^2,\ |y| \leqq x\}$

7.4 $0 < p < q,\ 0 < r < s$ とする. $x = u^{\frac{2}{3}} v^{\frac{1}{3}},\ y = u^{\frac{1}{3}} v^{\frac{2}{3}}$ とおくことにより, 4 つの放物線 $x^2 = py,\ x^2 = qy,\ y^2 = rx,\ y^2 = sx$ で囲まれた図形の面積を求めよ.

7.5 $ad - bc \neq 0,\ R > 0$ とする. 楕円 $(ax + by)^2 + (cx + dy)^2 = R^2$ によって囲まれた図形の面積を求めよ.

7.6 累次積分 $I = \displaystyle\int_0^B \left(\int_0^A e^{-xy} \sin x\,dx\right) dy\ (A, B > 0)$ を利用して, 次の式を証明せよ.

$$\int_0^{+\infty} \frac{\sin x}{x}\,dx = \frac{\pi}{2}$$

7.7 関数 $f(x,y)$ は $\mathbb{R}^2$ で連続であり, つねに $f(x,y) \geqq 0$ とする. $R > 0$ のとき, 次の不等式を証明せよ[注6].

$$\iint_{x^2+y^2\leqq R^2} f(x,y)\,dx\,dy \leqq \int_{-R}^R \left(\int_{-R}^R f(x,y)\,dy\right) dx \leqq \iint_{x^2+y^2\leqq 2R^2} f(x,y)\,dx\,dy$$

[注6] この不等式から, $\displaystyle\lim_{R\to+\infty} \int_{-R}^R \left(\int_{-R}^R f(x,y)\,dy\right) dx = \lim_{R\to+\infty} \iint_{x^2+y^2\leqq R^2} f(x,y)\,dx\,dy$

を得て, これは定理 7.7 の特別な場合である.

演習問題 [B]

7.8 I を開区間とする. 2 変数関数 $f(x,y)$ について, f_x が $I \times [c,d]$ で連続であるとき, 変数 x の関数 $F(x) = \int_c^d f(x,y)\,dy$ は I で微分可能であって, $F'(x) = \int_c^d f_x(x,y)\,dy$ であることを定理 7.4 (3) を用いて証明せよ.

7.9$^\diamond$ 定理 3.23 (ガンマ関数とベータ関数の関係式) を証明せよ.

演習問題 [B]

7.10 以下の値を計算せよ.
$$\iint_D xy\sin(x+y)\,dx\,dy$$
ただし, $D = \left\{(x,y) \mid 0 \leqq x,\, 0 \leqq y,\, x+y \leqq \dfrac{\pi}{2}\right\}$. (2008 年 筑波大学大学院)

7.11 $[0,\infty) \times [0,\infty)$ 上の連続関数 $f(x,y)$ と $a > 0$ に対して,
$$I(a) = \int_0^a \left(\int_y^a f(x,y)\,dx\right)dy$$
とおく. このとき, 以下の問いに答えよ.
(1) $I(a)$ の積分の順序を交換せよ.
(2) $f(x,y) = ye^{-(x^2+y^2)}$ としたとき, $\displaystyle\lim_{a\to\infty} I(a)$, $\displaystyle\lim_{a\to\infty} \dfrac{d}{da} I(a)$ を求めよ.
(2013 年 岡山大学大学院)

7.12 V を計算せよ.
$$V = \iint_D (x+y)\,dx\,dy, \quad D = \{(x,y) \mid 0 \leqq x,\, 0 \leqq y,\, x^2 + 4y^2 \leqq 4\}$$
(2013 年 九州大学大学院)

7.13 a, b を正の定数とします. $D = \left\{(x,y) \in \mathbb{R}^2 \,\bigg|\, \dfrac{x^2}{a^2} + \dfrac{y^2}{b^2} \leqq 1\right\}$ とするとき, 重積分 $I = \iint_D (x^2 + y^2)\,dx\,dy$ の値を求めなさい. (2009 年 九州大学大学院)

7.14 次の重積分を求めよ.
$$I_1 = \iint_{B_\rho} x^2\,dx\,dy, \quad I_2 = \iint_{B_\rho} y^2\,dx\,dy, \quad I_3 = \iint_{B_\rho} xy\,dx\,dy,$$
$$B_\rho = \{(x,y) \in \mathbb{R}^2 \mid x^2 + y^2 \leqq \rho^2\}$$
(2014 年 東京大学大学院)

7.15 次の積分を求めよ.
$$\iint_D y^3\,dx\,dy, \quad D = \{(x,y) \mid 0 \leqq x,\, 0 \leqq y,\, x^2 + y^2 \leqq y\}$$
(2015 年 東北大学大学院)

7.16 次の積分の値を求めよ．
$$\iint_\Omega \frac{dx\,dy}{(1+x^2+y^2)^{\frac{3}{2}}}, \quad \Omega = \{(x,y) \mid 0 \leqq y \leqq x \leqq 1\}$$

(2015 年 早稲田大学編入学試験)

7.17 $D = \{(x,y) \mid 1 \leqq x^2+y^2 \leqq 4,\, 0 \leqq x \leqq 1,\, y \geqq 0\}$ とするとき，
$$\iint_D \frac{dx\,dy}{\sqrt{x^2+y^2}}$$
の値を求めよ．

(2006 年 新潟県教員採用試験)

7.18 $D = \{(x,y) \in \mathbb{R} \mid x^2+y^2 \leqq 1\}$ とし，$n \in \mathbb{N}$ とする．実数 a, b が $a^2+b^2=1$ を満たすとき，定積分 $\iint_D (ax+by)^{2n}\,dx\,dy$ の値は a, b によらないことを示せ．

(2014 年 九州大学大学院)

7.19 実数 α に対し，
$$f_\alpha(x,y) = (x^2+y^2)^\alpha \log(x^2+y^2)$$
とおく．ただし，$(x,y) \neq (0,0)$．
$$\lim_{\varepsilon \to +0} \iint_{\varepsilon \leqq x^2+y^2 \leqq 1} f_\alpha(x,y)\,dx\,dy$$
が存在するような α の下限 α_0 を求めよ．

(2007 年 東京工業大学大学院)

7.20 $D = \{(x,y) \mid 0 < x < 1,\, 0 < y < 1\}$，$I = \iint_D \frac{1}{1-x^2y^2}\,dx\,dy$ とおく．変換
$$u = \arccos\left(\sqrt{\frac{1-x^2}{1-x^2y^2}}\right), \quad v = \arccos\left(\sqrt{\frac{1-y^2}{1-x^2y^2}}\right)$$
は D から $\Delta = \{(u,v) \mid u > 0,\, v > 0,\, u+v < \frac{\pi}{2}\}$ への全単射である．次の問いに答えよ．

(1) x, y を u, v の式で表せ．
(2) I の値を求めよ．

(2004 年 大阪大学大学院)

7.21 $\alpha+\beta < 0$，$\alpha-\beta < 0$ の条件のもとで
$$\iint_{\mathbb{R}^2} e^{\alpha x^2+2\beta xy+\alpha y^2}\,dx\,dy$$
の値を α, β を用いて表せ．

(2006 年 大阪大学大学院（改）)

演習問題 [B]

7.22 $D = \{(x, y) \mid 4x - 4x^2 - y^2 > 0\}$ であるとき,
$$\iint_D \frac{1}{\sqrt{4x - 4x^2 - y^2}} \, dx \, dy$$
を求めよ.　　　　　　　　　　　　　　　　　　　　　　　　　　　　　(2011 年 筑波大学大学院)

7.23 全平面から原点を除いた領域
$$D = \{(x, y) : -\infty < x < \infty, -\infty < y < \infty, (x, y) \neq (0, 0)\}$$
について，次の広義 2 重積分の値を求めよ.
$$\iint_D e^{-(x^2 + y^2)} \frac{x^2}{x^2 + y^2} \, dx \, dy \quad (2011 年 神戸大学大学院)$$

7.24 λ を実定数とする. $0 < \varepsilon < 1$ に対し
$$D_\varepsilon = \{(x, y) \in \mathbb{R}^2 : \varepsilon \leq x^2 + y^2 \leq 1\}$$
とおくとき，次の広義積分が収束するかどうかを判定せよ. また収束するときは，広義積分の値を求めよ.

(1) $\displaystyle \lim_{\varepsilon \to 0} \iint_{D_\varepsilon} \frac{1}{(x^2 + y^2)^{\lambda/2}} \, dx \, dy$

(2) $\displaystyle \lim_{\varepsilon \to 0} \iint_{D_\varepsilon} \frac{\log \sqrt{x^2 + y^2}}{(x^2 + y^2)^{\lambda/2}} \, dx \, dy$　　　　　　　　　(2001 年 名古屋大学大学院)

8

図形の計量

8.1 曲線の長さ

パラメータ表示 $x = \varphi(t)$, $y = \psi(t)$, $t \in [\alpha, \beta]$, で与えられた曲線 C を考える．閉区間 $[\alpha, \beta]$ を n 個に分割するときの分点を

$$\alpha = \alpha_0 < \alpha_1 < \alpha_2 < \cdots < \alpha_n = \beta$$

とし，$P_k(\varphi(\alpha_k), \psi(\alpha_k))$ $(k = 0, 1, \ldots, n)$ とする（図 8.1）．線分の長さ $P_{k-1}P_k$ $(k = 1, 2, \ldots, n)$ の最大値が限りなく 0 に近づくように $[\alpha, \beta]$ の分割を細かくするとき，和 $\sum_{k=1}^{n} P_{k-1}P_k$ が一定の値 l に収束するならば，この l を曲線 C の長さという．

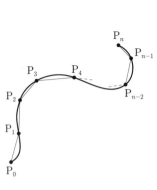

図 8.1

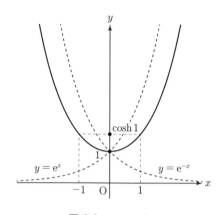

図 8.2 $y = \cosh x$

8.1 曲線の長さ

定理 8.1 関数 $f(x)$ は閉区間 $[a, b]$ を含む開区間で C^1 級とする．このとき，曲線 $y = f(x)$, $x \in [a, b]$, の長さ l は，次の式で与えられる．

$$l = \int_a^b \sqrt{1 + f'(x)^2}\, dx$$

証明 閉区間 $[a, b]$ を n 個に分割するときの分点を $a = a_0 < a_1 < a_2 < \cdots < a_n = b$ とし，$P_k(a_k, f(a_k))$ $(k = 0, 1, \ldots, n)$ として，和 $\sum_{k=1}^{n} P_{k-1} P_k$ を作る．平均値の定理（§2.6）より，各 k について，$\dfrac{f(a_k) - f(a_{k-1})}{a_k - a_{k-1}} = f'(x_k)$ をみたす $x_k \in (a_{k-1}, a_k)$ が存在する．

$$\sum_{k=1}^{n} P_{k-1} P_k = \sum_{k=1}^{n} \sqrt{(a_k - a_{k-1})^2 + (f(a_k) - f(a_{k-1}))^2}$$

$$= \sum_{k=1}^{n} \sqrt{1 + \left(\frac{f(a_k) - f(a_{k-1})}{a_k - a_{k-1}}\right)^2} \cdot (a_k - a_{k-1})$$

$$= \sum_{k=1}^{n} \sqrt{1 + f'(x_k)^2} \cdot (a_k - a_{k-1}).$$

$0 < a_k - a_{k-1} \leqq P_{k-1} P_k$ なので，$P_{k-1} P_k$ の最大値が限りなく 0 に近づくように $[a, b]$ の分割を細かくすれば，$a_k - a_{k-1}$ $(k = 1, 2, \ldots, n)$ の最大値も限りなく 0 に近づく．ゆえに，和 $\sum_{k=1}^{n} P_{k-1} P_k$ の極限 l は定積分 $\int_a^b \sqrt{1 + f'(x)^2}\, dx$ に等しい． □

○**問 8.1** 次の曲線の長さを求めよ．
(1) $y = x^2$ $(-1 \leqq x \leqq 1)$
(2) $y = \dfrac{x^3}{3} + \dfrac{1}{4x}$ $(1 \leqq x \leqq 2)$
(3) $y = \cosh x$ $(-1 \leqq x \leqq 1)$ [注1)]
(4) $y = \sqrt{(x+1)^3}$ $(0 \leqq x \leqq 4)$

パラメータ表示 $x = \varphi(t)$, $y = \psi(t)$, $t \in [\alpha, \beta]$, で与えられた曲線 C の長さ l を求めよう．ただし，$\varphi(t), \psi(t)$ は閉区間 $[\alpha, \beta]$ を含む開区間で C^1 級とする．簡単のため，つねに $\varphi'(t) > 0$ の場合を考える．定理 6.1 により，関数 $x = \varphi(t)$ は $[\alpha, \beta]$ で単調増加である．$\varphi(\alpha) = a$, $\varphi(\beta) = b$ とおく．パラ

注1) 曲線 $y = \cosh x$ を**カテナリ**（**懸垂線**）という（図 8.2）．

メータ表示から t を消去して得られる x の関数 y に対して定理 8.1 を適用して，

$$l = \int_a^b \sqrt{1 + \left(\frac{\mathrm{d}y}{\mathrm{d}x}\right)^2}\,\mathrm{d}x = \int_\alpha^\beta \sqrt{1 + \left(\frac{\psi'(t)}{\varphi'(t)}\right)^2} \cdot \varphi'(t)\,\mathrm{d}t$$
$$= \int_\alpha^\beta \sqrt{\frac{\varphi'(t)^2 + \psi'(t)^2}{\varphi'(t)^2}} \cdot \varphi'(t)\,\mathrm{d}t = \int_\alpha^\beta \sqrt{\varphi'(t)^2 + \psi'(t)^2}\,\mathrm{d}t.$$

つねに $\varphi'(t) < 0$ の場合も同様の計算により同じ式が得られる．しかし，$\varphi'(t)$ の符号に関する条件は，じつは不要であって，次の定理が知られている．

定理 8.2 関数 $\varphi(t),\ \psi(t)$ は閉区間 $[\alpha, \beta]$ を含む開区間で C^1 級とする．このとき，パラメータ表示 $x = \varphi(t),\ y = \psi(t),\ t \in [\alpha, \beta],$ で与えられた曲線の長さ l は，次の式で与えられる．

$$l = \int_\alpha^\beta \sqrt{\varphi'(t)^2 + \psi'(t)^2}\,\mathrm{d}t = \int_\alpha^\beta \sqrt{\left(\frac{\mathrm{d}x}{\mathrm{d}t}\right)^2 + \left(\frac{\mathrm{d}y}{\mathrm{d}t}\right)^2}\,\mathrm{d}t$$

〇問 8.2 $a > 0$ とする．次の曲線の長さを求めよ．
 (1) サイクロイド $x = a(t - \sin t),\ y = a(1 - \cos t)$ $(0 \leqq t \leqq 2\pi)$
 (2) アステロイド $x = a\cos^3 t,\ y = a\sin^3 t$ $\left(0 \leqq x \leqq \dfrac{\pi}{2}\right)$

定理 8.3 関数 $\varphi(\theta)$ は $[\alpha, \beta]$ を含む開区間で C^1 級かつ $\varphi(\theta) \geqq 0$ とする．このとき，曲線 $r = \varphi(\theta),\ \theta \in [\alpha, \beta],$ の長さ l は，次の式で与えられる（図 8.3）．

$$l = \int_\alpha^\beta \sqrt{\varphi(\theta)^2 + \varphi'(\theta)^2}\,\mathrm{d}\theta = \int_\alpha^\beta \sqrt{r^2 + \left(\frac{\mathrm{d}r}{\mathrm{d}\theta}\right)^2}\,\mathrm{d}\theta$$

証明 この曲線はパラメータ表示 $x = \varphi(\theta)\cos\theta,\ y = \varphi(\theta)\sin\theta,\ \alpha \leqq \theta \leqq \beta,$ で与えられる．

$$\left(\frac{\mathrm{d}x}{\mathrm{d}\theta}\right)^2 + \left(\frac{\mathrm{d}y}{\mathrm{d}\theta}\right)^2 = (\varphi'(\theta)\cos\theta - \varphi(\theta)\sin\theta)^2 + (\varphi'(\theta)\sin\theta + \varphi(\theta)\cos\theta)^2$$
$$= \varphi'(\theta)^2(\cos^2\theta + \sin^2\theta) + \varphi(\theta)^2(\sin^2\theta + \cos^2\theta)$$
$$= \varphi'(\theta)^2 + \varphi(\theta)^2$$

8.1 曲線の長さ

であるから，定理 8.2 より，

$$l = \int_\alpha^\beta \sqrt{\left(\frac{dx}{d\theta}\right)^2 + \left(\frac{dy}{d\theta}\right)^2} d\theta = \int_\alpha^\beta \sqrt{\varphi(\theta)^2 + \varphi'(\theta)^2} d\theta. \qquad \square$$

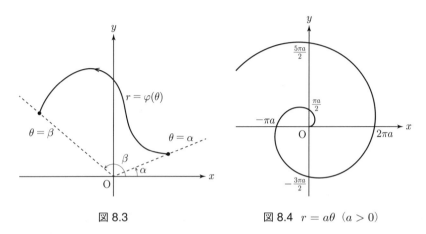

図 8.3

図 8.4 $r = a\theta \ (a > 0)$

例題 8.1 次の曲線の長さを求めよ．ただし，$a > 0$ である．
(1) $r = a\theta \quad (0 \leqq \theta \leqq 2\pi)$ 注2)
(2) カージオイド $r = a(1 + \cos\theta) \quad (0 \leqq \theta \leqq 2\pi)$

解 (1) 求める長さを l とすると，

$$l = \int_0^{2\pi} \sqrt{r^2 + \left(\frac{dr}{d\theta}\right)^2} d\theta = \int_0^{2\pi} \sqrt{(a\theta)^2 + a^2} d\theta = a \int_0^{2\pi} \sqrt{\theta^2 + 1} d\theta$$

$$= a \left[\frac{1}{2} \left(\theta\sqrt{\theta^2 + 1} + \log\left|\theta + \sqrt{\theta^2 + 1}\right| \right) \right]_0^{2\pi}$$

$$= a \left\{ \pi\sqrt{4\pi^2 + 1} + \frac{1}{2}\log\left(2\pi + \sqrt{4\pi^2 + 1}\right) \right\}.$$

(2) 求める長さを l とする．対称性に注意して，

$$l = 2\int_0^\pi \sqrt{r^2 + \left(\frac{dr}{d\theta}\right)^2} d\theta = 2\int_0^\pi \sqrt{\{a(1 + \cos\theta)\}^2 + (-a\sin\theta)^2} d\theta$$

注2) 曲線 $r = a\theta \ (a > 0)$ を**アルキメデスの渦巻線**という（図 8.4）．

$$= 2a \int_0^\pi \sqrt{2(1+\cos\theta)}\,\mathrm{d}\theta = 2a \int_0^\pi \sqrt{4\cos^2\frac{\theta}{2}}\,\mathrm{d}\theta = 4a \int_0^\pi \cos\frac{\theta}{2}\,\mathrm{d}\theta$$

$$= 4a \left[2\sin\frac{\theta}{2}\right]_0^\pi = 8a. \qquad \square$$

○問 **8.3** 次の曲線の長さを求めよ．ただし，$a > 0$ である．
(1) 円 $r = 2a\sin\theta$ $(0 \leqq \theta \leqq \pi)$ (2) $r = e^{a\theta}$ $(0 \leqq \theta \leqq 2\pi)$

8.2 面　積

平面 $\mathbb{R}^2$ 内の図形の**面積**を求めるために，次の定理が用いられる．

> **定理 8.4** 関数 $f(x)$, $g(x)$ は閉区間 $[a,b]$ で連続であり，かつ $f(x) \geqq g(x)$ とする．このとき，2曲線 $y = f(x)$, $y = g(x)$, 2直線 $x = a$, $x = b$ によって囲まれた図形（図 8.5），すなわち，集合 $\{(x,y) \mid x \in [a,b],\ g(x) \leqq y \leqq f(x)\}$ の面積 S は，次の式で与えられる．
>
> $$S = \int_a^b (f(x) - g(x))\,\mathrm{d}x$$

証明　$K = \{(x,y) \mid x \in [a,b],\ g(x) \leqq y \leqq f(x)\}$ とおく．定理 7.4 (1) を用いて，

$$S = \iint_K \mathrm{d}x\,\mathrm{d}y = \int_a^b \left(\int_{g(x)}^{f(x)} \mathrm{d}y\right)\mathrm{d}x = \int_a^b (f(x) - g(x))\,\mathrm{d}x. \qquad \square$$

> **例題 8.2** 次の曲線・直線で囲まれた図形の面積を求めよ．ただし，$a, b > 0$ である．
> (1) 楕円 $\dfrac{x^2}{a^2} + \dfrac{y^2}{b^2} = 1$ （図 8.6）
> (2) アステロイド $x = a\cos^3 t$, $y = a\sin^3 t$ $\left(0 \leq t \leq \dfrac{\pi}{2}\right)$, x 軸, y 軸 （図 8.7）

解　(1) $\dfrac{x^2}{a^2} + \dfrac{y^2}{b^2} = 1$ より $y = \pm \dfrac{b}{a}\sqrt{a^2 - x^2}$ を得て，

$$y = \frac{b}{a}\sqrt{a^2 - x^2}, \quad y = -\frac{b}{a}\sqrt{a^2 - x^2}$$

8.2 面　積

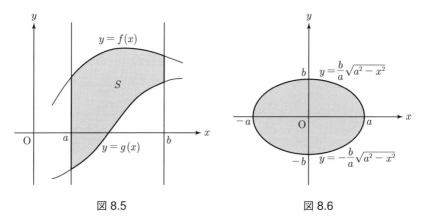

図 8.5　　　　　　　　　図 8.6

はそれぞれ楕円の上半分，下半分である．求める面積を S とすると，

$$S = \int_{-a}^{a} \left\{ \frac{b}{a}\sqrt{a^2 - x^2} - \left(-\frac{b}{a}\sqrt{a^2 - x^2}\right) \right\} dx$$
$$= \frac{2b}{a} \int_{-a}^{a} \sqrt{a^2 - x^2}\, dx.$$

ここで $\sqrt{a^2 - x^2}$ は偶関数なので，定理 3.20 より，

$$S = \frac{4b}{a} \int_0^a \sqrt{a^2 - x^2}\, dx = \frac{4b}{a} \left[\frac{1}{2}\left(x\sqrt{a^2 - x^2} + a^2 \sin^{-1}\frac{x}{a} \right) \right]_0^a$$
$$= \frac{2b}{a} \cdot a^2 \sin^{-1} 1 = \pi ab.$$

(2) $t = 0$ のとき $x = a$，$t = \dfrac{\pi}{2}$ のとき $x = 0$，$dx = -3a\cos^2 t \sin t\, dt$ なので，求める面積を S とすると，

$$S = \int_0^a y\, dx$$
$$= \int_{\frac{\pi}{2}}^0 a\sin^3 t \cdot (-3a\cos^2 t \sin t)\, dt = 3a^2 \int_0^{\frac{\pi}{2}} \sin^4 t \cos^2 t\, dt$$
$$= 3a^2 \int_0^{\frac{\pi}{2}} \sin^4 t\, (1 - \sin^2 t)\, dt = 3a^2 \left(\int_0^{\frac{\pi}{2}} \sin^4 t\, dt - \int_0^{\frac{\pi}{2}} \sin^6 t\, dt \right)$$
$$= 3a^2 \left(\frac{3}{4} \cdot \frac{1}{2} \cdot \frac{\pi}{2} - \frac{5}{6} \cdot \frac{3}{4} \cdot \frac{1}{2} \cdot \frac{\pi}{2} \right) = \frac{3}{32} \pi a^2. \qquad \square$$

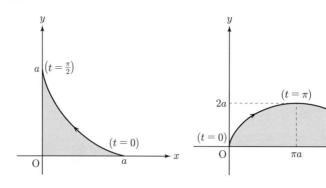

図 8.7 アステロイド　　　図 8.8 サイクロイド

○問 **8.4** 次の曲線・直線で囲まれた図形の面積を求めよ．ただし，$a > 0$ である．
(1) 曲線 $y = \dfrac{1}{1+x^2}$，x 軸，y 軸，直線 $x = 1$
(2) 曲線 $y = x^3 - 2x^2 + x$，x 軸
(3) 曲線 $y = x^2$，曲線 $y^2 = x$
(4) サイクロイド $x = a(t - \sin t)$，$y = a(1 - \cos t)$ $(0 \leqq t \leqq 2\pi)$，x 軸（図 8.8）

定理 8.5 $0 < \beta - \alpha \leqq 2\pi$ とし，関数 $\varphi(\theta)$ は閉区間 $[\alpha, \beta]$ で連続であり，かつ $\varphi(\theta) \geqq 0$ とする．このとき，曲線 $r = \varphi(\theta)$ と半直線 $\theta = \alpha$，$\theta = \beta$ で囲まれた図形の面積 S は，次の式で与えられる．

$$S = \frac{1}{2}\int_\alpha^\beta \varphi(\theta)^2 \, d\theta = \frac{1}{2}\int_\alpha^\beta r^2 \, d\theta$$

証明 曲線 $r = \varphi(\theta)$ と半直線 $\theta = \alpha$，$\theta = \beta$ で囲まれた図形を K とする．問 7.11（§7.4）より，

$$\begin{aligned}
S &= \iint_K dx\, dy \\
&= \int_\alpha^\beta \left(\int_0^{\varphi(\theta)} r\, dr \right) d\theta = \int_\alpha^\beta \left[\frac{1}{2} r^2 \right]_{r=0}^{r=\varphi(\theta)} d\theta \\
&= \int_\alpha^\beta \frac{1}{2} \varphi(\theta)^2 \, d\theta = \frac{1}{2} \int_\alpha^\beta \varphi(\theta)^2 \, d\theta. \qquad \square
\end{aligned}$$

例題 8.3　次の曲線によって囲まれた図形の面積を求めよ．ただし，$a > 0$ である．
(1) $r = a \sin 2\theta \quad \left(0 \leqq \theta \leqq \dfrac{\pi}{2}\right)$
(2) カージオイド $r = a(1 + \cos\theta) \quad (0 \leqq \theta \leqq 2\pi)$

解　(1) 求める面積を S とすると，
$$S = \frac{1}{2}\int_0^{\frac{\pi}{2}} r^2\,d\theta = \frac{1}{2}\int_0^{\frac{\pi}{2}} a^2 \sin^2 2\theta\,d\theta = \frac{a^2}{2}\int_0^{\frac{\pi}{2}} \frac{1 - \cos 4\theta}{2}\,d\theta$$
$$= \frac{a^2}{4}\left[\theta - \frac{1}{4}\sin 4\theta\right]_0^{\frac{\pi}{2}} = \frac{a^2}{4}\cdot\frac{\pi}{2} = \frac{1}{8}\pi a^2.$$

(2) 求める面積を S とする．対称性に注意して，
$$S = 2\cdot\frac{1}{2}\int_0^{\pi} r^2\,d\theta = \int_0^{\pi}\{a(1+\cos\theta)\}^2\,d\theta = a^2\int_0^{\pi}\left(2\cos^2\frac{\theta}{2}\right)^2 d\theta$$
$$= 4a^2\int_0^{\pi}\cos^4\frac{\theta}{2}\,d\theta.$$
$t = \dfrac{\theta}{2}$ とおいて，$S = 8a^2\displaystyle\int_0^{\frac{\pi}{2}}\cos^4 t\,dt = 8a^2\cdot\dfrac{3}{4}\cdot\dfrac{1}{2}\cdot\dfrac{\pi}{2} = \dfrac{3}{2}\pi a^2.$　□

〇問 8.5　次の曲線・半直線で囲まれた図形の面積を求めよ．ただし，$a > 0$ である．
(1) $r = \theta,\ \theta = \dfrac{\pi}{2},\ \theta = \pi$　　　(2) $r = e^\theta,\ \theta = 0,\ \theta = \dfrac{\pi}{2}$
(3) $r = 2a\cos\theta$　　　(4) $r^2 = a^2\cos 2\theta$

8.3　体　　積

空間 $\mathbb{R}^3$ 内の図形の**体積**を求めるために，次の定理が用いられる．

定理 8.6　K を平面 $\mathbb{R}^2$ 内の面積確定の有界集合とし，関数 $f(x,y),\ g(x,y)$ は K で連続，有界，かつ $f(x,y) \geqq g(x,y)$ とする．このとき，図形
$$F = \{(x,y,z) \mid (x,y) \in K,\ g(x,y) \leqq z \leqq f(x,y)\}$$
の体積 V は，次の式で与えられる．
$$V = \iint_K (f(x,y) - g(x,y))\,dx\,dy$$

例題 8.4 次の曲面・平面で囲まれた図形の体積を求めよ．ただし，$a > 0$ である．

(1) 曲面 $z = 1 - x^2$，平面 $y = 1$，zx 平面，xy 平面　　（図 8.9）
(2) 円柱 $x^2 + y^2 = a^2$，平面 $x + z = a$，xy 平面　　（図 8.10）

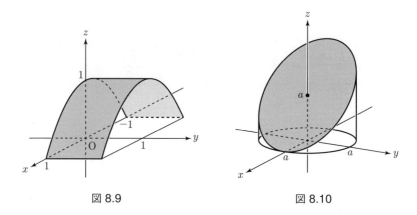

図 8.9　　　　　　　　図 8.10

解 (1) 求める体積を V とすると，

$$V = \int_{-1}^{1} \left\{ \int_{0}^{1} (1 - x^2) \, dy \right\} dx = \int_{-1}^{1} (1 - x^2) \, dx = 2 \left[x - \frac{x^3}{3} \right]_{0}^{1} = \frac{4}{3}.$$

(2) 求める体積を V とすると，$V = \iint_K (a - x) \, dx \, dy$．ただし，

$$K = \{(x, y) \mid x^2 + y^2 \leqq a^2\}$$
$$= \left\{ (x, y) \mid -a \leqq x \leqq a, \ -\sqrt{a^2 - x^2} \leqq y \leqq \sqrt{a^2 - x^2} \right\}.$$

ゆえに，

$$V = \int_{-a}^{a} \left\{ \int_{-\sqrt{a^2-x^2}}^{\sqrt{a^2-x^2}} (a - x) \, dy \right\} dx = \int_{-a}^{a} 2(a - x) \sqrt{a^2 - x^2} \, dx$$
$$= \int_{-a}^{a} \left(2a\sqrt{a^2 - x^2} - 2x\sqrt{a^2 - x^2} \right) dx$$
$$= 4a \int_{0}^{a} \sqrt{a^2 - x^2} \, dx = 4a \cdot \frac{\pi a^2}{4} = \pi a^3. \qquad \square$$

8.3 体積

○問 **8.6** 次の曲面・平面で囲まれた図形の体積を求めよ．ただし，$a, b, c > 0$ である．

(1) 回転放物面 $z = x^2 + y^2$, 平面 $x + y = 1$, xy 平面, yz 平面, zx 平面
(2) 平面 $\dfrac{x}{a} + \dfrac{y}{b} + \dfrac{z}{c} = 1$, xy 平面, yz 平面, zx 平面
(3) 円柱 $x^2 + y^2 = a^2$, 円柱 $y^2 + z^2 = a^2$
(4) 楕円面 $\dfrac{x^2}{a^2} + \dfrac{y^2}{b^2} + \dfrac{z^2}{c^2} = 1$

例題 8.5 次の曲面・平面で囲まれた図形の体積を求めよ．ただし，$a > 0$ である．

(1) 回転放物面 $z = a^2 - x^2 - y^2$, xy 平面
(2) 球 $x^2 + y^2 + z^2 = a^2$, 円柱 $x^2 + y^2 = ax$

解 (1) 求める体積を V とすると，

$$V = \iint_K (a^2 - x^2 - y^2)\, dx\, dy, \quad K = \{(x, y) \mid x^2 + y^2 \leqq a^2\}.$$

極座標変換 $x = r\cos\theta,\ y = r\sin\theta$ による集合

$$L = \{(r, \theta) \mid 0 \leqq r \leqq a,\ 0 \leqq \theta \leqq 2\pi\}$$

の像が K であるから，

$$\begin{aligned}
V &= \iint_L (a^2 - r^2)\, r\, dr\, d\theta = \int_0^a \left\{ \int_0^{2\pi} (a^2 - r^2)\, r\, d\theta \right\} dr \\
&= \int_0^a 2\pi (a^2 - r^2)\, r\, dr = 2\pi \left[\frac{1}{2} a^2 r^2 - \frac{1}{4} r^4 \right]_0^a \\
&= 2\pi \left(\frac{1}{2} a^4 - \frac{1}{4} a^4 \right) = \frac{1}{2} \pi a^4.
\end{aligned}$$

(2) $x^2 + y^2 + z^2 = a^2$ より $z = \pm\sqrt{a^2 - x^2 - y^2}$ であるから，求める体積を V とすると，

$$\begin{aligned}
V &= \iint_K \left\{ \sqrt{a^2 - x^2 - y^2} - \left(-\sqrt{a^2 - x^2 - y^2} \right) \right\} dx\, dy \\
&= 2 \iint_K \sqrt{a^2 - x^2 - y^2}\, dx\, dy.
\end{aligned}$$

ただし，$K = \{(x, y) \mid x^2 + y^2 \leqq ax\}$ であり，極座標変換 $x = r\cos\theta$, $y = r\sin\theta$ による集合 $L = \left\{ (r, \theta) \in \mathbb{R}^2 \mid 0 \leqq r \leqq a\cos\theta,\ -\dfrac{\pi}{2} \leqq \theta \leqq \dfrac{\pi}{2} \right\}$

の像が K である（問 6.15 参照）．

$$V = 2\iint_L \sqrt{a^2 - r^2}\, r\, \mathrm{d}r\, \mathrm{d}\theta = 2\int_{-\frac{\pi}{2}}^{\frac{\pi}{2}} \left(\int_0^{a\cos\theta} \sqrt{a^2 - r^2}\, r\, \mathrm{d}r\right) \mathrm{d}\theta$$

$$= 2\int_{-\frac{\pi}{2}}^{\frac{\pi}{2}} \left[-\frac{1}{3}\left(a^2 - r^2\right)^{\frac{3}{2}}\right]_{r=0}^{r=a\cos\theta} \mathrm{d}\theta = -\frac{2}{3}\int_{-\frac{\pi}{2}}^{\frac{\pi}{2}} \left(a^3 |\sin\theta|^3 - a^3\right) \mathrm{d}\theta$$

$$= \frac{4}{3}a^3 \int_0^{\frac{\pi}{2}} \left(1 - \sin^3\theta\right) \mathrm{d}\theta = \frac{4}{3}a^3 \left(\frac{\pi}{2} - \frac{2}{3}\right) = \frac{2}{9}(3\pi - 4)a^3. \qquad \square$$

定理 8.7 $f(x)$ を閉区間 $[a,b]$ で連続な関数とする．xy 平面上の曲線 $y = f(x)$，直線 $x = a$，$y = b$ と x 軸で囲まれた図形を x 軸のまわりに回転してできる回転体の体積 V は，次の式で与えられる（図 8.11）．

$$V = \pi \int_a^b f(x)^2\, \mathrm{d}x = \pi \int_a^b y^2\, \mathrm{d}x$$

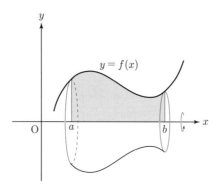

図 8.11

証明 必要ならば $|f(x)|$ を改めて $f(x)$ とおくことにより，$[a,b]$ でつねに $f(x) \geqq 0$ としてよい．回転面の方程式は，空間 $\mathbb{R}^3$ において，$y^2 + z^2 = f(x)^2$ であり，これから $z = \pm\sqrt{f(x)^2 - y^2}$ を得る．そこで，

$$K = \left\{(x,y) \mid a \leqq x \leqq b,\ -f(x) \leqq y \leqq f(x)\right\}$$

とおくとき，定理 8.6 より，

$$V = \iint_K \left\{\sqrt{f(x)^2 - y^2} - \left(-\sqrt{f(x)^2 - y^2}\right)\right\} \mathrm{d}x\, \mathrm{d}y$$

8.3 体　積

$$= 2\int_a^b \left(\int_{-f(x)}^{f(x)} \sqrt{f(x)^2 - y^2}\,dy\right) dx.$$

ここで，$\int_{-f(x)}^{f(x)} \sqrt{f(x)^2 - y^2}\,dy$ が yz 平面上の半径 $f(x)$ の半円の面積であることに注意して，

$$V = 2\int_a^b \frac{1}{2}\pi f(x)^2\,dx = \pi \int_a^b f(x)^2\,dx. \qquad \square$$

例題 8.6 xy 平面上の次の曲線を x 軸のまわりに回転して得られる曲面の内部の体積を求めよ．ただし，a, b は定数である．
(1) 円 $x^2 + (y-b)^2 = a^2 \quad (0 < a < b)$
(2) サイクロイド
$\quad x = a(t - \sin t),\ y = a(1 - \cos t) \quad (0 \leqq t \leqq 2\pi,\ a > 0)$

解 (1) $x^2 + (y-b)^2 = a^2$ より，$y = b \pm \sqrt{a^2 - x^2}$．上半円 $y = b + \sqrt{a^2 - x^2}$，2 直線 $x = \pm a$，x 軸で囲まれた図形，下半円 $y = b - \sqrt{a^2 - x^2}$，2 直線 $x = \pm a$，x 軸で囲まれた図形を x 軸のまわりに回転して得られる回転体の体積をそれぞれ V_1, V_2 とし，求める体積を V とすると，

$$V_1 = \pi \int_{-a}^{a} \left(b + \sqrt{a^2 - x^2}\right)^2 dx, \quad V_2 = \pi \int_{-a}^{a} \left(b - \sqrt{a^2 - x^2}\right)^2 dx.$$

よって，

$$V = V_1 - V_2 = \pi \int_{-a}^{a} \left\{\left(b + \sqrt{a^2 - x^2}\right)^2 - \left(b - \sqrt{a^2 - x^2}\right)^2\right\} dx$$

$$= 4\pi b \int_{-a}^{a} \sqrt{a^2 - x^2}\,dx = 4\pi b \cdot \frac{1}{2}\pi a^2 = 2\pi^2 a^2 b.$$

(2) 求める体積を V とする．

$$V = 2\pi \int_0^{\pi a} y^2\,dx, \quad dx = a(1 - \cos t)\,dt, \quad \begin{array}{c|cc} x & 0 & \pi a \\ \hline t & 0 & \pi \end{array}.$$

よって，

$$V = 2\pi \int_0^{\pi} \left\{a(1-\cos t)^2\right\} \cdot a(1-\cos t)\,dt = 2\pi a^3 \int_0^{\pi} (1 - \cos t)^3\,dt$$

$$= 2\pi a^3 \int_0^\pi \left(2\sin^2 \frac{t}{2}\right)^3 dt = 16\pi a^3 \int_0^\pi \sin^6 \frac{t}{2} dt.$$

$\frac{t}{2} = \theta$ とおくと，$dt = 2 d\theta$,

t	0	π
θ	0	$\frac{\pi}{2}$

. よって，

$$V = 16\pi a^3 \int_0^{\frac{\pi}{2}} \sin^6 \theta \cdot 2 \, dt$$

$$= 32\pi a^3 \int_0^{\frac{\pi}{2}} \sin^6 \theta \, dt = 32\pi a^3 \cdot \frac{5}{6} \cdot \frac{3}{4} \cdot \frac{1}{2} \cdot \frac{\pi}{2} = 5\pi^2 a^3. \qquad \square$$

○問 **8.7** 例題 8.6 (1) の円を x 軸のまわりに回転して得られる曲面は**トーラス**（円環面）とよばれる．この曲面の方程式を求めよ．

○問 **8.8** $a > 0$, $h > 0$ とする．xy 平面上の 3 点 $(0,0)$, $(h,0)$, (h,a) を頂点とする三角形を x 軸のまわりに回転して得られる直円錐の体積を求めよ．

○問 **8.9** xy 平面上の次の曲線または直線で囲まれた図形を x 軸のまわりに回転して得られる回転体の体積を求めよ．ただし，$a > 0$ である．

(1) 曲線 $y = \sin x$ $(0 \leqq x \leqq \pi)$, x 軸
(2) 曲線 $y = x^2$, 曲線 $y^2 = x$
(3) 曲線 $y = \cosh x$, 2 直線 $x = \pm a$, x 軸
(4) アステロイド $x = a\cos^3 t$, $y = a\sin^3 t$ $\left(0 \leqq t \leqq \frac{\pi}{2}\right)$, x 軸, y 軸

演習問題 [A]

8.1 次の曲線の長さを求めよ．

$$\sqrt{x} + \sqrt{y} = 1$$

8.2 レムニスケート $r^2 = a^2 \cos 2\theta$ $(0 \leqq \theta \leqq 2\pi)$ の長さを l とするとき，次の式を証明せよ．ただし，$a > 0$ である．

$$l = 4a \int_0^1 \frac{dt}{\sqrt{1 - t^4}}$$

8.3 直角双曲線 $x^2 - y^2 = 1$ 上に点 P をとり，P が第 1 象限にある場合を考える（図 8.12）．線分 OP, x 軸，およびこの双曲線で囲まれた図形の面積を $\frac{t}{2}$ とおくとき，P の座標が $(\cosh t, \sinh t)$ であることを証明せよ．

演習問題 [A]

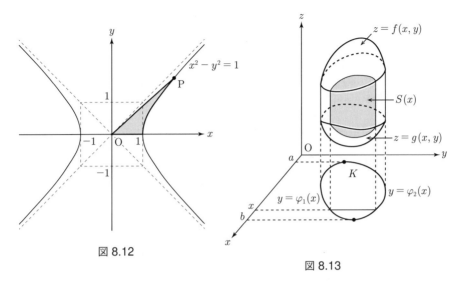

図 8.12

図 8.13

8.4 曲線 $y = \dfrac{1}{4}(x+1)(x-1)^2$ と，この曲線上の点 $(-1, 0)$ における接線で囲まれた図形の面積を求めよ．

8.5 次の曲面・平面で囲まれた図形の体積を求めよ．ただし，$a, b, c > 0$ である．
(1) 曲面 $z = \sqrt{x^2 + y^2}$，円柱 $x^2 + y^2 = ax$，平面 $z = a$
(2) 曲面 $\dfrac{x^2}{a^2} + \dfrac{y^2}{b^2} + \dfrac{z^4}{c^4} = 1$

8.6 次の曲線または直線で囲まれた図形を x 軸のまわりに回転して得られる回転体の体積を求めよ．ただし，$a > 0$ である．
(1) 曲線 $y = \log x$，x 軸，y 軸，直線 $y = 1$
(2) レムニスケート $r^2 = a^2 \cos 2\theta \quad (a > 0)$

8.7 K が定理 7.4 (1) の形の集合であるとき，定理 8.6 の集合 F の体積 V が次の式で与えられることを確かめよ（図 8.13）．ただし，$S(x)$ は，点 $(x, 0, 0)$ を通り，yz 平面に平行な平面で F を切った切り口の面積である．

$$V = \int_a^b S(x)\,dx \quad \text{注 3)}$$

8.8 C^1 級の関数 $f(x, y)$ について，曲面 $z = f(x, y)$ の $(x, y) \in K$ の部分の**面積**（**曲面積**）S は，次の 2 重積分（または広義積分）で与えられることが知られている．

注 3) この公式を**カバリエリの定理**という．

$$S = \iint_K \sqrt{f_x(x,y)^2 + f_y(x,y)^2 + 1}\, dx\, dy$$

この公式を用いて，次の曲面の面積を求めよ．

(1) 平面 $x + \dfrac{y}{2} + \dfrac{z}{3} = 1$ の $x \geqq 0,\ y \geqq 0,\ z \geqq 0$ の部分

(2) 上半球 $z = \sqrt{a^2 - x^2 - y^2}\quad (a > 0)$

(3) 曲面 $z = \sqrt{x^2 + y^2}$ の $x^2 + y^2 \leqq 2y$ の部分

(4) 曲面 $z = x^2 + y^2$ の $z \leqq 1$ の部分

8.9 関数 $f(x)$ は C^1 級であり，$a \leqq x \leqq b$ のとき $f(x) \geqq 0$ とする．演 8.8 の公式を用いて，xy 平面上の曲線 $y = f(x)\ (a \leqq x \leqq b)$ を x 軸のまわりに回転してできる回転面の面積 S が，次の式で与えられることを証明せよ．

$$S = 2\pi \int_a^b f(x)\sqrt{1 + f'(x)^2}\, dx$$

8.10 演 8.9 の公式を用いて，xy 平面上の次の曲線を x 軸のまわりに回転してできる回転面の面積を求めよ．ただし，$a > 0$ である．

(1) 曲線 $y = \cosh x \quad (-a \leqq x \leqq a)$

(2) アステロイド $x = a\cos^3 t,\ y = a\sin^3 t$

演習問題 [B]

8.11 次の曲線：$x = e^t \cos t,\ y = e^t \sin t\ \left(0 \leqq t \leqq \dfrac{\pi}{2}\right)$ の長さを求めよ．

(2009 年 東北大学大学院)

8.12 原点を中心とする半径 a の円 O 上の点 Q の座標を $(a\cos\theta, a\sin\theta)$ とする．ただし，θ は実変数とする．円 O に時計まわりに巻き付けた糸を，点 $A(a, 0)$ から糸が緩まないように引っ張りつつ反時計まわりにほぐしていく．このとき糸の端点 P の軌跡を曲線 C とする（この曲線をインボリュートという）．

(1) 点 P の座標 (x, y) を θ を用いて表せ．

(2) 曲線 C に沿った弧 AP の長さを求めよ．

(2013 年 大阪大学大学院)

8.13 $a > 0$ を定数とする．直交座標系 (x, y) において，方程式

$$\left(x^2 + y^2\right)\left(x^2 + y^2 - 2ax\right) - a^2 y^2 = 0$$

で定まる曲線が囲む領域の面積を求めよ．(2014 年 お茶の水女子大学編入学試験（改))

8.14 定義域が $0 \leqq x \leqq \dfrac{\pi}{2}$ である関数 $f(x) = x\sin x$ の逆関数を $g(x)$ とします．2 曲線 $y = f(x),\ y = g(x)$ で囲まれた図形の面積を求めなさい．

(2012 年 広島県教員採用試験)

演習問題 [B]

8.15 楕円体 $\dfrac{x^2}{a^2} + \dfrac{y^2}{3a^2} + \dfrac{z^2}{3a^2} = 1$ $(a > 0)$ の体積を求めよ．

(2007 年 東北大学大学院)

8.16 極座標表示された閉曲線 $r = 1 + \cos\theta$ $(0 \leqq \theta \leqq 2\pi)$ が囲む領域の面積と曲線の全長を求めなさい．

(2001 年 九州大学大学院)

8.17 実数 x, y, t に対して xy 平面上の曲線 C を
$$x = a(t - \sin t), \quad y = a(1 - \cos t) \quad (a > 0,\ 0 \leq t \leq 2\pi)$$
とする．
  (1) 曲線 C の長さを求めよ．
  (2) 曲線 C と x 軸に囲まれる部分の面積を求めよ．
  (3) 曲線 C を x 軸のまわりに回転してできる回転体の体積を求めよ．

(2015 年 大阪大学大学院)

8.18 座標空間に 2 点 A(1,0,1)，B(0,1,0) があります．線分 AB を z 軸のまわりに 1 回転してできる曲面と平面 $z = 0$，$z = 1$ とで囲まれた立体の体積を求めなさい．

(2013 年 広島県教員採用試験)

8.19 $\mathbb{R}^3$ の部分集合
$$D = \left\{(x, y, z) \in \mathbb{R}^3 \mid x^2 + y^2 + z^2 \leq 4,\ (x-1)^2 + y^2 \leq 1\right\}$$
の体積を求めよ．

(2005 年 九州大学大学院)

8.20 2 つの放物柱面 $z = 1 - x^2$，$x = 1 - y^2$ と平面 $z = 0$ によって囲まれる立体の $x \geqq 0$, $y \geqq 0$, $z \geqq 0$ の部分の体積を求めよ．

(2008 年 新潟県教員採用試験)

8.21 xyz 空間の 2 つの曲面 $z = x^2 + y^2$ と $z = 6 - \sqrt{x^2 + y^2}$ で囲まれた部分の体積 V を求めなさい．

(2015 年 東京農工大大学院)

8.22 円板 $D = \left\{(x, y) \in \mathbb{R}^2\,;\, x^2 + y^2 \leq 1\right\}$ および十分滑らかな 2 変数関数 $f(x, y)$ をもちいて $E = \left\{(x, y, z) \in \mathbb{R}^3\,;\, z = f(x, y),\ (x, y) \in D\right\}$ と定義される曲面の面積 S は 2 重積分
$$S = \iint_D \sqrt{1 + \left(\frac{\partial f}{\partial x}\right)^2 + \left(\frac{\partial f}{\partial y}\right)^2}\, dx\, dy$$
であたえられることが知られている．
  (1) $g(r, \theta) = f(r\cos\theta, r\sin\theta)$ と極座標表示したとき，
$$S = \int_0^{2\pi} d\theta \int_0^1 dr\, \sqrt{r^2 + r^2\left(\frac{\partial g}{\partial r}\right)^2 + \left(\frac{\partial g}{\partial \theta}\right)^2}$$
となることを示しなさい．

(2) $g(r,\theta) = r + \sqrt{2}\theta$ であるときの面積 S を求めなさい． (2007 年 九州大学大学院)

8.23 カージオイド（心臓形）は極座標 $r = 1 + \cos\theta$ で与えられる．これを x 軸の周りに回転させたときにできる立体の表面積 A を求めよ．

(2006 年 東京大学大学院（改）)

8.24 直交座標系 xyz において，式 ① で定義される領域 A，式 ② で定義される領域 B，式 ③ で定義される領域 C について，以下の問いに答えよ．ただし $r > 0$ とする．

$$x^2 + y^2 \leqq r^2 \quad \cdots ①, \quad y^2 + z^2 \leqq r^2 \quad \cdots ②, \quad z^2 + x^2 \leqq r^2 \quad \cdots ③$$

(1) 領域 A と領域 B の交差する領域を D とする．領域 D の体積と表面積を求めよ．

(2) 領域 A，領域 B，および領域 C の交差する領域を E とする．領域 E の体積と表面積を求めよ． (2011 年 東京大学大学院（改）)

略解およびヒント

第 1 章

問 1.1 (1), (2) は $x \geqq 0$, $x < 0$ の 2 つの場合に分けて調べよ.

問 1.2 (1) 問 1.1 を用いて, $(|x|+|y|)^2 - |x+y|^2 = 2(|xy|-xy) \geqq 0$ を示せ.
(2) (1) で $x = x_1 - x_2$, $y = x_2 - x_3$ とおけ.

問 1.3 (1) $(f \circ g)(x) = 2 - \sqrt{1-x^2}$, 定義域は $[-1,1]$. (2) $(g \circ f)(x) = \sqrt{-3+4x-x^2}$, 定義域は $[1,3]$. [(2) 不等式 $-1 \leqq 2-x \leqq 1$ を解いて $1 \leqq x \leqq 3$.]

問 1.4 (1) 定義域 $x \neq 0$, 値域 $y \neq -1$, 逆関数 $x = \dfrac{1}{y+1}$. (2) 定義域 $x \neq -3$, 値域 $y \neq 1$, 逆関数 $x = \dfrac{-3y-1}{y-1}$.

問 1.5 (1) $x = \dfrac{y-b}{a}$. (2) $x = 1 - \sqrt{1+y}$ ($y \geqq -1$).

問 1.6 $f(x)$ が単調増加の場合. $x_1, x_2 \in I$, $x_1 \neq x_2$, とする. $x_1 < x_2$ のとき $f(x_1) < f(x_2)$, $x_1 > x_2$ のとき $f(x_1) > f(x_2)$. ゆえに, $f(x_1) \neq f(x_2)$ を得て, f は単射である. $f(x)$ が単調減少のときも同様.

問 1.7 $\lim\limits_{x \to a}(Af(x) + Bg(x)) = \lim\limits_{x \to a} Af(x) + \lim\limits_{x \to a} Bg(x)$
$= A \lim\limits_{x \to a} f(x) + B \lim\limits_{x \to a} g(x) = A\alpha + B\beta$.

問 1.8 (1) 2. (2) $\dfrac{5}{3}$. (3) $\dfrac{1}{3}$. (4) $-\dfrac{1}{9}$.

問 1.9 $\lim\limits_{x \to 0} \dfrac{2}{x^2} = +\infty$, $\lim\limits_{x \to 0} \dfrac{1}{x^2} = +\infty$, $\lim\limits_{x \to 0}\left(\dfrac{2}{x^2} - \dfrac{1}{x^2}\right) = \lim\limits_{x \to 0} \dfrac{1}{x^2} = +\infty \neq 0$.

問 1.10 $\lim\limits_{x \to 0} x^2 = 0$, $\lim\limits_{x \to 0} \dfrac{1}{x^2} = +\infty$, $\lim\limits_{x \to 0} x^2 \cdot \dfrac{1}{x^2} = \lim\limits_{x \to 0} 1 = 1 \neq 0$.

問 1.11 $f(x) = 2x^3 + 3x^2 + 6x + 2$ とおくと, $f(-1) = -3 < 0$, $f(0) = 2 > 0$ なので, 中間値の定理より $f(x) = 0$ なる $x \in (-1, 0)$ が存在する.

問 1.12 $f(x)$ が単調増加の場合. 任意の $x \in [a,b]$ に対して, $f(a) \leqq f(x) \leqq f(b)$ なので, $f(x) \in [f(a), f(b)]$. 次に, 任意の $k \in [f(a), f(b)]$ に対して, 中間値の定理より, $f(x) = k$ なる $x \in [a,b]$ が存在する. よって, f による $[a,b]$ の像は $[f(a), f(b)]$ である. $f(x)$ が単調減少のときも同様.

問 **1.13** (1) $\log_{10} 3$. (2) $\dfrac{1}{2\sqrt{3}}$. (3) 0. (4) -6.

問 **1.14** $\dfrac{1}{4}$. $[\lim_{x \to 0} f(x) = \dfrac{1}{2\sqrt{a}} = 1.]$

問 **1.15** 加法定理などを用いる.

問 **1.16** いずれも加法定理を用いて右辺から左辺を導く.

問 **1.17** (1) 1. (2) $\dfrac{1}{2}$. (3) 1. (4) 2. [(2) 分母・分子に $1 + \cos x$ を掛けよ.]

問 **1.18** (1) $\dfrac{\pi}{6}$. (2) $-\dfrac{\pi}{4}$. (3) $\dfrac{\pi}{3}$. (4) $\dfrac{3\pi}{4}$.

問 **1.19** (1) $y = \sin^{-1} x$ とおくと, $\sin y = x$, $-\dfrac{\pi}{2} \leqq y \leqq \dfrac{\pi}{2}$ である. $x = \sin y = \cos\left(\dfrac{\pi}{2} - y\right)$ と $0 \leqq \dfrac{\pi}{2} - y \leqq \pi$ より, $\cos^{-1} x = \dfrac{\pi}{2} - y$. ゆえに, $\sin^{-1} x + \cos^{-1} x = \dfrac{\pi}{2}$. (2), (3), (4) 略.

問 **1.20** (1) 1. (2) $\dfrac{\pi}{4}$. [(1) $y = \sin^{-1} x$ とおくと, $x \to 0$ のとき $y \to 0$ であり, $\dfrac{\sin^{-1} x}{x} = \dfrac{y}{\sin y} \to 1.$]

演習問題 [A]

1.1 (1) 任意の $x \in (a,b)$ をとる. $\delta = \min\{x-a, b-x\}$ とおくと, $\delta > 0$. $a = x-(x-a) \leqq x-\delta < x+\delta \leqq x+(b-x) = b$ なので, $(x-\delta, x+\delta) \subset (a,b)$. ゆえに, E は $\mathbb{R}$ の開集合である.

(2) $[a,b]$ の補集合を E とする. 任意の $x \in E$ をとるとき, $x < a$ または $x > b$. $x < a$ のとき $\delta = a-x$ とおくと, $\delta > 0$ であって, $(x-\delta, x+\delta) = (x-\delta, a) \subset (-\infty, a) \subset E$. $x > b$ のとき $\delta = x - b$ とおくと, $\delta > 0$ であって, $(x-\delta, x+\delta) = (b, x+\delta) \subset (b, +\infty) \subset E$. よって, E が $\mathbb{R}$ の開集合であることが示されたので, $[a,b]$ は $\mathbb{R}$ の閉集合である.

1.2 略.　　**1.3** $a = 1$.

1.4 (1) $(a,b) = (1,0), (-1, t)$ (t は任意). (2) $(a,b) = (4, -2), (-4, 2)$.

1.5 定義域は $A \geqq 0$ のとき $\mathbb{R}$, $A < 0$ のとき $(-\infty, -\sqrt{-A}] \cup [\sqrt{-A}, +\infty)$. $P = \{x \in \mathbb{R} \mid f(x) > 0\}$ とおくと, $A > 0$ のとき $P = \mathbb{R}$, $A = 0$ のとき $P = (0, +\infty)$, $A < 0$ のとき $P = [\sqrt{-A}, +\infty)$. [定義域は $x^2 + A \geqq 0$. $A > 0$ のとき $f(x) > x + \sqrt{x^2} = x + |x| \geqq 0$. $A < 0$ のときは $x \leqq -\sqrt{-A}$, $x \geqq \sqrt{-A}$ のそれぞれの場合に分けて調べよ.]

1.6 $(-\infty, -1) \cup (0, +\infty)$.

1.7 任意の $y \in \mathbb{R}$ をとる. x の 2 次方程式 $ax^2 + bx + c = y$ が実数解をもつための条件は $b^2 - 4a(c-y) \geqq 0$. すなわち, $a > 0$ のときは $y \geqq -\dfrac{b^2 - 4ac}{4a}$ であり, $a < 0$ のときは $y \leqq -\dfrac{b^2 - 4ac}{4a}$. ゆえに, 関数 f の値域は, $a > 0$ のときは

略解およびヒント

$\left[-\dfrac{b^2-4ac}{4a},+\infty\right)$ であり，$a<0$ のときは $\left(-\infty,-\dfrac{b^2-4ac}{4a}\right]$．$b^2-4a(c-y)>0$ なる y については，$ax^2+bx+c=y$ をみたす $x\in\mathbb{R}$ は 2 つあるので，f は単射でない．

1.8 $x_1<x_2$ ならば $x_2{}^3-x_1{}^3=(x_2-x_1)(x_2{}^2+x_1x_2+x_1{}^2)=$
$(x_2-x_1)\left\{\left(x_2+\dfrac{x_1}{2}\right)^2+\dfrac{3x_1{}^2}{4}\right\}>0$.

1.9 点 $\mathrm{P}(x,y)$ を x 軸方向に p，y 軸方向に q だけ平行移動して得られる点を $\mathrm{P}'(x',y')$ とする．$x'=x+p$, $y'=y+q$ より $x=x'-p$, $y=y'-q$．ゆえに，P が曲線 $y=f(x)$ 上にあるための条件は $y'-q=f(x'-p)$, すなわち，$y'=f(x'-p)+q$．これは P' が曲線 $y=f(x-p)+q$ 上にあることを意味する．

1.10 $\alpha=\tan^{-1}\sqrt{\dfrac{x-a}{b-x}}$ とおくと，$\cos 2\alpha=\dfrac{1-\tan^2\alpha}{1+\tan^2\alpha}=-\dfrac{2x-(a+b)}{b-a}$.
$0<2\alpha<\pi$ なので，$2\alpha=\cos^{-1}\left\{-\dfrac{2x-(a+b)}{b-a}\right\}=\pi-\cos^{-1}\dfrac{2x-(a+b)}{b-a}=$
$\pi-\left(\dfrac{\pi}{2}-\sin^{-1}\dfrac{2x-(a+b)}{b-a}\right)=\sin^{-1}\dfrac{2x-(a+b)}{b-a}+\dfrac{\pi}{2}$ （問 1.19 参照）．

1.11 (1) $\alpha=\tan^{-1}x$, $\beta=\tan^{-1}y$ とおくと，$\tan\alpha=x$, $\tan\beta=y$, $-\dfrac{\pi}{2}<\alpha<\dfrac{\pi}{2}$, $-\dfrac{\pi}{2}<\beta<\dfrac{\pi}{2}$. $\cos(\alpha+\beta)=\cos\alpha\cos\beta-\sin\alpha\sin\beta=\cos\alpha\cos\beta(1-\tan\alpha\tan\beta)=\cos\alpha\cos\beta(1-xy)>0$ と $-\pi<\alpha+\beta<\pi$ より，$-\dfrac{\pi}{2}<\alpha+\beta<\dfrac{\pi}{2}$. ゆえに，$\tan(\alpha+\beta)=\dfrac{\tan\alpha+\tan\beta}{1-\tan\alpha\tan\beta}=\dfrac{x+y}{1-xy}$ とあわせて，$\alpha+\beta=\tan^{-1}\dfrac{x+y}{1-xy}$. (2) $\dfrac{\pi}{4}+\tan^{-1}\dfrac{1}{239}=\tan^{-1}1+\tan^{-1}\dfrac{1}{239}=\tan^{-1}\dfrac{120}{119}$.
さらに，$\tan\left(4\tan^{-1}\dfrac{1}{5}\right)=\dfrac{120}{119}$ を示せ．

1.12 関数 $\sin x-(1-x)$ に中間値の定理を適用せよ．

1.13 関数 $f(x)-x$ に中間値の定理を適用せよ．

1.14 $f(x)=c_0x^n+c_1x^{n-1}+\cdots+c_{n-1}x+c_n$ とおく．$c_0>0$ のときを考える．$f(x)=x^n\left(c_0+\dfrac{c_1}{x}+\cdots+\dfrac{c_{n-1}}{x^{n-1}}+\dfrac{c_n}{x^n}\right)$, $\lim_{x\to+\infty}x^n=+\infty$,
$\lim_{x\to-\infty}\left(c_0+\dfrac{c_1}{x}+\cdots+\dfrac{c_{n-1}}{x^{n-1}}+\dfrac{c_n}{x^n}\right)=c_0>0$ であるから $\lim_{x\to+\infty}f(x)=+\infty$.
ゆえに，十分大きな $b>0$ をとれば $f(b)>0$. また，$\lim_{x\to-\infty}f(x)=-\infty$ なので，十分絶対値の大きな $a<0$ をとれば $f(a)<0$. 中間値の定理により，$f(c)=0$ なる $c\in(a,b)$ が存在する．$c_0<0$ のときも同様．

1.15 (1) -2. (2) 0. [(1) $x<0$ のとき $\dfrac{\sqrt{x^2+1}-x}{x}=-\sqrt{1+\dfrac{1}{x^2}}-1$.

(2) $\left|\dfrac{\sin x}{x}\right| \leq \dfrac{1}{x}$.]

1.16 (a) $\Rightarrow$ (b). 任意の $\varepsilon > 0$ をとる. $f(x)$ が $x = a$ で連続であることより, $\delta > 0$ が存在して, $|x - a| < \delta$ のとき $|f(x) - f(a)| < \varepsilon$. $\lim_{n \to \infty} x_n = a$ より, $N \in \mathbb{N}$ が存在して, $n \geqq N$ のとき $|x_n - a| < \delta$. よって, $n \geqq N$ のとき $|f(x_n) - f(a)| < \varepsilon$ を得て, $\lim_{n \to \infty} f(x_n) = f(a)$.
(b) $\Rightarrow$ (a). 仮に $f(x)$ が $x = a$ で連続でないとしよう. すると, ある $\varepsilon > 0$ について, 任意の $n \in \mathbb{N}$ に対し $|x_n - a| < \dfrac{1}{n}$ かつ $|f(x_n) - f(a)| \geqq \varepsilon$ をみたす x_n が存在するはずである. このとき, $\lim_{n \to 0} x_n = a$ であるが, $\lim_{n \to \infty} f(x_n) = f(a)$ ではないので, 仮定に反する.

1.17 関数 $f(x)$ は $[a, b]$ で連続であり, $f(a) \neq f(b)$ とする. $f(a) < f(b)$ の場合を考えれば十分である. 任意の $k \in (f(a), f(b))$ をとる. $A = (-\infty, a) \cup \{x \in [a,b] \mid a \leqq \xi \leqq x$ のとき $f(\xi) < k\}$ とおき, B を A の $\mathbb{R}$ における補集合とすると, $A \neq \emptyset$, $B \neq \emptyset$, $A \cup B = \mathbb{R}$, $A \cap B = \emptyset$. 任意の $x \in A$, $y \in B$ をとる. 仮に $x \geqq y$ としよう. $A \subset (-\infty, b]$ なので $x \leqq b$. また, $B \subset [a, +\infty)$ なので $y \geqq a$. ゆえに $a \leqq y \leqq x \leqq b$ を得る. $a \leqq \xi \leqq y$ とすると $a \leqq \xi \leqq x$ が成り立ち, $x \in A$ より $f(\xi) < k$. ゆえに $y \in A$ を得て矛盾. したがって, $x < y$ であり, 対 (A, B) がデデキントの切断であることが示された. 連続性公理より, $c \in \mathbb{R}$ が存在して, $A = (-\infty, c]$, $B = (c, +\infty)$ または $A = (-\infty, c)$, $B = [c, +\infty)$. $f(a) < k$ なので, 関数 $f(x)$ の $x = a$ における連続性から十分小さい $\delta_1 > 0$ をとれば $a \leqq \xi < a + \delta_1$ のとき $f(\xi) < k$. これから, $[a, a + \delta_1) \subset A$ であり, $a < c$ を得る. また, $f(b) > k$ なので, 同様に, 十分小さい $\delta_2 > 0$ をとれば $b - \delta_2 < \xi \leqq b$ のとき $f(\xi) > k$. これから, $(b - \delta_2, b] \subset B$ であり, $c < b$ を得る. ゆえに $c \in (a, b)$ である. 仮に $f(c) < k$ とする. 関数 $f(x)$ の $x = c$ における連続性から十分小さい $\delta_3 > 0$ をとれば $c - \delta_3 < \xi < c + \delta_3$ のとき $f(\xi) < k$. ゆえに $c - \delta_3 \in A$ とあわせて, $a \leqq \xi < c + \delta_3$ のとき $f(\xi) < k$ なので, $[a, c + \delta_3) \subset A$ を得て矛盾. 仮に $f(c) > k$ とする. 十分小さい $\delta_4 > 0$ をとれば $c - \delta_4 < \xi < c + \delta_4$ のとき $f(\xi) > k$. ゆえに, $(c - \delta_4, b] \subset B$ を得て矛盾. したがって, $f(c) = k$ が示された.

1.18 $\sup f([a, b]) = \alpha$, $Q = \{x \in (a, b] \mid \sup f([a, x]) = \alpha\} \cup (b, +\infty)$ とおき, Q の $\mathbb{R}$ における補集合を P とする. このとき, $P \cup Q = \mathbb{R}$ であり, $a \in P$ なので $P \neq \emptyset$, $b \in Q$ なので $Q \neq \emptyset$. 任意の $x_1 \in P$, $x_2 \in Q$ をとる. 仮に $x_1 \geqq x_2$ としよう. $x_1 \in P$ より $x_1 \leqq b$, $x_2 \in Q$ より $a < x_2$ であるから, $a < x_2 \leqq x_1 \leqq b$. 特に $x_2 \in (a, b]$ を得るので, $\sup f([a, x_2]) = \alpha$. $f([a, x_2]) \subset f([a, x_1]) \subset f([a, b])$ であるから, $\sup f([a, x_2]) \leqq \sup f([a, x_1]) \leqq \sup f([a, b])$. ゆえに $\sup f([a, x_1]) = \alpha$ を得て, $x_1 \in Q$. これは矛盾である. ゆえに $x_1 < x_2$. 以上により (P, Q) はデデキントの切断であるから, 連続性公理より, $c \in \mathbb{R}$ が存在して, $P = (-\infty, c]$ かつ

略解およびヒント

$Q = (c, +\infty)$, または $P = (-\infty, c)$ かつ $Q = [c, +\infty)$. $(c, +\infty) \subset Q \subset (a, +\infty)$ より $a \leq c$. $(-\infty, c) \subset P \subset (-\infty, b)$ より $c \leq b$. ゆえに $c \in [a, b]$. 仮に, $f(c) < \alpha$ として, $f(c) < \beta < \alpha$ なる β をとる. f は点 c で連続なので, $\varepsilon > 0$ が存在して, $\xi \in (c-\varepsilon, c+\varepsilon) \cap [a, b]$ のとき, $f(\xi) < \beta$. まず, $c = a$ のとき, $x \in (a, a+\varepsilon) \cap [a, b]$ について, β は $f([a, x])$ の上界なので, $\sup f([a, x]) \leq \beta < \alpha$. これは $x \in Q$ と矛盾する. 次に, $a < c \leq b$ のときを考える. $x_0 \in (c-\varepsilon, c) \cap [a, b]$ をとれば, $x_0 \in P$ なので, $\sup f([a, x_0]) < \alpha$. ゆえに, $a \leq \xi \leq x_0$ のとき, $f(\xi) < \sup f([a, x_0])$. そこで, $\gamma = \max \{\sup f([a, x_0]), \beta\}$ とおけば, $\xi \in [a, c+\varepsilon) \cap [a, b]$ のとき $f(\xi) < \gamma$. $a < c < b$ のときは $x \in (c, c+\varepsilon) \cap [a, b]$ をとり, $c = b$ のときは $x = b$ とおくと, いずれの場合も $x \in Q$ である. γ は $f([a, x])$ の上界なので, $\sup f([a, x]) \leq \gamma < \alpha$. これは $x \in Q$ と矛盾する. したがって, $f(c) = \alpha$ を得, α は $f([a, b])$ の最大値である. 最小値の存在についても同様.

演習問題 [B]

1.19 $\dfrac{1}{4}$.   **1.20** $-\sqrt{3}$.

1.21 2. [$\displaystyle\lim_{x \to 0} \dfrac{\sin(\sin 8x)}{\sin x + 3x} = \lim_{x \to 0} \dfrac{\sin(\sin 8x)}{\sin 8x} \cdot \dfrac{\sin 8x}{8x} \cdot \dfrac{8}{\frac{\sin x}{x} + 3} = 2.$]

第 2 章

問 2.1 (1) $y' = 0$. (2) $y' = 1$. (3) $y' = 5x^4$. (4) $y' = 100x^{99}$.

問 2.2 (1) $y' = \displaystyle\lim_{h \to 0} \dfrac{\sqrt{x+h} - \sqrt{x}}{h} = \lim_{h \to 0} \dfrac{(x+h) - x}{h(\sqrt{x+h} + \sqrt{x})}$
$= \displaystyle\lim_{h \to 0} \dfrac{1}{\sqrt{x+h} + \sqrt{x}} = \dfrac{1}{2\sqrt{x}}$. (2) $y' = \displaystyle\lim_{h \to 0} \dfrac{\frac{1}{x+h} - \frac{1}{x}}{h} = \lim_{h \to 0} \dfrac{-1}{x(x+h)}$
$= -\dfrac{1}{x^2}$.

問 2.3 $\displaystyle\lim_{x \to +0} \dfrac{f(x) - f(0)}{x} = 1$, $\displaystyle\lim_{x \to -0} \dfrac{f(x) - f(0)}{x} = -1$ だから $x = 0$ で微分可能でない. 例 1.13 参照.

問 2.4 (1) $y = 2x - 1$. (2) $y = 3x - 2$.   **問 2.5** 略.

問 2.6 (1) $y' = 3x^4 - 3x^2 - 2$. (2) $y' = 3x^2 - 4x + 1$. (3) $y' = 1 - \dfrac{1}{x^2}$.
(4) $y' = \dfrac{2}{(x+1)^2}$.

問 2.7 (1) $dy = -3\,dx$. (2) $dy = (x^2 + x + 1)\,dx$. (3) $dy = -\dfrac{4}{x^5}\,dx$.
(4) $dy = -\dfrac{2x}{(1+x^2)^2}\,dx$.

問 2.8 (1) $y' = 8(2x+1)^3$. (2) $y' = 10(x^2 - x + 1)^9(2x - 1)$.

(3) $y' = -\dfrac{6x}{(x^2+5)^4}$. (4) $y' = \dfrac{10}{(3-x)^3}$.

問 **2.9** $x = y^3$ なので $\dfrac{dy}{dx} = \dfrac{1}{\frac{dx}{dy}} = \dfrac{1}{3y^2} = \dfrac{1}{3\sqrt[3]{x^2}}$ $(x \neq 0)$. また, $f'(0) = \lim_{h \to 0} \dfrac{\sqrt[3]{h} - \sqrt[3]{0}}{h} = \lim_{h \to 0} \dfrac{1}{(\sqrt[3]{h})^2} = +\infty$ より, $y = \sqrt[3]{x}$ は $x = 0$ では微分可能でない.

問 **2.10** 略.

問 **2.11** (1) $y' = 2\cos(2x+3)$. (2) $y' = -2\cos x \sin x$. (3) $y' = -3\csc^2 3x$.
(4) $y' = \dfrac{2\cos x}{(2+\sin x)^2}$.

問 **2.12** 略. 問 **2.13** 略.

問 **2.14** (1) $y' = \dfrac{3x^2}{\sqrt{1-x^6}}$. (2) $y' = -\dfrac{3}{\sqrt{1-9x^2}}$. (3) $y' = 2x\tan^{-1} x + 1$.
(4) $y' = \sqrt{\dfrac{1+x}{1-x}}$.

問 **2.15** $y = (1+h)^{\frac{1}{h}}$, $x = \dfrac{1}{h}$ とおくと, $y = \left(1 + \dfrac{1}{x}\right)^x$. $h \to +0$ のとき, $x \to +\infty$ なので, $y \to e$. また, $h \to -0$ のとき, $x \to -\infty$ なので, $y \to e$. ゆえに, $\lim_{h \to 0} y = e$.

問 **2.16** (1) e^2. (2) $\dfrac{1}{e^3}$. 問 **2.17** 略.

問 **2.18** $f(x) = e^x$ とおけば, $f'(0) = \lim_{h \to 0} \dfrac{e^h - 1}{h}$. $f'(x) = e^x$ なので, $f'(0) = e^0 = 1$.

問 **2.19** (1) $y' = 4x^3 \log x + x^3$. (2) $y' = \dfrac{e^x - e^{-x}}{e^x + e^{-x}} = \tanh x$.
(3) $y' = (3x+1)e^{3x}$. (4) $y' = (2^x - 2^{-x})\log 2$.

問 **2.20** 略.

問 **2.21** (1) $y' = -\dfrac{4}{7}x^{-\frac{11}{7}}$. (2) $y' = \sqrt{2}\,x^{\sqrt{2}-1}$. (3) $y' = \dfrac{8}{3\sqrt[3]{x}}$.
(4) $y' = 13x\sqrt[5]{x^3}$.

問 **2.22** (1) $y' = x^x(\log x + 1)$. (2) $y' = x^{\cos x}\left(-\sin x \log x + \dfrac{\cos x}{x}\right)$.
(3) $y' = (\log x)^x \left\{\log(\log x) + \dfrac{1}{\log x}\right\}$. (4) $y' = -\dfrac{(x+1)(5x^2+14x+5)}{(x+2)^4(x+3)^5}$.
[(1) $y = e^{\log x^x} = e^{x \log x}$.]

問 **2.23** (1) $y''' = 0$. (2) $y''' = 6$. (3) $y''' = \dfrac{2}{x^3}$. (4) $y''' = 6\log x + 11$.

略解およびヒント

問 2.24 (1) $y = \sin x$ とおく. $n = 0$ のときは正しい. 次に, $y^{(n-1)} = \sin\left(x + (n-1) \cdot \frac{\pi}{2}\right)$ を仮定すると, $y^{(n)} = \left(y^{(n-1)}\right)' = \cos\left(x + (n-1) \cdot \frac{\pi}{2}\right) \times \left(x + (n-1) \cdot \frac{\pi}{2}\right)' = \cos\left(x + (n-1) \cdot \frac{\pi}{2}\right) = \sin\left(x + (n-1) \cdot \frac{\pi}{2} + \frac{\pi}{2}\right) = \sin\left(x + n \cdot \frac{\pi}{2}\right)$. よって, 数学的帰納法により, 任意の $n \geqq 0$ に対し $y^{(n)} = \sin\left(x + n \cdot \frac{\pi}{2}\right)$. (2) 略.

問 2.25 $p = 0, 1, \ldots, n$ について, $(af + bg)^{(p)} = af^{(p)} + bg^{(p)}$ であることを数学的帰納法で示す. まず, $p = 0$ のときは正しい. 次に, $(af + bg)^{(p-1)} = af^{(p-1)} + bg^{(p-1)}$ を仮定すると, $(af+bg)^{(p)} = \left((af+bg)^{(p-1)}\right)' = \left(af^{(p-1)} + bg^{(p-1)}\right)' = a\left(f^{(p-1)}\right)' + b\left(g^{(p-1)}\right)' = af^{(p)} + bg^{(p)}$.

問 2.26 (1) $y^{(n)} = (-1)^n \cdot \dfrac{n!}{(x-a)^{n+1}}$.

(2) $y^{(n)} = (-1)^n n! \left\{ \dfrac{1}{(x+1)^{n+1}} - \dfrac{1}{(x+2)^{n+1}} \right\}$.

(3) $y^{(n)} = 2^{n-3}\{8x^3 + 12nx^2 + 6n(n-1)x + n(n-1)(n-2)\}e^{2x}$.

(4) $y^{(n)} = x\cos\left(x + \dfrac{n\pi}{2}\right) + n\sin\left(x + \dfrac{n\pi}{2}\right)$.

[(2) $\dfrac{1}{(x+1)(x+2)} = \dfrac{1}{x+1} - \dfrac{1}{x+2}$ と変形し, (1) を適用.]

問 2.27 I において $(f(x) - g(x))' = f'(x) - g'(x) = 0$ なので, 定数 C があって, I において $f(x) - g(x) = C$. ゆえに, $f(x) = g(x) + C$.

問 2.28 $\left(ye^{-kx}\right)' = y'e^{-kx} + y \cdot \left(e^{-kx}\right)' = kye^{-kx} + y \cdot \left(-ke^{-kx}\right) = 0$ なので, 定数 C があって, $\mathbb{R}$ において $ye^{-kx} = C$. ゆえに, $y = Ce^{kx}$.

問 2.29 (1) $\dfrac{13}{7}$. (2) 1. (3) $-\dfrac{1}{6}$. (4) $\dfrac{3}{4}$.

問 2.30 (1) 0. (2) 1. (3) 1. (4) 1. [(4) $y = \left(1 + \dfrac{1}{x}\right)^x$ とおくと, $\log y = x\log\left(1 + \dfrac{1}{x}\right) = \dfrac{\log(1 + \frac{1}{x})}{\frac{1}{x}}$ は $x \to +0$ のとき ∞/∞ の不定形. $\displaystyle\lim_{x \to +0} \log y = \lim_{x \to +0} \dfrac{\frac{1}{1+\frac{1}{x}} \cdot \left(-\frac{1}{x^2}\right)}{-\frac{1}{x^2}} = \lim_{x \to +0} \dfrac{x}{x+1} = 0$. ゆえに, $\displaystyle\lim_{x \to +0} y = \lim_{x \to +0} e^{\log y} = e^0 = 1$.]

問 2.31 $\alpha > 0$ のとき $\displaystyle\lim_{x \to +0} x^\alpha = 0$, $\alpha = 0$ のとき $\displaystyle\lim_{x \to +0} x^\alpha = 1$, $\alpha < 0$ のとき $\displaystyle\lim_{x \to +0} x^\alpha = +\infty$, $\alpha > 0$ のとき $\displaystyle\lim_{x \to +\infty} x^\alpha = +\infty$, $\alpha = 0$ のとき $\displaystyle\lim_{x \to +\infty} x^\alpha = 1$,

$\alpha < 0$ のとき $\lim_{x \to +\infty} x^\alpha = 0$. [$x^\alpha = e^{\log x^\alpha} = e^{\alpha \log x}$. まず $\lim_{x \to +0} \alpha \log x$ と $\lim_{x \to +\infty} \alpha \log x$ を求めよ.]

問 2.32 (1) 略. (2) $y = \dfrac{x^\alpha}{e^{\beta x}}$ とおくと, $\log y = x\left(\alpha \cdot \dfrac{\log x}{x} - \beta\right) \to -\infty$ $(x \to +\infty)$. $\lim_{x \to +\infty} y = \lim_{x \to +\infty} e^{\log y} = 0$.

問 2.33 略.   **問 2.34** 略.

問 2.35 $\sqrt[3]{1+x} = 1 + \dfrac{1}{3}x - \dfrac{1}{9}x^2 + \dfrac{5}{81}x^3 + R_4$, $R_4 = -\dfrac{10}{243}(1+\theta x)^{-\frac{11}{3}} x^4$, $0 < \theta < 1$. $\sqrt[3]{1.1} \fallingdotseq 1.03228$ (小数第 4 位まで正しい).

問 2.36 $e^x \cos x = 1 + x - \dfrac{1}{3}x^3 + R_4$, $R_4 = -\dfrac{1}{6} e^{\theta x} \cos \theta x \cdot x^4$, $0 < \theta < 1$.

問 2.37 $f^{(n+1)}(x) = 0$ だから, テイラーの定理において, $R_{n+1} = 0$.

問 2.38 $\lim_{x \to a} \dfrac{f(x) - \{f(a) + f'(a)(x-a)\}}{x-a} = \lim_{x \to a} \left(\dfrac{f(x) - f(a)}{x-a} - f'(a)\right)$
$= f'(a) - f'(a) = 0$.

問 2.39 略.   **問 2.40** 略.

問 2.41 $\sum_{k=0}^{n} b_k (x-a)^k = \sum_{k=0}^{n} c_k (x-a)^k + o((x-a)^n)$ において, $x \to a$ として, $b_0 = c_0$. $1 \leqq p \leqq n$ として, $b_k = c_k$ $(k = 0, 1, \ldots, p-1)$ を仮定するとき, $\sum_{k=p}^{n} b_k (x-a)^k = \sum_{k=p}^{n} c_k (x-a)^k + o((x-a)^n)$ であるから, 両辺を $(x-a)^p$ で割って, $\sum_{k=p}^{n} b_k (x-a)^{k-p} = \sum_{k=p}^{n} c_k (x-a)^{k-p} + o\left((x-a)^{n-p}\right)$. $x \to a$ として, $b_p = c_p$. よって, 数学的帰納法により, $b_k = c_k$ $(k = 0, 1, \ldots, n)$.

問 2.42 略.

演習問題 [A]

2.1 (a) $\Rightarrow$ (b).
$\lim_{x \to a} \dfrac{|f(x) - \{f(a) + f'(a)(x-a)\}|}{|x-a|} = \lim_{x \to a} \left|\dfrac{f(x) - f(a) - f'(a)(x-a)}{x-a}\right|$
$= \lim_{x \to a} \left|\dfrac{f(x) - f(a)}{x-a} - f'(a)\right| = |f'(a) - f'(a)| = 0$ より,
$f(x) = f(a) + f'(a)(x-a) + o(|x-a|)$ $(x \to a)$.
(b) $\Rightarrow$ (a). $\lim_{x \to a} \left|\dfrac{f(x) - f(a)}{x-a} - A\right| = \lim_{x \to a} \left|\dfrac{f(x) - f(a) - A(x-a)}{x-a}\right|$
$= \lim_{x \to a} \dfrac{|f(x) - f(a) - A(x-a)|}{|x-a|} = 0$. ゆえに, $f'(a) = \lim_{x \to a} \dfrac{f(x) - f(a)}{x-a} = A$.

2.2 (1) $y' = 4$. (2) $y' = -6x + 5$. (3) $y' = 2x - \dfrac{2}{x^3}$. (4) $y' = \dfrac{4x}{(x^2+1)^2}$.

(5) $y' = -\dfrac{x+1}{\sqrt{(x^2+2x+5)^3}}$. (6) $y' = -x^{-\frac{1}{3}}\left(a^{\frac{2}{3}} - x^{\frac{2}{3}}\right)^{\frac{1}{2}}$.

2.3 (1) $y' = \sqrt{x^2+A}$. (2) $y' = \sqrt{a^2-x^2}$. (3) $y' = \tan x$. (4) $y' = \cot x$.
(5) $y' = \csc x$. (6) $y' = \sec x$.

2.4 (1) $y = -x + 1$. (2) $y = \dfrac{1}{3}x + \log 3 - \dfrac{2}{3}$.

2.5 (1) $x = \log\left(y + \sqrt{y^2+1}\right)$. (2) $x = \log\left(y + \sqrt{y^2-1}\right)$. [(1) $y = \dfrac{e^x - e^{-x}}{2}$ より $(e^x)^2 - 2ye^x - 1 = 0$. ゆえに $e^x = y \pm \sqrt{y^2+1}$. $y - \sqrt{y^2+1} < 0 < y + \sqrt{y^2+1}$ と $e^x > 0$ より $e^x = y + \sqrt{y^2+1}$. (2) $y = \dfrac{e^x + e^{-x}}{2}$ より $(e^x)^2 - 2ye^x + 1 = 0$. ゆえに, $e^x = y \pm \sqrt{y^2-1}$ より $x = \log\left(y \pm \sqrt{y^2-1}\right) = \pm \log\left(y + \sqrt{y^2-1}\right)$. $x \geqq 0$ に注意して $x = \log\left(y + \sqrt{y^2-1}\right)$.]

2.6 略.

2.7 $x > 0$ のとき $f'(x) = x = |x|$, $x < 0$ のとき $f'(x) = -x = |x|$.
$\lim_{x \to +0} \dfrac{f(x) - f(0)}{x} = \lim_{x \to +0} \dfrac{x}{2} = 0$, $\lim_{x \to -0} \dfrac{f(x) - f(0)}{x} = \lim_{x \to +0}\left(-\dfrac{x}{2}\right) = 0$ だから, $f'(0) = 0$.

2.8 $x \neq 0$ のとき $f'(x) = 2x\sin\dfrac{1}{x} - \cos\dfrac{1}{x}$. $f'(0) = \lim_{h \to 0}\dfrac{f(h) - f(0)}{h} = \lim_{h \to 0} h\sin\dfrac{1}{h} = 0$. $f'\left(\dfrac{1}{2n\pi}\right) = -1$ $(n \in \mathbb{N})$ なので, $\lim_{x \to 0} f'(x) = 0$ ではありえず, $f'(x)$ は $x = 0$ で連続でない.

2.9 略. **2.10** (1) $y''' = \dfrac{3}{8x^2\sqrt{x}}$. (2) $y''' = -\dfrac{8x}{(x^2+1)^3}$.

2.11 (1) $y' = 2x\log x + x$, $y'' = 2\log x + 3$, $y^{(n)} = 2(-1)^{n-1}(n-3)!\, x^{-n+2}$ $(n \geqq 3)$. (2) $y^{(n)} = \left(\sqrt{2}\right)^n e^x \sin\left(x + n \cdot \dfrac{\pi}{4}\right)$. [(2) $\sin\theta + \cos\theta = \sqrt{2}\sin\left(\theta + \dfrac{\pi}{4}\right)$.]

2.12 (1) $c = \dfrac{a+b}{2}$. (2) $c = \sqrt{\dfrac{a^2 + ab + b^2}{3}}$.

2.13 関数 $f(x) = \log x$ について $f'(x) = \dfrac{1}{x}$. 平均値の定理より $x < c < x+1$ なる c が存在して $\dfrac{f(x+1) - f(x)}{(x+1) - x} = f'(c)$, すなわち, $\log(x+1) - \log x = \dfrac{1}{c}$. $\dfrac{1}{x+1} < \dfrac{1}{c} < \dfrac{1}{x}$ なので求める不等式を得る.

2.14 (1) 定理 2.6 を用いよ. (2) $f(x) = \tan^{-1} x + \cot^{-1} x$ とおく. $f'(x) = 0$ な

ので，$f(x) = f(0) = \dfrac{\pi}{2}$ (定理 2.19).

2.15 $\left(\sqrt{1-x^2}y\right)' = 0$ を示せ．

2.16 (1) 1. (2) e^a. [(2) $a > 0$ のとき $\displaystyle\lim_{x\to+\infty}\dfrac{x}{a} = +\infty$ なので，$x \to +\infty$ のとき $\left(1 + \dfrac{a}{x}\right)^x = \left\{\left(1 + \dfrac{1}{\frac{x}{a}}\right)^{\frac{x}{a}}\right\}^a \to \mathrm{e}^a$. 他の場合も調べよ．]

2.17 (1) 0. (2) $-\dfrac{1}{3}$. (3) -1. (4) 1. [(4) $y = (\tan x)^{\cos x}$ とおくと，$\log y = \cos x \log \tan x = \dfrac{\log \tan x}{\dfrac{1}{\cos x}}$.]

2.18 (1) $A = 0$, $B = 5$, $C = 2$. (2) $A = 11$, $B = 1$, $C = -4$, $D = 1$.
[(1) $f(x) = 2x^2 + x - 3$ とおくと，$A = f(1)$, $B = f'(1)$, $C = \dfrac{f''(1)}{2!}$.]

演習問題 [B]

2.19 極限 $f(a+0)$ が存在するので，$f(a) = f(a+0)$ とおくことにより，$f(x)$ は区間 $[a, b)$ で連続，区間 (a, b) で微分可能な関数になる．ゆえに，$0 < h < b-a$ のとき，平均値の定理 (§2.17) より，$\dfrac{f(a+h) - f(a+0)}{h} = f'(c)$ をみたす $c \in (a, a+h)$ が存在する．$h \to +0$ のとき $c \to +0$ なので，$f'_+(a) = \displaystyle\lim_{h\to+0}\dfrac{f(a+h) - f(a+0)}{h} = f'(a+0)$.

2.20 (1) $\displaystyle\lim_{x\to+0}\dfrac{2}{2+2^{\frac{1}{x}}} = 0$, $\displaystyle\lim_{x\to-0}\dfrac{2}{2+2^{\frac{1}{x}}} = 1$ なので，存在しない． (2) e^2.

2.21 (1) $0 < a < 1$ のとき 0, $a > 1$ のとき $+\infty$. (2) $\dfrac{1}{\sqrt{\mathrm{e}}}$.

2.22 $\mathrm{e}^{-\frac{1}{2}}$.　　　**2.23** $\dfrac{1}{3}$.

2.24 0. $\left[\log\left(\dfrac{\log x}{x}\right)^{\frac{1}{x}} = \dfrac{\log\log x}{x} - \dfrac{\log x}{x}\right.$．ロピタルの定理より，$\displaystyle\lim_{x\to+\infty}\dfrac{\log\log x}{x} = \displaystyle\lim_{x\to+\infty}\dfrac{\frac{1}{x\log x}}{1} = 0$, $\displaystyle\lim_{x\to+\infty}\dfrac{\log x}{x} = 0$ (問 2.30 (1) 参照).]

2.25 (1) $f(x) = x^2 - \dfrac{x^4}{2} + o\left(x^5\right)$. (2) $\dfrac{1}{2}$. [(2) $x^2 - \log\left(1+x^2\right) = \dfrac{x^4}{2} + o\left(x^5\right)$, $x^2 \sin^2 x = x^4 + o\left(x^5\right)$.]

第 3 章

問 3.1 略．

問 3.2 (1) $-\dfrac{3}{2}x^2 + 17x$. (2) $\dfrac{1}{5}x^5 + \dfrac{1}{3}x^3 + x$. (3) $\tan x - x$. (4) $-\cot x - x$.
[(3) $\tan^2 x = \sec^2 x - 1$. (4) $\cot^2 x = \csc^2 x - 1$.]

略解およびヒント

問 **3.3** (1) $\frac{1}{2}\log\left|\frac{x-1}{x+1}\right|$. (2) $\frac{1}{\sqrt{2}}\tan^{-1}\frac{x}{\sqrt{2}}$. (3) $\log\left|x+\sqrt{x^2-3}\right|$.
(4) $\sin^{-1}\frac{x}{2}$.

問 **3.4** (1) $F(x) = \frac{1}{3}x^3 + x^2 + 3x + 1$. (2) $F(x) = -\cos x - 1$. 〔(1) $F(x) =$
$\int (x^2 + 2x + 3)\,\mathrm{d}x + C = \frac{1}{3}x^3 + x^2 + 3x + C$. $F(0) = 1$ より $C = 1$.〕

問 **3.5** 問 2.20, 定理 2.11 参照.

問 **3.6** (1) $-\frac{1}{12}(1-3x)^4$. (2) $\frac{1}{7}\mathrm{e}^{7x+5}$. (3) $-\frac{1}{10}(\cos 5x + 5\cos x)$.
(4) $\frac{1}{1024}(24x - 8\sin 4x + \sin 8x)$.

問 **3.7** (1) $\frac{1}{16}\log\left|\frac{2x-5}{2x+3}\right|$. (2) $\tan^{-1}(2x+1)$.
(3) $\log\left|x - 3 + \sqrt{x^2 - 6x + 7}\right|$. (4) $\sin^{-1}\frac{x-2}{2}$. 〔(2) $2x^2 + 2x + 1 =$
$2\left\{\left(x + \frac{1}{2}\right)^2 + \frac{1}{4}\right\}$. (3) $x^2 - 6x + 7 = (x-3)^2 - 2$. (4) $4x - x^2 = 4 - (x-2)^2$.〕

問 **3.8** (1) $\log|\sin x|$. (2) $\log\left|x^2 - 3x + 2\right|$. (3) $\frac{1}{2}\log(x^2 + 1)$. (4) $\log|\log x|$.

問 **3.9** (1) $\frac{1}{18}(x^3+1)^6$. (2) $\frac{1}{2}\mathrm{e}^{x^2}$. (3) $\frac{1}{3}(\log x)^3$. (4) $-\frac{1}{4}\cos^4 x$.

問 **3.10** $ax + b = t$ とおくと $\mathrm{d}x = \frac{1}{a}\mathrm{d}t$ なので, $\int f(ax+b)\,\mathrm{d}x = \int f(t) \cdot \frac{1}{a}\,\mathrm{d}t = \frac{1}{a}\int f(t)\,\mathrm{d}t = \frac{1}{a}F(t) = \frac{1}{a}F(ax+b)$.

問 **3.11** $f(x) = t$ とおくと $f'(x)\,\mathrm{d}x = \mathrm{d}t$ なので,
$$\int \frac{f'(x)}{f(x)}\,\mathrm{d}x = \int \frac{\mathrm{d}t}{t} = \log|t| = \log|f(x)|.$$

問 **3.12** 略.

問 **3.13** $\int \sqrt{x^2 + A}\,\mathrm{d}x = \int \frac{t^2 + A}{2t} \cdot \frac{t^2 + A}{2t^2}\,\mathrm{d}t = \int \left(\frac{t}{4} + \frac{A}{2t} + \frac{A^2}{4t^3}\right)\mathrm{d}t$
$= \frac{t^2}{8} + \frac{A}{2}\log|t| - \frac{A^2}{8t^2}$. $\frac{1}{t} = \frac{\sqrt{x^2 + A} - x}{A}$ だから,
$\frac{t^2}{8} - \frac{A^2}{8t^2} = \frac{1}{8}\left\{\left(\sqrt{x^2+A}+x\right)^2 - \left(\sqrt{x^2+A}-x\right)^2\right\} = \frac{1}{2}x\sqrt{x^2+A}$.
よって, $\int \sqrt{x^2+A}\,\mathrm{d}x = \frac{1}{2}\left(x\sqrt{x^2+A} + A\log\left|x + \sqrt{x^2+A}\right|\right)$.

問 **3.14** (1) $\frac{1}{2}\left\{(x+1)\sqrt{x^2+2x+2} + \log\left(x+1+\sqrt{x^2+2x+2}\right)\right\}$.
(2) $\frac{1}{4}(2x-1)\sqrt{-x^2+x+1} + \frac{5}{8}\sin^{-1}\frac{2x-1}{\sqrt{5}}$.

問 **3.15** (1) $\frac{1}{3}x\sin 3x + \frac{1}{9}\cos 3x$. (2) $\frac{1}{9}x^3(3\log x - 1)$. (3) $x\sin^{-1}x + \sqrt{1-x^2}$.
(4) $x\tan^{-1}x - \frac{1}{2}\log(1+x^2)$.

問 **3.16** $I = \frac{1}{2}\left(x\sqrt{a^2-x^2} + a^2\sin^{-1}\frac{x}{a}\right)$.

問 **3.17** $I = \displaystyle\int e^{ax}\cos bx\,dx$, $J = \displaystyle\int e^{ax}\sin bx\,dx$ とおく. $I = \dfrac{e^{ax}}{a}\cdot\cos bx - \displaystyle\int\dfrac{e^{ax}}{a}\cdot(-b\sin bx)\,dx = \dfrac{e^{ax}\cos bx}{a} + \dfrac{b}{a}J$ なので, $aI - bJ = e^{ax}\cos bx$. $J = \dfrac{e^{ax}}{a}\cdot\sin bx - \displaystyle\int\dfrac{e^{ax}}{a}\cdot b\cos bx\,dx = \dfrac{e^{ax}\sin bx}{a} - \dfrac{b}{a}I$ なので, $bI + aJ = e^{ax}\sin bx$.
これらの式から, I, J を求める.

問 **3.18** $I_n = \displaystyle\int 1\cdot(\log x)^n\,dx = x(\log x)^n - \int x\cdot n(\log x)^{n-1}\cdot\dfrac{1}{x}\,dx$
$= x(\log x)^n - n\displaystyle\int(\log x)^{n-1}\,dx = x(\log x)^n - nI_{n-1}$.

問 **3.19** $I_1 = \dfrac{1}{a}\tan^{-1}\dfrac{x}{a}$, $I_2 = \dfrac{1}{2a^2}\dfrac{x}{x^2+a^2} + \dfrac{1}{2a^3}\tan^{-1}\dfrac{x}{a}$,
$I_3 = \dfrac{1}{4a^2}\dfrac{x}{(x^2+a^2)^2} + \dfrac{3}{8a^4}\dfrac{x}{x^2+a^2} + \dfrac{3}{8a^5}\tan^{-1}\dfrac{x}{a}$.

問 **3.20** (1) $a = -\dfrac{1}{2}$, $b = 2$, $c = -\dfrac{3}{2}$. (2) $a = 1$, $b = -1$, $c = -1$.

問 **3.21** (1) $\dfrac{1}{2}\log\dfrac{(x+3)^4}{|(x+2)(x+4)^3|}$. (2) $\log\left|\dfrac{x}{x+1}\right| + \dfrac{1}{x+1}$.

問 **3.22** (1) $m \neq 1$ のとき $\displaystyle\int\dfrac{a}{(x-c)^m}\,dx = -\dfrac{a}{(m-1)(x-c)^{m-1}}$, $m = 1$ のとき $\displaystyle\int\dfrac{a}{(x-c)^m}\,dx = a\log|x-c|$.
(2) $n \neq 1$ のとき $\displaystyle\int\dfrac{k(x-p)}{\{(x-p)^2+q^2\}^n}\,dx = -\dfrac{k}{2(n-1)\{(x-p)^2+q^2\}^{n-1}}$, $n = 1$ のとき $\displaystyle\int\dfrac{k(x-p)}{\{(x-p)^2+q^2\}^n}\,dx = \dfrac{k}{2}\log\{(x-p)^2+q^2\}$.

問 **3.23** $\dfrac{1}{x^2-a^2} = \dfrac{1}{(x-a)(x+a)} = \dfrac{1}{2a}\left(\dfrac{1}{x-a} - \dfrac{1}{x+a}\right)$ を積分せよ.

問 **3.24** (1) $\dfrac{1}{2}x^2 + \dfrac{1}{2}\log|x^2-1|$. (2) $\dfrac{1}{2}\log\left|\dfrac{(x+3)^3}{x+1}\right|$.
(3) $\dfrac{1}{6}\log\dfrac{(x-1)^2}{x^2+x+1} - \dfrac{1}{\sqrt{3}}\tan^{-1}\dfrac{2x+1}{\sqrt{3}}$. (4) $\dfrac{1}{4\sqrt{2}}\log\dfrac{x^2+\sqrt{2}x+1}{x^2-\sqrt{2}x+1} + \dfrac{1}{2\sqrt{2}}\{\tan^{-1}(\sqrt{2}x+1) + \tan^{-1}(\sqrt{2}x-1)\}$ または $\dfrac{1}{4\sqrt{2}}\log\dfrac{x^2+\sqrt{2}x+1}{x^2-\sqrt{2}x+1} +$

$\dfrac{1}{2\sqrt{2}} \tan^{-1} \dfrac{\sqrt{2}\,x}{1-x^2}$. [(4) $x^4 + 1 = (x^2 + \sqrt{2}\,x + 1)(x^2 - \sqrt{2}\,x + 1)$.]

問 **3.25** (1) $\sec^2 \dfrac{x}{2} = 1 + \tan^2 \dfrac{x}{2} = 1 + t^2$ より $\cos^2 \dfrac{x}{2} = \dfrac{1}{1+t^2}$. $\cos x = 2\cos^2 \dfrac{x}{2} - 1 = \dfrac{2}{1+t^2} - 1 = \dfrac{1-t^2}{1+t^2}$. (2) $\sin x = 2\sin \dfrac{x}{2} \cos \dfrac{x}{2} = 2\tan \dfrac{x}{2} \cos^2 \dfrac{x}{2} = \dfrac{2t}{1+t^2}$. (3) $\dfrac{\mathrm{d}t}{\mathrm{d}x} = \dfrac{1}{2} \sec^2 \dfrac{x}{2} = \dfrac{1+t^2}{2}$ より $\mathrm{d}x = \dfrac{2}{1+t^2} \mathrm{d}t$.

問 **3.26** (1) $\log \left| \dfrac{1 + \tan \frac{x}{2}}{1 - \tan \frac{x}{2}} \right| = \dfrac{1}{2} \log \dfrac{1 + \sin x}{1 - \sin x}$. (2) $-\dfrac{2}{1 + \tan \frac{x}{2}}$ または $-\dfrac{1 - \sin x}{\cos x}$. (3) $-\cot \dfrac{x}{2} = -\dfrac{1 + \cos x}{\sin x}$. (4) $x + \dfrac{2}{1 + \tan \frac{x}{2}}$ または $x + \dfrac{1 - \sin x}{\cos x}$.

問 **3.27** (1) $\dfrac{1}{2}$. (2) $\dfrac{1}{4}$. [(1) $\sum_{k=1}^{n} k = \dfrac{1}{2} n(n+1)$. (2) $\sum_{k=1}^{n} k^3 = \dfrac{1}{4} n^2 (n+1)^2$.]

問 **3.28** 略.　　問 **3.29** $a > b$, $a = b$, $a < b$ の3通りの場合に分けて確かめよ.

問 **3.30** $-|f(x)| \leqq f(x) \leqq |f(x)|$ なので, 定理 3.12, 3.14 より,
$$-\int_a^b |f(x)| \, \mathrm{d}x \leqq \int_a^b f(x) \, \mathrm{d}x \leqq \int_a^b |f(x)| \, \mathrm{d}x.$$

問 **3.31** $x < a$ のとき $\widetilde{f}(x) = f(a)$, $a \leqq x \leqq b$ のとき $\widetilde{f}(x) = f(x)$, $x > b$ のとき $\widetilde{f}(x) = f(b)$ とおくことにより $\mathbb{R}$ で連続な関数 $\widetilde{f}(x)$ が得られる. 定理 3.2 より, $\widetilde{f}(x)$ の $\mathbb{R}$ における不定積分 $\widetilde{F}(x)$ が存在する. $F(x)$, $\widetilde{F}(x)$ はいずれも区間 (a, b) において $f(x)$ の不定積分なので, 定理 3.1 より, 定数 C が存在して, (a, b) において $F(x) = \widetilde{F}(x) + C$ と書ける. 右辺は $\mathbb{R}$ において連続なので, $F(a) = \widetilde{F}(a) + C$, $F(b) = \widetilde{F}(b) + C$ とおくことにより, $F(x)$ は区間 $[a, b]$ で連続な関数に拡張される. 定理 3.18 より, $\int_a^b f(x) \, \mathrm{d}x = \int_a^b \widetilde{f}(x) \, \mathrm{d}x = \widetilde{F}(b) - \widetilde{F}(a) = (\widetilde{F}(b) + C) - (\widetilde{F}(a) + C) = F(b) - F(a)$.

問 **3.32** 略.

問 **3.33** (1) $\dfrac{224}{5}$. (2) -1. (3) $\log \dfrac{1 + \sqrt{5}}{2}$. (4) $\dfrac{\sqrt{3}}{8} + \dfrac{\pi}{12}$.

問 **3.34** (1) $\dfrac{1}{5}$. (2) $\dfrac{2}{3}(10 - 7\sqrt{2})$. (3) $\dfrac{1}{4}$. (4) $\dfrac{56}{3}$.

問 **3.35** $x = \dfrac{\pi}{2} - t$ とおくと, $\mathrm{d}x = -\mathrm{d}t$, $t = 0$ のとき $x = \dfrac{\pi}{2}$, $t = \dfrac{\pi}{2}$ のとき $x = 0$. ゆえに, $\int_0^{\frac{\pi}{2}} f(\cos x) \, \mathrm{d}x = \int_{\frac{\pi}{2}}^0 f\left(\cos\left(\dfrac{\pi}{2} - t\right)\right) \cdot (-1) \, \mathrm{d}t = \int_0^{\frac{\pi}{2}} f(\sin t) \, \mathrm{d}t = \int_0^{\frac{\pi}{2}} f(\sin x) \, \mathrm{d}x$.

問 **3.36** 中間値の定理より $\varphi'(t)$ が I で定符号であることがわかる. つねに $\varphi'(t) > 0$ のとき, $\varphi(t)$ は単調増加なので $\varphi(\alpha) = a$, $\varphi(\beta) = b$ を得て（問 1.12 参照), この

場合は定理 3.19 である．つねに $\varphi'(t) < 0$ のとき，$\varphi(t)$ は単調減少なので $\varphi(\alpha) = b$, $\varphi(\beta) = a$ を得て，$\int_a^b f(x)\,dx = -\int_b^a f(x)\,dx = -\int_\alpha^\beta f(\varphi(t))\varphi'(t)\,dt = \int_\alpha^\beta f(\varphi(t)) \cdot (-\varphi'(t))\,dt = \int_\alpha^\beta f(\varphi(t))\,|\varphi'(t)|\,dt$.

問 3.37 (1) 540. (2) 0. (3) $\dfrac{\pi}{4} - \dfrac{1}{2}$. (4) $\dfrac{1}{4}(e^2 - 1)$.

問 3.38 (1) 6. (2) a. (3) $+\infty$. (4) 4.

問 3.39 (1) $\dfrac{1}{3}$. (2) $\dfrac{1}{2}$. (3) $\log 2$. (4) $\dfrac{\pi}{\sqrt{2}}$.

問 3.40 略.　**問 3.41** 略.　**問 3.42** 略.

問 3.43 (1) $\dfrac{1}{24}$. (2) $\dfrac{3\pi}{256}$. (3) $\dfrac{5\pi}{32}$. (4) $\dfrac{16}{35}$.　**問 3.44** 略.

演習問題 [A]

3.1 (1) $x^3 - \dfrac{1}{x} - 2\log |x|$. (2) $\dfrac{2}{5}x^2\sqrt{x} + \dfrac{4}{3}x\sqrt{x}$. (3) $\dfrac{1}{2}x^2 - 2x + \log x$.
(4) $\dfrac{4}{7}x\sqrt[4]{x^3} + 4\sqrt[4]{x}$. (5) $x + \sin x$. (6) $\tan x + \sin x$.

3.2 (1) $\dfrac{1}{6}(2x+1)^3$. (2) $\dfrac{1}{2}e^{2x} + e^{-x}$. (3) $-\dfrac{1}{2}\cos(2x-3)$.
(4) $-\dfrac{1}{4}\cos 2x$. (5) $-\dfrac{1}{16}\sin 8x + \dfrac{1}{4}\sin 2x$. (6) $\dfrac{3}{4}\sin x + \dfrac{1}{12}\sin 3x$.

3.3 (1) $\dfrac{1}{42}(6x-1)(x+1)^6$. (2) $\dfrac{1}{2}x\{\sin(\log x) - \cos(\log x)\}$.
(3) $\sqrt{x^2+1} + \log\left|\dfrac{x-1+\sqrt{x^2+1}}{x+1+\sqrt{x^2+1}}\right|$. (4) $\dfrac{1}{2}(\log x)^2$. (5) $-x\cos x + \sin x$.
(6) $-(x^2+2x+2)e^{-x}$. [(2) $t = \log x$ とおく．(3) $t = x + \sqrt{x^2+1}$ とおく．
(4) $t = \log x$ とおく．あるいは，部分積分法により，$\displaystyle\int \dfrac{\log x}{x}\,dx = \int \log x \cdot \dfrac{1}{x}\,dx = \log x \cdot \log x - \int \dfrac{1}{x} \cdot \log x\,dx = (\log x)^2 - \int \dfrac{\log x}{x}\,dx$.]

3.4 (1) $\dfrac{1}{\sqrt{2}}\log\left(x + \sqrt{x^2 + \dfrac{1}{2}}\right)$. (2) $\sin^{-1}\dfrac{x+1}{2}$. (3) $x + \dfrac{1}{\sqrt{2}}\tan^{-1}\dfrac{x}{\sqrt{2}}$.
(4) $\dfrac{1}{2}\tan^{-1}\dfrac{x-1}{2}$. (5) $\dfrac{1}{2}\log\dfrac{(x-1)^4}{|2x-1|^3}$. (6) $-\tan^{-1}x + \dfrac{\sqrt{6}}{2}\tan^{-1}\dfrac{\sqrt{6}\,x}{3}$.

3.5 $\tan\dfrac{x}{2} = t$ とおき，問 3.25 (1), (2) を用いて，左辺を計算して右辺を導け．

3.6 (1) $-\sqrt{(x-a)(b-x)} + (b-a)\tan^{-1}\sqrt{\dfrac{x-a}{b-x}}$.
(2) $2\tan^{-1}\sqrt{\dfrac{x-a}{b-x}}$ または $\sin^{-1}\dfrac{2x-(a+b)}{b-a}$.

略解およびヒント   197

[(1) $x = \dfrac{bt^2 + a}{t^2 + 1}$, $\mathrm{d}x = \dfrac{2(b-a)t}{(t^2+1)^2}\,\mathrm{d}t$, $\displaystyle\int \sqrt{\dfrac{x-a}{b-x}}\,\mathrm{d}x = \int t \cdot \dfrac{2(b-a)t}{(t^2+1)^2}\,\mathrm{d}t$

$= 2(b-a)\displaystyle\int \dfrac{t^2}{(t^2+1)^2}\,\mathrm{d}t = 2(b-a)\int \left\{\dfrac{1}{t^2+1} - \dfrac{1}{(t^2+1)^2}\right\}\mathrm{d}t$

$= 2(b-a)\left\{\tan^{-1} t - \dfrac{1}{2}\left(\dfrac{t}{t^2+1} + \tan^{-1} t\right)\right\} = -\dfrac{(b-a)t}{t^2+1} + (b-a)\tan^{-1} t$.

(2) $\sqrt{(x-a)(b-x)} = \dfrac{(b-a)t}{t^2+1}$.]

3.7 略.

3.8 $f(x) = Cx$ (C は定数). [$f(0+0) = f(0) + f(0)$ より $f(0) = 0$. $f'(x) = \displaystyle\lim_{h \to 0} \dfrac{f(x+h) - f(x)}{h} = \lim_{h \to 0} \dfrac{f(x) + f(h) - f(x)}{h} = \lim_{h \to 0} \dfrac{f(h)}{h} = f'(0)$. $f'(0) = C$ とおく.]

3.9 $f'(x) = Kf(x)$ を得るので,問 2.28 より,$f(x) = Ce^{Kx}$ (C は定数). $f(x_0) = K\displaystyle\int_{x_0}^{x_0} f(t)\,\mathrm{d}t + y_0 = y_0$ なので,$y_0 = Ce^{Kx_0}$. ゆえに,$C = y_0 e^{-Kx_0}$ を得て,$f(x) = y_0 e^{-Kx_0} e^{Kx} = y_0 e^{K(x-x_0)}$.

3.10 $h(x) = f(x) - g(x)$ とおく.$[a, b]$ で $h(x) \geqq 0$. 仮に $[a, b]$ で恒等的に $f(x) = g(x)$ でないとすれば,$h(c) > 0$ をみたす $c \in [a, b]$ が存在し,$h(x)$ の連続性から点 c の近くで $h(x) > 0$. ゆえに,点 c の近くの 2 点 p, $q \in (a, b)$, $p < q$, をとれば,$[p, q]$ で $h(x) > 0$. $[p, q]$ における $h(x)$ の最小値を m とする. 定理 3.12, 3.13, 3.14 より $\displaystyle\int_a^b f(x)\,\mathrm{d}x - \int_a^b g(x)\,\mathrm{d}x = \int_a^b h(x)\,\mathrm{d}x = \int_a^p h(x)\,\mathrm{d}x + \int_p^q h(x)\,\mathrm{d}x + \int_q^b h(x)\,\mathrm{d}x \geqq \int_p^q h(x)\,\mathrm{d}x \geqq \int_p^q m\,\mathrm{d}x = m(q-p) > 0$. したがって,定理 3.14 の条件のもとで $\displaystyle\int_a^b f(x)\,\mathrm{d}x = \int_a^b g(x)\,\mathrm{d}x$ となるのは,恒等的に $f(x) = g(x)$ の場合に限る.

3.11 定理 3.16 の証明と同様. **3.12** $\sqrt[3]{\dfrac{1}{4}(a+b)(a^2+b^2)}$.

3.13 (1) $3\log 2 + 1$. (2) $e^\pi + 1$. (3) $\dfrac{5}{2}$. (4) 5. (5) $\dfrac{\pi}{16}$. (6) $\dfrac{3}{16}\pi a^4$.

[(3) $\displaystyle\int_0^3 |x-1|\,\mathrm{d}x = \int_0^1 \{-(x-1)\}\,\mathrm{d}x + \int_1^3 (x-1)\,\mathrm{d}x$. (5) $\cos^4 x \sin^2 x$ は偶関数. (6) $x = a\sin\theta$, $0 \leqq \theta \leqq \dfrac{\pi}{2}$, とおけ.]

3.14 (1) 0. (2) $m \neq \pm n$ または $m = n = 0$ のとき 0,$m = n \neq 0$ のとき π,$m = -n \neq 0$ のとき $-\pi$. [(1) $\sin mx \cos nx = \dfrac{1}{2}\{\sin(m-n)x + \sin(m+n)x\}$.

$m-n$, $m+n$ が 0 かどうかで 4 通りの場合に分ける.]

3.15 $f(x) = px^3 + qx^2 + rx + s$ とおき，両辺を別々に計算すると，いずれも $\frac{1}{12}(b-a)\{3p(b^3+ab^2+a^2b+a^3)+4q(a^2+ab+b^2)+6r(a+b)+12s\}$ に等しい.

3.16 (1) $\frac{1}{6}$. (2) $\log 2$. [(1) $\lim_{n\to\infty}\frac{1}{n^6}\sum_{k=1}^{n}k^5 = \lim_{n\to\infty}\sum_{k=1}^{n}\left(\frac{k}{n}\right)^5\cdot\frac{1}{n} = \int_0^1 x^5\,dx$.

(2) $\lim_{n\to\infty}\sum_{k=1}^{n}\frac{1}{n+k} = \lim_{n\to\infty}\sum_{k=1}^{n}\frac{1}{1+\frac{k}{n}}\cdot\frac{1}{n} = \int_0^1\frac{dx}{1+x}$.]

3.17 $0 < x < \frac{1}{2}$ において $1 < \frac{1}{\sqrt{1-x^\alpha}} < \frac{1}{\sqrt{1-x^2}}$ なので，

$\frac{1}{2} = \int_0^{\frac{1}{2}}dx < \int_0^{\frac{1}{2}}\frac{dx}{\sqrt{1-x^\alpha}} < \int_0^{\frac{1}{2}}\frac{dx}{\sqrt{1-x^2}} = \sin^{-1}\frac{1}{2} = \frac{\pi}{6}$.

3.18 略.

3.19 $\log xy = \int_1^{xy}\frac{dt}{t} = \int_1^x\frac{dt}{t} + \int_x^{xy}\frac{dt}{t}$. $t = xs$ とおいて

$$\int_x^{xy}\frac{dt}{t} = \int_1^y\frac{x}{xs}\,ds = \int_1^y\frac{ds}{s} = \log y.$$

3.20 演 3.15 より，$\int_{a_{2k-2}}^{a_{2k}}f(x)\,dx \fallingdotseq \frac{1}{6}(a_{2k}-a_{2k-2})(y_{2k-2}+y_{2k}+4y_{2k-1}) = \frac{h}{3}(y_{2k-2}+y_{2k}+4y_{2k-1})$. この近似式を用いて，$\int_a^b f(x)\,dx = \sum_{k=1}^{n}\int_{a_{2k-2}}^{a_{2k}}f(x)\,dx$ を計算する.

3.21 0.693 (小数第 2 位まで正しい). [$x = 1, 1.25, 1.5, 1.75, 2$ に対応する $y = \frac{1}{x}$ の値を順に y_0, y_1, y_2, y_3, y_4 と書く. 定積分 $\int_1^2\frac{dx}{x}$ の近似値は，

$\frac{0.25}{3}\{y_0+y_4+4(y_1+y_3)+2y_4\} = \frac{0.25}{3}\left\{1+\frac{1}{2}+4\left(\frac{1}{1.25}+\frac{1}{1.75}\right)+2\cdot\frac{1}{1.5}\right\}$

$= 0.69325\cdots$. $y^{(4)} = \frac{24}{x^5}$ であるから，$1 \leqq x \leqq 2$ のとき，$\left|y^{(4)}\right| \leqq 24$. 誤差の限界は $\frac{1}{180}\cdot 24\cdot 0.25^4\cdot 1 = 0.00052\cdots$.]

3.22 (1) 略. (2) $\sum_{k=1}^{n}(-1)^{k-1}\frac{1}{k} = \int_0^1\sum_{k=1}^{n}(-x)^{k-1}\,dx = \int_0^1\frac{1-(-x)^{n+1}}{1+x}\,dx = \int_0^1\frac{dx}{1+x} - \int_0^1\frac{(-x)^{n+1}}{1+x}\,dx = \log 2 - \int_0^1\frac{(-x)^{n+1}}{1+x}\,dx$. $\left|\int_0^1\frac{(-x)^{n+1}}{1+x}\,dx\right| = \int_0^1\frac{x^{n+1}}{1+x}\,dx < \int_0^1 x^{n+1}\,dx = \frac{1}{n+2} \to 0\ (n\to\infty)$ より，$\lim_{n\to\infty}\int_0^1\frac{(-x)^{n+1}}{1+x}\,dx$

略解およびヒント

$= 0$. よって, $\sum_{n=1}^{\infty}(-1)^{n-1}\frac{1}{n} = \lim_{n\to\infty}\sum_{k=1}^{n}(-1)^{k-1}\frac{1}{k} = \log 2$.

3.23 (1) $-\infty$. (2) $\dfrac{\pi a^2}{4}$.

[(1) 演 3.3 (4) 参照. (2) $\displaystyle\int \frac{x^2}{\sqrt{a^2-x^2}}\,dx = \frac{1}{2}\left(a^2\sin^{-1}\frac{x}{a} - x\sqrt{a^2-x^2}\right)$.]

3.24 $\dfrac{2n-3}{2n-2}\cdot\dfrac{2n-5}{2n-4}\cdots\dfrac{3}{4}\cdot\dfrac{1}{2}\cdot\dfrac{\pi}{2}$. [定理 3.9 を用いて $J_n = \dfrac{2n-3}{2n-2}J_{n-1}$ を示せ.]

演習問題 [B]

3.25 (1) 関数 $F(t) = \displaystyle\int_a^t f(x)\,dx$ は $[a,b)$ において単調非減少である. $t \to b-0$ ($b = +\infty$ の場合は $t \to +\infty$) のとき $F(t) \to +\infty$ でなければ $F(t)$ は上に有界な単調非減少関数なので収束する (この証明には定理 4.1 を用いる).

(2), (3) $0 \leqq \displaystyle\int_a^t f(x)\,dx \leqq \int_a^t g(x)\,dx$ が $t \in [a,b)$ で成立する. (2) のときは, $\displaystyle\int_a^t f(x)\,dx$ が有界にならず, (3) のときは, $\displaystyle\int_a^t g(x)\,dx$ が有界となり, それぞれの結論が従う.

3.26 $\dfrac{2\pi}{3}$. $\left[\dfrac{1}{x^6+1} = \dfrac{\sqrt{3}x+2}{6(x^2+\sqrt{3}x+1)} - \dfrac{\sqrt{3}x-2}{6(x^2-\sqrt{3}x+1)} + \dfrac{1}{3(x^2+1)}\right].$

3.27 1. $\left[I = \displaystyle\int_{-\frac{\pi}{2}}^{\frac{\pi}{2}} \frac{x\sin x}{1+e^x}\,dx\right.$ とおく. $u = -x$ とおいて, 置換積分法により,

$I = \displaystyle\int_{-\frac{\pi}{2}}^{\frac{\pi}{2}} \frac{x\sin x}{1+e^x}\,dx = \int_{-\frac{\pi}{2}}^{\frac{\pi}{2}} \frac{u\sin u}{1+e^{-u}}\,du$. ゆえに, $2I = \displaystyle\int_{-\frac{\pi}{2}}^{\frac{\pi}{2}} \frac{x\sin x}{1+e^x}\,dx + \int_{-\frac{\pi}{2}}^{\frac{\pi}{2}} \frac{x\sin x}{1+e^{-x}}\,du = \int_{-\frac{\pi}{2}}^{\frac{\pi}{2}} x\sin x\,dx$.]

3.28 (1) 問 3.35 参照.

(2) $u = \pi - x$ とおいて, $\displaystyle\int_{\frac{\pi}{2}}^{\pi} f(\sin x)\,dx = \int_0^{\frac{\pi}{2}} f(\sin u)\,du$.

(3) $I = \displaystyle\int_0^{\pi} \log\left(\sin\frac{x}{2}\right)dx$ とおく. (1) より $\dfrac{I}{2} = \displaystyle\int_0^{\frac{\pi}{2}} \log(\sin x)\,dx = \int_0^{\frac{\pi}{2}} \log(\cos x)\,dx$ であるから, $I = \displaystyle\int_0^{\frac{\pi}{2}} \log(\sin x)\,dx + \int_0^{\frac{\pi}{2}} \log(\cos x)\,dx = \int_0^{\frac{\pi}{2}} \log(\sin x \cos x)\,dx = \int_0^{\frac{\pi}{2}} \log(\sin 2x)\,dx - \dfrac{\pi}{2}\log 2$. 一方, (2) より $\displaystyle\int_0^{\frac{\pi}{2}} \log(\sin 2x)\,dx = \dfrac{I}{2}$. これから, $I = -\pi\log 2$.

3.29 (1) 部分積分を 2 回行う.

(2) (1) より $l=0$ のとき成り立つ. $l=p$ のとき成り立つと仮定して, (1) で f の代わりに $f^{(2p+2)}$ とおいて得られる式を代入し, $l=p+1$ のときも成り立つことを示す.

(3) $f(x)$ は $2n$ 次式なので $I(f^{(2n+2)}) = 0$ を得て, (2) より $I(f) = \sum_{k=0}^{n}(-1)^k \dfrac{f^{(2k)}(0)+f^{(2k)}(1)}{\pi^{2k+1}}$. 一方, $f(x) = \sum_{k=n}^{2n}(-1)^{k-n} {}_nC_{k-n} x^k$ および $f(x) = (-1)^n(x-1)^n\{(x-1)+1\}^n = (-1)^n \sum_{k=n}^{2n} {}_nC_{k-n}(x-1)^k$ を用いて, $0 \leq k < \dfrac{n}{2}$ のときは $f^{(2k)}(0) + f^{(2k)}(1) = 0$ であり, $\dfrac{n}{2} \leq k \leq n$ のときは $f^{(2k)}(0) + f^{(2k)}(1) = \dfrac{2(-1)^n(n!)^2 {}_{2k}C_n}{(2n-2k)!}$ が示される.

(4) 仮に π^2 が有理数と仮定すると, $\pi^2 = \dfrac{p}{q}$, $p, q \in \mathbb{N}$, と書けるので, (3) より $\dfrac{\pi p^n I(f)}{n!} = 2(-1)^n \sum_{\frac{n}{2} \leq k \leq n} (-1)^k q^k p^{n-k} \cdot \dfrac{n!}{(2n-2k)!} \cdot {}_{2k}C_n$. $0 < x < 1$ のとき $0 < f(x)\sin \pi x < 1$ なので, $0 < I(f) < 1$ を得て, $0 < \dfrac{\pi p^n I(f)}{n!} < \pi \cdot \dfrac{p^n}{n!} \to 0$ $(n \to \infty)$. ゆえに, 十分大きい n について $0 < \dfrac{\pi p^n I(f)}{n!} < 1$. 一方, 右辺は整数であるから, これは矛盾. よって, π^2 は無理数である. 仮に π が有理数であれば π^2 も有理数となり矛盾. したがって, π は無理数である.

3.30 関数 $f(x) = \dfrac{1}{1+x^l}$ に定理 3.11 を適用する.

3.31 (1) ある $x_0 \geq 0$ について $f(x_0) \leq 0$ とすると, f が単調非増加であることより, $T \geq x_0$ のとき $\int_{x_0}^T f(x)\,dx \leq 0$. ゆえに, $\int_0^{x_0} f(x)\,dx = M$ とおけば, $T \geq x_0$ のとき $\int_0^T f(x)\,dx \leq M$. これは $\lim_{T \to \infty} \int_0^T f(x)\,dx = +\infty$ と矛盾する.

(2) $\int_k^{k+1} f(x)\,dx \leq f(k) \leq \int_{k-1}^k f(x)\,dx$ $(k=1, 2, \ldots, n)$ なので, 各辺ごとに足し合せればよい.

(3) (1) より $\int_1^n f(x)\,dx > 0$ $(n=2, 3, \ldots)$. ゆえに, (2) より, $1 + \dfrac{\int_n^{n+1} f(x)\,dx}{\int_1^n f(x)\,dx} \leq \dfrac{a_n}{\int_1^n f(x)\,dx} \leq \dfrac{\int_0^1 f(x)\,dx}{\int_1^n f(x)\,dx} + 1$. さらに, $\int_1^n f(x)\,dx \to +\infty$ $(n \to +\infty)$, $0 \leq \int_n^{n+1} f(x)\,dx \leq \int_0^1 f(x)\,dx \leq f(0)$ より, $\dfrac{a_n}{\int_1^n f(x)\,dx} \to 1$ $(n \to +\infty)$.

3.32 (1) $f_c'(x) = \dfrac{c}{1+c^2+(1-c^2)\cos x}$. (2) $c = \sqrt{\dfrac{\alpha-1}{\alpha+1}}$ のとき, $\dfrac{1}{\alpha + \cos x} = $

略解およびヒント   201

$\dfrac{2}{\sqrt{\alpha^2-1}}f'_c(x)$. これから，$\displaystyle\int_0^\pi \dfrac{\mathrm{d}x}{\alpha+\cos x} = \lim_{x\to\pi-0}\dfrac{2}{\sqrt{\alpha^2-1}}f_c(x)$ となり，結論を得る．(3) $\dfrac{\alpha\pi}{(\alpha^2-1)^{\frac{3}{2}}}$．〔$\left(\dfrac{\sin x}{\alpha+\cos x}\right)' = \dfrac{\alpha}{\alpha+\cos x}+\dfrac{1-\alpha^2}{(\alpha+\cos x)^2}$．〕

3.33 (1) $\dfrac{1}{2}$．(2) $\dfrac{1}{2}$．〔$\displaystyle\int_{-\delta}^{\delta} f_n(x)\,\mathrm{d}x = \dfrac{1}{\pi}\tan^{-1}\left(\dfrac{n}{2}\delta\right)$．〕

3.34 (1) $-\dfrac{1}{2}\cos(x^2+4x-6)$．(2) $\dfrac{3}{8}$．

3.35 (1) $\dfrac{1}{2}x\sqrt{x^2+a} - \dfrac{a}{2}\log\left|x+\sqrt{x^2+a}\right|$．

(2) $\log\left|x+\sqrt{x^2-1}\right| - 2\tan^{-1}\sqrt{\dfrac{x-1}{x+1}}$．(3) $\dfrac{2b}{(1+b^2)^2}$．〔$\displaystyle\int x\mathrm{e}^{-x}\sin bx\,\mathrm{d}x = \dfrac{\mathrm{e}^{-x}}{(1+b^2)^2}\left\{(b^2-1)\sin bx - 2b\cos bx\right\} - \dfrac{x\mathrm{e}^{-x}}{1+b^2}(\sin bx + b\cos bx)$．〕

3.36 (1) 2．(2) $\displaystyle\int_0^1 \dfrac{1}{x^3}\,\mathrm{d}x = \lim_{\varepsilon\to+0}\left[-\dfrac{1}{2x^2}\right]_\varepsilon^1 = \lim_{\varepsilon\to+0}\left(-\dfrac{1}{2}+\dfrac{1}{2\varepsilon^2}\right) = +\infty$．
(3) $\displaystyle\int_{-1}^0 \dfrac{1}{x^3}\,\mathrm{d}x = -\infty$，$\displaystyle\int_0^1 \dfrac{1}{x^3}\,\mathrm{d}x = +\infty$ なので，$\displaystyle\int_{-1}^1 \dfrac{1}{x^3}\,\mathrm{d}x = \int_{-1}^0 \dfrac{1}{x^3}\,\mathrm{d}x + \int_0^1 \dfrac{1}{x^3}\,\mathrm{d}x$ の値は存在しない．(4) $\dfrac{\pi}{2}$．

3.37 (1) 図1，$\dfrac{1}{\mathrm{e}}$．(2) 図1，$x\geqq 1$．(3) (2) より $x\geqq 1$ のとき $\mathrm{e}^{-x^2}\leqq \mathrm{e}^{-x}$ であり，(1) より $\displaystyle\int_1^{+\infty}\mathrm{e}^{-x}\,\mathrm{d}x$ は収束するから，$\displaystyle\int_1^{+\infty}\mathrm{e}^{-x^2}\,\mathrm{d}x$ も収束する（演 3.25）．一方，$\displaystyle\int_0^1 \mathrm{e}^{-x^2}\,\mathrm{d}x$ は定積分として定まるので，$\displaystyle\int_0^{+\infty}\mathrm{e}^{-x^2}\,\mathrm{d}x = \int_0^1 \mathrm{e}^{-x^2}\,\mathrm{d}x + \int_1^{+\infty}\mathrm{e}^{-x^2}\,\mathrm{d}x$ も収束する．

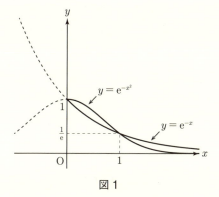

図1

3.38 $\alpha < 2$. [$\lim\limits_{x\to +0} \dfrac{\sin x}{x} = 1$ なので $\dfrac{\sin x}{x}$ は $(0,1]$ において有界．ゆえに，定数 $M > 0$ をとり，$(0,1]$ において，$0 \leq \dfrac{\sin x}{x^\alpha} \leq \dfrac{M}{x^{\alpha-1}}$ とできる．したがって，$\alpha < 2$ のとき収束する（演 3.25，例 3.19 参照）．小さく $\delta > 0$ をとり，$x \in (0,\delta)$ において $\dfrac{\sin x}{x} \geq \dfrac{1}{2}$ とできるので，$\dfrac{\sin x}{x^\alpha} \geq \dfrac{1}{2}\dfrac{1}{x^{\alpha-1}}$ が $(0,\delta)$ において成立する．したがって，$\alpha \geq 2$ のとき $+\infty$ に発散する．]

3.39 (1) $\dfrac{1}{\log 2}$. (2) $\left|\dfrac{\cos x}{x(\log x)^2}\right| \leq \dfrac{1}{x(\log x)^2}$ $(x \in [2,\infty))$ が成立するので，$\displaystyle\int_2^\infty \left|\dfrac{\cos x}{x(\log x)^2}\right| dx$ が収束する（演 3.25 参照）．一般に，広義積分 $\displaystyle\int_a^b |f(x)|\,dx$ が収束すれば，広義積分 $\displaystyle\int_a^b f(x)\,dx$ も収束するので（例えば，高木 [12] 参照），これから結論を得る．(3) $\displaystyle\int \dfrac{\sin x}{\log x} dx = -\dfrac{\cos x}{\log x} - \int \dfrac{\cos x}{x(\log x)^2} dx$, $\lim\limits_{x\to\infty} \dfrac{\cos x}{\log x} = 0$ なので (2) の結果とあわせて収束する．

3.40 1. [$\displaystyle\int_0^x t^2(1+\sin t)\,dt = \dfrac{x^3}{3} - x^2\cos x + 2x\sin x + 2\cos x - 2$, $\displaystyle\int_0^x t^2(1+\cos t)\,dt = \dfrac{x^3}{3} + x^2\sin x + 2x\cos x - 2\sin x$. ロピタルの定理は使えない．]

第 4 章

問 4.1 (1) $\dfrac{2}{3}$. (2) $+\infty$. (3) 0. (4) 0.

問 4.2 $d > 0$ のとき $+\infty$, $d = 0$ のとき a, $d < 0$ のとき $-\infty$.

問 4.3 (1) 0. (2) $+\infty$. (3) 0. (4) $|x| < 1$ のとき 1, $|x| > 1$ のとき -1, $x = 1$ のとき 0. [(3) 分母・分子を 5^n で割る．(4) $|x| > 1$ のときは分母・分子を x^n で割る．]

問 4.4 (1) $-1 < x \leq -\dfrac{1}{3}$. (2) $-1 \leq x \leq 0$. [(1) 不等式 $-1 < 3x + 2 \leq 1$ を解け．(2) 不等式 $-1 < x^2 + x + 1 \leq 1$ を解け．]

問 4.5 $a_n = \dfrac{1}{n}$ とおく．$\{a_n\}$ は下に有界かつ単調減少であるから収束する．等式 $(1+a_n)a_{n+1} = a_n$ を示し，$\lim\limits_{n\to\infty} a_n = \alpha$ とおき，$n \to \infty$ として，$(1+\alpha)\alpha = \alpha$. これから $\alpha = 0$.

問 4.6 $\displaystyle\sum_{k=1}^n (Aa_k + Bb_k) = A\sum_{k=1}^n a_k + B\sum_{k=1}^n b_k$ において $n \to \infty$ とすればよい．

問 4.7 (1) $\dfrac{15}{8}$. (2) $\dfrac{1}{3}$. (3) $\dfrac{3}{4}$. (4) $\dfrac{1}{4}$. [(3) $\dfrac{1}{k(k+2)} = \dfrac{1}{2}\left(\dfrac{1}{k} - \dfrac{1}{k+2}\right)$.

略解およびヒント 203

(4) $\dfrac{1}{k(k+1)(k+2)} = \dfrac{1}{2}\left\{\dfrac{1}{k(k+1)} - \dfrac{1}{(k+1)(k+2)}\right\}.$]

問 **4.8** (1) $\dfrac{1}{3}$. (2) $\dfrac{41}{333}$. (3) $\dfrac{256}{99}$. (4) $\dfrac{27154}{24975}$.

問 **4.9** $b_n = \dfrac{1}{2}(|a_n| + a_n),\ c_n = \dfrac{1}{2}(|a_n| - a_n)$ とおく. 任意の $n \in \mathbb{N}$ について $0 \leqq b_n \leqq |a_n|,\ 0 \leqq c_n \leqq |a_n|$ なので, $\sum_{n=1}^{\infty}|a_n|$ が収束することから, 定理 4.1 (1) より, $\sum_{n=1}^{\infty} b_n,\ \sum_{n=1}^{\infty} c_n$ も収束する. $a_n = b_n - c_n$ であるから, 問 4.6 より $\sum_{n=1}^{\infty} a_n$ も収束し, $\sum_{n=1}^{\infty} a_n = \sum_{n=1}^{\infty} b_n - \sum_{n=1}^{\infty} c_n.$

問 **4.10** 略.   問 **4.11** 略.

問 **4.12** (1) $\sum_{n=0}^{\infty} (-1)^n \dfrac{3^n}{n!} x^n.$ (2) $\sum_{n=0}^{\infty} (-1)^n \dfrac{2^{2n+1}}{(2n+1)!} x^{2n+1}.$
(3) $1 + \sum_{n=1}^{\infty} (-1)^n \dfrac{2^{2n-1}}{(2n)!} x^{2n}.$ (4) $\sum_{n=0}^{\infty} (-1)^n x^{2n}\ (|x|<1).$

[(3) $\cos^2 x = \dfrac{1}{2}(1+\cos 2x).$ (4) 初項 1, 公比 $-x^2$ の等比級数の和.]

問 **4.13** $x \neq 0$ のとき, $\lim_{n\to\infty} |n!\,x^n| = \lim_{n\to\infty} \dfrac{n!}{(|x|^{-1})^n} = +\infty \neq 0$ なので $\sum_{n=0}^{\infty} n!\,x^n$ は収束しない (定理 4.3 参照).

問 **4.14** (1) $\dfrac{1}{2}$. (2) 0. (3) $+\infty$. (4) 1. [(4) $a_n = \sqrt[n]{n}$ とおくと, $\log a_n = \dfrac{\log n}{n}.$ ロピタルの定理より, $\lim_{x\to+\infty} \dfrac{\log x}{x} = \lim_{x\to+\infty} \dfrac{\frac{1}{x}}{1} = 0$ なので, $\lim_{x\to+\infty} \log a_n = 0.$]

問 **4.15** (1) $x - \dfrac{1}{2}x^2 + \dfrac{1}{6}x^3 - \dfrac{1}{12}x^4 + \cdots.$ (2) $1 + x - \dfrac{1}{2}x^2 - \dfrac{5}{6}x^3 + \cdots.$

問 **4.16** (1) $\dfrac{1}{16}$. (2) $\dfrac{1}{120}$. [(1) 2 項定理より, $|x| < 1$ のとき $\sqrt{1+x} = 1 + \dfrac{1}{2}x - \dfrac{1}{8}x^2 + \dfrac{1}{16}x^3 - \dfrac{5}{128}x^4 + \cdots$ であるから, $\lim_{x\to 0} \dfrac{\sqrt{1+x} - 1 - \frac{1}{2}x + \frac{1}{8}x^2}{x^3} = \lim_{x\to 0}\left(\dfrac{1}{16} - \dfrac{5}{128}x + \cdots\right) = \dfrac{1}{16}.$]   問 **4.17** 略.

問 **4.18** 問 4.17 (1) の等式で x の代わりに $-x$ とおいて, $\log(1-x) = -\sum_{n=1}^{\infty} \dfrac{x^n}{n}$ $(|x|<1)$. ゆえに, $|x| < 1$ のとき, $\log \dfrac{1+x}{1-x} = \log(1+x) - \log(1-x) = \sum_{n=1}^{\infty} (-1)^{n-1}\dfrac{x^n}{n} + \sum_{n=1}^{\infty} \dfrac{x^n}{n} = 2\cdot x + 2\cdot \dfrac{x^3}{3} + 2\cdot \dfrac{x^5}{5} + \cdots = 2\sum_{n=0}^{\infty} \dfrac{x^{2n+1}}{2n+1}.$ ここで, $a = \dfrac{1+x}{1-x}$ とおけば $x = \dfrac{a-1}{a+1}$ であり, $a > 0$ のとき $|x| < 1.$ 問 **4.19** 略.

演習問題 [A]

4.1 (1) $\dfrac{1}{2}$. (2) $+\infty$. (3) 0. (4) 1. (5) -5. (6) e^4.

[(1) $1+2+\cdots+n = \dfrac{1}{2}n(n+1)$.]

4.2 (1) まず，$1 \leqq a_n < 2$ を示す．$n=1$ のときは $a_1 = 1$ なので正しい．$1 \leqq a_n < 2$ を仮定すると，$a_{n+1} = \sqrt{2+a_n} \geqq \sqrt{3} > 1$, $2 - a_{n+1} = 2 - \sqrt{2+a_n} = \dfrac{4-(2+a_n)}{2+\sqrt{2+a_n}} = \dfrac{2-a_n}{2+\sqrt{2+a_n}} > 0$ なので，$1 < a_{n+1} < 2$. よって，数学的帰納法により，任意の $n \in \mathbb{N}$ に対して $1 \leqq a_n < 2$ が成り立つ．したがって，$a_{n+1} - a_n = \sqrt{2+a_n} - a_n = \dfrac{(2+a_n) - a_n{}^2}{\sqrt{2+a_n}+a_n} = \dfrac{(2-a_n)(1+a_n)}{\sqrt{2+a_n}+a_n} > 0$ を得て，$\{a_n\}$ は単調増加である．以上より，$\{a_n\}$ は収束するので，$\lim\limits_{n\to\infty} a_n = \alpha$ とおくと $\alpha = \sqrt{2+\alpha}$. これから，$\alpha = 2$.

(2) まず，$a_n > \sqrt{2}$ を示す．$n=1$ のときは $a_1 = 2$ なので正しい．$a_n > \sqrt{2}$ を仮定すると，$a_{n+1} - \sqrt{2} = \dfrac{1}{2}\left(a_n + \dfrac{2}{a_n}\right) - \sqrt{2} = \dfrac{a_n^2 + 2 - 2\sqrt{2}\,a_n}{2a_n} = \dfrac{(a_n - \sqrt{2})^2}{2a_n} > 0$ なので，$a_{n+1} > \sqrt{2}$. よって，数学的帰納法により，任意の $n \in \mathbb{N}$ に対して $a_n > \sqrt{2}$ が成り立つ．したがって，$a_{n+1} - a_n = \dfrac{1}{2}\left(a_n + \dfrac{2}{a_n}\right) - a_n = \dfrac{2 - a_n{}^2}{2a_n} < 0$ を得て，$\{a_n\}$ は単調減少である．以上より，$\{a_n\}$ は収束するので，$\lim\limits_{n\to\infty} a_n = \alpha$ とおくと，$\alpha \geqq \sqrt{2}$ かつ $\alpha = \dfrac{1}{2}\left(\alpha + \dfrac{2}{\alpha}\right)$. これから，$\alpha = \sqrt{2}$.

4.3 $a_n = nx^{n-1}$ とおく．

$x \geqq 1$ のときは $a_n \geqq n$ より $\lim\limits_{n\to\infty} a_n = +\infty$.

$0 < x < 1$ の場合，$\dfrac{a_{n+1}}{a_n} = \dfrac{n+1}{n}x$ なので $N > \dfrac{x}{1-x}$ なる $N \in \mathbb{N}$ をとっておけば $n \geqq N$ のとき $a_n > a_{n+1}$ を得て，$\{a_n\}$ は収束する．$\lim\limits_{n\to\infty} a_n = \alpha$ とおき，等式 $a_{n+1} = \dfrac{n+1}{n}xa_n$ で $n \to \infty$ として，$\alpha = 0$ を得る．

$x = 0$ のとき $\lim\limits_{n\to\infty} a_n = 0$ は明らか．

$-1 < x < 0$ のときは $|x| < 1$ なので $\lim\limits_{n\to\infty} |a_n| = \lim\limits_{n\to\infty} n|x|^{n-1} = 0$ より $\lim\limits_{n\to\infty} a_n = 0$. $x \leqq -1$ のとき $\lim\limits_{n\to\infty} a_{2n} = +\infty$, $\lim\limits_{n\to\infty} a_{2n+1} = -\infty$ なので $\lim\limits_{n\to\infty} a_n$ は存在しない．

以上より，数列 $\{a_n\}$ の極限は $x \geqq 1$ のとき $+\infty$, $|x| < 1$ のとき 0, $x \leqq -1$ のとき存在しない．

4.4 (1) $-\dfrac{7}{6}$. (2) $+\infty$. (3) $+\infty$. (4) 1.

[(3) 分母の有理化. (4) $\dfrac{k}{(k+1)!} = \dfrac{1}{k!} - \dfrac{1}{(k+1)!}$.]

4.5 (1) $\dfrac{1-\sqrt{5}}{2} < x < \dfrac{1+\sqrt{5}}{2}$, 和は $\dfrac{1}{x^2-x+1}$. (2) $x > -\dfrac{1}{2}$, 和は x.

[(1) 不等式 $-1 < x(1-x) < 1$ を解け. (2) 不等式 $-1 < \dfrac{x}{x+1} < 1$ を解け.]

4.6 第 n 部分和を S_n とする. $x \neq 1$ のとき, $(1-x)S_n = S_n - xS_n = \sum_{k=1}^{n} kx^{k-1} - \sum_{k=1}^{n} kx^k = \sum_{k=1}^{n} kx^{k-1} - \sum_{k=2}^{n+1} (k-1)x^{k-1} = 1 + \sum_{k=2}^{n}\{k-(k-1)\}x^{k-1} - nx^n = 1 + \sum_{k=2}^{n} x^{k-1} - nx^n = 1 + \dfrac{x(1-x^{n-1})}{1-x} - nx^n = \dfrac{1-(n+1)x^n + nx^{n+1}}{1-x}$ より, $S_n = \dfrac{1-(n+1)x^n + nx^{n+1}}{(1-x)^2}$. $|x| < 1$ のとき, 演 4.3 より $\lim_{n\to\infty}(n+1)x^n = 0$, $\lim_{n\to\infty} nx^{n+1} = 0$ なので, $\sum_{n=1}^{\infty} nx^{n-1} = \lim_{n\to\infty} S_n = \dfrac{1}{(1-x)^2}$. $|x| \geq 1$ のとき, 演 4.3 より $\lim_{n\to\infty} nx^{n-1} = 0$ がみたされないので収束しない.

4.7 第 n 部分和は $S_n = \sum_{k=1}^{n} \dfrac{1}{k^x}$ であり, 数列 $\{S_n\}$ は単調増加である. 任意の $n \geq 1$ に対して, $S_n \leq S_{2^n} = 1 + \sum_{p=1}^{n}\left\{\dfrac{1}{(2^{p-1}+1)^x} + \dfrac{1}{(2^{p-1}+2)^x} + \cdots + \dfrac{1}{(2^p)^x}\right\} < 1 + \sum_{p=1}^{n}(2^p - 2^{p-1}) \cdot \dfrac{1}{(2^{p-1})^x} = 1 + \sum_{p=1}^{n} 2^{(p-1)(1-x)}$. $x > 1$ のとき $0 < 2^{1-x} < 1$ であるから, $\sum_{p=1}^{n} 2^{(p-1)(1-x)} < \sum_{p=1}^{\infty}(2^{1-x})^{p-1} = \dfrac{1}{1-2^{1-x}} < +\infty$. ゆえに, $\{S_n\}$ は上に有界であって, $\sum_{k=1}^{\infty} \dfrac{1}{k^x}$ は収束する. $x \leq 1$ のときは, 任意の $n \geq 1$ に対して $S_n \geq \sum_{k=1}^{n} \dfrac{1}{k}$ であって, 例題 4.3 (2) より $\sum_{k=1}^{\infty} \dfrac{1}{k} = +\infty$ であるから, $\sum_{k=1}^{n} \dfrac{1}{k^x} = +\infty$.

4.8 $a_n = \sum_{k=1}^{n} \dfrac{1}{k} - \log n$ とおく. $k = 1, 2, \ldots, n-1$ に対し $\int_{k}^{k+1} \dfrac{dx}{x} < \dfrac{1}{k}$ なので, $\sum_{k=1}^{n} \dfrac{1}{k} = \sum_{k=1}^{n-1} \dfrac{1}{k} + \dfrac{1}{n} > \sum_{k=1}^{n-1} \int_{k}^{k+1} \dfrac{dx}{x} + \dfrac{1}{n} = \int_{1}^{n} \dfrac{dx}{x} + \dfrac{1}{n} = \log n + \dfrac{1}{n}$ を得て, $a_n > 0$. また, $a_n - a_{n+1} = \log(n+1) - \log n - \dfrac{1}{n+1} = \int_{n}^{n+1} \dfrac{dx}{x} - \dfrac{1}{n+1} > 0$ なので, $\{a_n\}$ は単調減少. したがって, $\{a_n\}$ は収束する.

4.9 $N \geqq |x|$ なる $N \in \mathbb{N}$ をとる．$n \geqq N+1$ のとき $\left|\dfrac{x^n}{n!}\right| = \dfrac{|x|^n}{n!} = \dfrac{|x|^N}{N!} \cdot \dfrac{|x|}{N+1} \cdot \dfrac{|x|}{N+2} \cdots \dfrac{|x|}{n} \leqq \dfrac{|x|^N}{N!}\left(\dfrac{|x|}{N+1}\right)^{n-N}$ であり，$\dfrac{|x|}{N+1} < 1$ なので，$\displaystyle\sum_{n=N+1}^{\infty} \dfrac{|x|^N}{N!} \cdot \left(\dfrac{|x|}{N+1}\right)^{n-N} < +\infty$．定理 4.5 より，$\displaystyle\sum_{n=1}^{\infty} \dfrac{x^n}{n!}$ は収束する．

4.10 仮に e が有理数とすると，$e = \dfrac{p}{q}$，$p, q \in \mathbb{N}$，と書ける．$e = \displaystyle\sum_{n=0}^{\infty} \dfrac{1}{n!}$ であるから，両辺に $q!$ を掛けて，$p \cdot (q-1)! = \displaystyle\sum_{n=0}^{q-1} \dfrac{q!}{n!} + 1 + \sum_{n=q+1}^{\infty} \dfrac{q!}{n!}$．ゆえに，$p \cdot (q-1)! - 1 - \displaystyle\sum_{n=0}^{q-1} q(q-1)\cdots(n+1) = \sum_{n=q+1}^{\infty} \dfrac{1}{(q+1)(q+2)\cdots n}$ を得て，左辺は整数である．一方，$0 < \displaystyle\sum_{n=q+1}^{\infty} \dfrac{1}{(q+1)(q+2)\cdots n} \leqq \sum_{n=q+1}^{\infty} \dfrac{1}{q+1} \cdot \dfrac{1}{3^{n-q-1}} = \dfrac{1}{q+1} \cdot \dfrac{3}{2} < 1$ なので，右辺は整数でない．これは矛盾．

4.11 e^x, e^{-x} のマクローリン展開を用いよ．

4.12 (1) $\sqrt[4]{1+x} = 1 + \dfrac{1}{4}x - \dfrac{3}{32}x^2 + \dfrac{7}{128}x^3 - \dfrac{77}{2048}x^4 + \cdots$.

(2) $\dfrac{x}{e^x + 1} = \dfrac{1}{2}x - \dfrac{1}{4}x^2 + \dfrac{1}{48}x^4 + \cdots$.

4.13 (1) 1．(2) 1．(3) 0．(4) 4．

4.14 $|x - a| < R$ の場合，$|x - a| < r < R$ なる r をとると，$\displaystyle\lim_{n \to \infty}\left|\dfrac{c_n}{c_{n+1}}\right| = R$ より，$N \in \mathbb{N}$ が存在して，$n \geqq N$ ならば $r < \left|\dfrac{c_n}{c_{n+1}}\right|$，すなわち，$|c_{n+1}|r^{n+1} < |c_n|r^n$．ゆえに，数列 $\{|c_n|r^n\}$ は第 N 項から先は単調減少である．よって，$M > 0$ が存在して，任意の $n \in \mathbb{N}$ に対し $|c_n|r^n < M$．ゆえに，$|c_n(x-a)^n| \leqq M\left(\dfrac{|x-a|}{r}\right)^n$．$0 \leqq \dfrac{|x-a|}{r} < 1$ なので，等比級数 $\displaystyle\sum_{n=0}^{\infty} M\left(\dfrac{|x-a|}{r}\right)^n$ は収束し，したがって，$\displaystyle\sum_{n=0}^{\infty} c_n(x-a)^n$ も収束する（定理 4.5 参照）．次に，$|x - a| > R$ の場合，$\displaystyle\lim_{n \to \infty}\left|\dfrac{c_n}{c_{n+1}}\right| = R$ より，$N \in \mathbb{N}$ が存在して，$n \geqq N$ ならば $\left|\dfrac{c_n}{c_{n+1}}\right| < |x - a|$，すなわち，$|c_n(x-a)^n| < |c_{n+1}(x-a)^{n+1}|$．ゆえに，数列 $\{|c_n(x-a)^n|\}$ は第 N 項から先は単調増加である．任意の $n \geqq N$ に対し $|c_n(x-a)^n| \geqq |c_N(x-a)^N| > 0$

なので，$\lim_{n \to \infty} c_n (x-a)^n = 0$ ではありえず，$\sum_{n=0}^{\infty} c_n (x-a)^n$ は収束しない．以上より，$\sum_{n=0}^{\infty} c_n (x-a)^n$ の収束半径は R である．

4.15 (1) 数列 $\{a_n\}$ は単調増加かつ上に有界とする．$B = \{x \in \mathbb{R} \mid \text{任意の } n \in \mathbb{N} \text{ に対して } a_n \leqq x\}$ とおき，A を B の $\mathbb{R}$ における補集合とする．このとき，対 (A, B) がデデキントの切断であることが確かめられる．連続性公理より，$c \in \mathbb{R}$ が存在して，$A = (-\infty, c]$，$B = (c, +\infty)$ または $A = (-\infty, c)$，$B = [c, +\infty)$．任意の $\varepsilon > 0$ をとる．$c + \varepsilon \in B$ なので，任意の $n \in \mathbb{N}$ に対し $a_n \leqq c + \varepsilon$．$c - \varepsilon \notin B$ なので，$a_N > c - \varepsilon$ をみたす $N \in \mathbb{N}$ が存在する．$n \geqq N$ のとき $a_n \geqq a_N$ であるから $a_n > c - \varepsilon$．ゆえに，$n \geqq N$ のとき $c - \varepsilon < a_n < c + \varepsilon$，すなわち，$|a_n - c| < \varepsilon$．したがって，$\lim_{n \to \infty} a_n = c$ (p. 86, 注 1) 参照).

4.16 仮定 (1) のもとで考える．(A, B) を任意のデデキントの切断とする．$A \neq \emptyset$，$B \neq \emptyset$ なので，$a_1 \in A$, $b_1 \in B$ をとる．このとき $a_1 < b_1$ なので，$b_1 - a_1 = h$ とおけば $h > 0$．いま，$a_1, a_2, \ldots, a_{n-1} \in A$ と $b_1, b_2, \ldots, b_{n-1} \in B$ がとれて，$a_1 \leqq a_2 \leqq \cdots \leqq a_{n-1}$, $b_{n-1} \leqq \cdots \leqq b_2 \leqq b_1$ かつ $k = 1, 2, \ldots, n-1$ のとき $b_k - a_k = \dfrac{h}{2^k}$ と仮定する．$\dfrac{a_{n-1} + b_{n-1}}{2} \in A$ のときは $a_n = \dfrac{a_{n-1} + b_{n-1}}{2}$, $b_n = b_{n-1}$ とおき，$\dfrac{a_{n-1} + b_{n-1}}{2} \in B$ のときは $a_n = a_{n-1}$, $b_n = \dfrac{a_{n-1} + b_{n-1}}{2}$ とおくと，いずれの場合も $a_n \in A$, $a_{n-1} \leqq a_n$, $b_n \in B$, $b_n \leqq b_{n-1}$, $b_n - a_n = \dfrac{b_{n-1} - a_{n-1}}{2} = \dfrac{h}{2^n}$ が成り立つ．したがって，数学的帰納法により，単調増加な数列 $\{a_n\}$ と単調減少な数列 $\{b_n\}$ がとれて，任意の $n \in \mathbb{N}$ に対し，$a_n \in A$, $b_n \in B$ かつ $b_n - a_n = \dfrac{h}{2^n}$ が成り立つ．$a_n = b_n - \dfrac{h}{2^n} < b_n \leqq b_1$ なので，$\{a_n\}$ は上に有界である．よって，仮定 (1) より $\lim_{n \to \infty} a_n = c$ は有限確定．任意の $x < c$ に対し，$N \in \mathbb{N}$ が存在して，$x < a_N$. $a_N \in A$ なので $x \in B$. ゆえに，$(-\infty, c) \subset A$. 数列 $\left\{ -\dfrac{h}{2^n} \right\}$ は上に有界かつ単調増加なので，仮定 (1) より $\lim_{n \to \infty} \left(-\dfrac{h}{2^n} \right) = \alpha$ は有限確定．等式 $2 \cdot \left(-\dfrac{h}{2^{n+1}} \right) = -\dfrac{h}{2^n}$ で $n \to \infty$ として，$2\alpha = \alpha$. ゆえに $\alpha = 0$. よって，$\lim_{n \to \infty} b_n = \lim_{n \to \infty} \left\{ a_n - \left(-\dfrac{h}{2^n} \right) \right\} = c$ を得て，任意の $x > c$ に対し，$N \in \mathbb{N}$ が存在して，$b_N < x$. $b_N \in B$ なので $x \in B$. ゆえに，$(c, +\infty) \subset B$. したがって，$c \in A$ のとき $A = (-\infty, c]$, $B = (c, +\infty)$, $c \in B$ のとき $A = (-\infty, c)$, $B = [c, +\infty)$. (2) の場合も同様．

演習問題 [B]

4.17 正しくない．[例えば $a_n = \dfrac{1}{\log n}$．]

4.18 (1) $x \in [0,1]$ において，$1 \leqq 1+x^{n+1} \leqq 1+x^n$ であるから，$\displaystyle\int_0^1 \dfrac{\mathrm{d}x}{1+x^n} \leqq \displaystyle\int_0^1 \dfrac{\mathrm{d}x}{1+x^{n+1}} \leqq 1$．(2) (1) から数列 $\{a_n\}$ は収束する（定理 4.1 参照）．$\alpha = \lim\limits_{n\to\infty} a_n$ とおくと (1) より $a_n \leqq \alpha \leqq 1$．任意の $r \in (0,1)$ をとれば，$x \in [0,r]$ で $1 \leqq 1+x^n \leqq 1+r^n$ が成立するので，$a_n \geqq \displaystyle\int_0^r \dfrac{\mathrm{d}x}{1+x^n} \geqq \displaystyle\int_0^r \dfrac{\mathrm{d}x}{1+r^n}$．これから $1 \geqq \alpha \geqq \dfrac{r}{1+r^n}$．$n \to \infty$ として，$1 \geqq \alpha \geqq r$．$r \to 1-0$ として，$\alpha = 1$．

4.19 (1) $I_{k+2} = \displaystyle\int_0^{\frac{\pi}{2}} \sin^{k+1} x \sin x \,\mathrm{d}x = \left[\sin^{k+1} x \cdot (-\cos x) \right]_0^{\frac{\pi}{2}} - \displaystyle\int_0^{\frac{\pi}{2}} (k+1) \sin^k x \cos x \cdot (-\cos x) \,\mathrm{d}x = 0 + (k+1) \displaystyle\int_0^{\frac{\pi}{2}} \sin^k x \cos^2 x \,\mathrm{d}x = (k+1) \displaystyle\int_0^{\frac{\pi}{2}} \sin^k x (1-\sin^2 x) \,\mathrm{d}x = (k+1) \left(\displaystyle\int_0^{\frac{\pi}{2}} \sin^k x \,\mathrm{d}x - \displaystyle\int_0^{\frac{\pi}{2}} \sin^{k+2} x \,\mathrm{d}x \right) = (k+1)(I_k - I_{k+2})$．これから，$I_{k+2} = \dfrac{k+1}{k+2} I_k$．

(2) $-1 < x < 1$ のとき $\dfrac{1}{\sqrt{1-x^2}} = 1 + \binom{-\frac{1}{2}}{1}(-x^2) + \binom{-\frac{1}{2}}{2}(-x^2)^2 + \cdots + \binom{-\frac{1}{2}}{n}(-x^2)^n + \cdots$ であるから（例 4.7 参照），項別積分定理より $\displaystyle\int_0^{\frac{\pi}{2}} \dfrac{\mathrm{d}x}{\sqrt{1-a^2 \sin^2 x}} = I_0 - \binom{-\frac{1}{2}}{1} a^2 I_2 + \binom{-\frac{1}{2}}{2} a^4 I_4 + \cdots + (-1)^n \binom{-\frac{1}{2}}{n} a^{2n} I_{2n} + \cdots$．さらに，$(-1)^n \binom{-\frac{1}{2}}{n} = \dfrac{1\cdot 3 \cdots (2n-1)}{2\cdot 4 \cdots (2n)}$ と $I_{2n} = \dfrac{1\cdot 3 \cdots (2n-1)}{2\cdot 4 \cdots (2n)} \dfrac{\pi}{2}$ を示す．

4.20 (1) $I_{n+2} = \displaystyle\int_0^{\frac{\pi}{4}} \tan^{n+2} x \,\mathrm{d}x = \displaystyle\int_0^{\frac{\pi}{4}} \tan^n x \left(\sec^2 x - 1 \right) \mathrm{d}x = \displaystyle\int_0^{\frac{\pi}{4}} \tan^n x \sec^2 x \,\mathrm{d}x - \displaystyle\int_0^{\frac{\pi}{4}} \tan^n x \,\mathrm{d}x = \left[\dfrac{\tan^{n+1} x}{n+1} \right]_0^{\frac{\pi}{4}} - \displaystyle\int_0^{\frac{\pi}{4}} \tan^n x \,\mathrm{d}x = \dfrac{1}{n+1} - I_n$．

(2) $0 < x < \dfrac{\pi}{4}$ のとき $0 < \tan x < 1$ なので，$0 < \tan^{n+1} x < \tan^n x$．これから $0 < I_{n+1} < I_n$ が従う．数列 $\{I_n\}$ は下に有界かつ単調減少なので（定理 4.1 参照），$I = \lim\limits_{n\to\infty} I_n$ は有限確定．(1) で $n \to 0$ として，$I + I = 0$．ゆえに，$I = 0$．

(3) $\dfrac{\pi}{4}$. [$\sum_{n=0}^{\infty}\dfrac{(-1)^n}{2n+1} = \lim_{n\to\infty}\sum_{k=0}^{n}(-1)^k(I_{2k}+I_{2k+2}) = \lim_{n\to\infty}\Big\{\sum_{k=0}^{n}(-1)^k I_{2k} - \sum_{k=0}^{n}(-1)^{k+1}I_{2(k+1)}\Big\} = \lim_{n\to\infty}\Big\{I_0 - (-1)^n I_{2n+1}\Big\} = I_0 = \dfrac{\pi}{4}$.]

4.21 (1) $\dfrac{1}{1+x} = 1 - x + x^2 - x^3 + x^4 + \cdots$.

(2) $\dfrac{1}{x^2-3x+2} = \dfrac{1}{2} + \dfrac{3}{4}x + \dfrac{7}{8}x^2 + \dfrac{15}{16}x^3 + \dfrac{31}{32}x^4 + \cdots$. [$\dfrac{1}{x^2-3x+2} = \dfrac{1}{1-x} - \dfrac{1}{2-x} = (1 + x + x^2 + x^3 + x^4 + \cdots) - \Big(\dfrac{1}{2} + \dfrac{x}{4} + \dfrac{x^2}{8} + \dfrac{x^3}{16} - \dfrac{x^4}{32} + \cdots\Big)$.]

4.22 (1) $\dfrac{1}{\sqrt{1+x}} = 1 - \dfrac{1}{2}x + \dfrac{3}{8}x^2 - \dfrac{5}{16}x^3 + \cdots$. (2) 前半は略. 収束半径は 1.

4.23 (1) $g'(x) = \dfrac{1}{\sqrt{1-x^2}}$, $g''(x) = \dfrac{x}{(1-x^2)^{\frac{3}{2}}}$. (2) 略.

(3) $a_0 = 0$, $a_1 = 0$, $a_2 = \dfrac{1}{2}$. (4) $\dfrac{4}{45}$.

第 5 章

問 5.1 $(a^2+b^2)(c^2+d^2) - (ac+bd)^2 = a^2d^2 + b^2c^2 - 2abcd = (ad-bc)^2 \geqq 0$.

問 5.2 $P_i(x_i, y_i)$ $(i=1,2,3)$ とし, $a = x_1 - x_2$, $b = y_1 - y_2$, $c = x_2 - x_3$, $d = y_2 - y_3$ とおく. $P_1P_2 = \sqrt{a^2+b^2}$, $P_2P_3 = \sqrt{c^2+d^2}$, $P_1P_3 = \sqrt{(a+c)^2+(b+d)^2}$ なので, $(P_1P_2 + P_2P_3)^2 - P_1P_3{}^2 = (\sqrt{a^2+b^2} + \sqrt{c^2+d^2})^2 - \{(a+c)^2+(b+d)^2\} = 2\{\sqrt{a^2+b^2}\sqrt{c^2+d^2} - (ac+bd)\} \geqq 0$ (問 5.1 参照).

問 5.3 $-\dfrac{1}{2} \leqq z < \dfrac{1}{2}$.

問 5.4 $P(x,y,z)$, $A(x_0, y_0, z_0)$, $\boldsymbol{n} = \begin{pmatrix} a \\ b \\ c \end{pmatrix}$ とおく. (1) $(x-x_0)^2 + (y-y_0)^2 + (z-z_0)^2 = R^2 \Leftrightarrow AP^2 = R^2 \Leftrightarrow AP = R$. これは点 A を中心とし, 半径が $R > 0$ の球である. (2) $a(x-x_0) + b(y-y_0) + c(z-z_0) = 0 \Leftrightarrow \overrightarrow{AP} \cdot \boldsymbol{n} = 0 \Leftrightarrow \overrightarrow{AP} \perp \boldsymbol{n}$. これは点 A を通り, ベクトル $\boldsymbol{n}$ に垂直な平面である.

問 5.5 (1) 存在しない. (2) 0. (3) 存在しない. (4) 0. [(1), (3) 直線 $y = mx$ に沿って (x,y) を $(0,0)$ に近づけよ. (4) $\Big|x\sin\dfrac{y}{x}\Big| \leqq |x|$.]

問 5.6 $\mathbb{R}^2$ で連続.

問 5.7 (1) $z_x = 1$, $z_y = 2$. (2) $z_x = 70(7x+y+1)^9$, $z_y = 10(7x+y+1)^9$.

(3) $z_x = \dfrac{4xy^2}{(x^2+y^2)^2}$, $z_y = -\dfrac{4x^2y}{(x^2+y^2)^2}$. (4) $z_x = \dfrac{y}{x^2+y^2}$, $z_y = -\dfrac{x}{x^2+y^2}$.

問 5.8 (1) $f_x(1,2) = -2$, $f_y(1,2) = -22$. (2) $f_x(1,2) = 2e^5$, $f_y(1,2) = 4e^5$.

問 5.9 $f_y = 0$ より，各 $x \in I$ について，関数 $y \mapsto f(x,y)$ は J で定数である．すなわち，各 $x \in I$ について $C(x) \in \mathbb{R}$ が存在して，任意の $y \in J$ に対し $f(x,y) = C(x)$．これから，$C'(x) = f_x(x,y) = 0$ を得て，$C(x) = C$ (定数)．よって，$I \times J$ において $f(x,y) = C$ (定数)．

問 5.10 (1) $z_{xx} = 2(2x^2+1)\mathrm{e}^{x^2-y^2}$, $z_{yy} = 2(2y^2-1)\mathrm{e}^{x^2-y^2}$, $z_{xy} = z_{yx} = -4xy\mathrm{e}^{x^2-y^2}$.
(2) $z_{xx} = \mathrm{e}^x \sin y$, $z_{yy} = -\mathrm{e}^x \sin y$, $z_{xy} = z_{yx} = \mathrm{e}^x \cos y$.
(3) $z_{xx} = -4\sin(2x-3y)$, $z_{yy} = -9\sin(2x-3y)$, $z_{xy} = z_{yx} = 6\sin(2x-3y)$.
(4) $z_{xx} = \dfrac{2x(x^2-3y^2)}{(x^2+y^2)^3}$, $z_{yy} = -\dfrac{2x(x^2-3y^2)}{(x^2+y^2)^3}$, $z_{xy} = z_{yx} = \dfrac{2y(3x^2-y^2)}{(x^2+y^2)^3}$.

問 5.11 $f(x,y) = f(a,b) + A(x-a) + B(y-b) + \varepsilon(x,y)\sqrt{(x-a)^2+(y-b)^2}$ と書けて，$\lim_{(x,y)\to(a,b)} \varepsilon(x,y) = 0$ なので，$\lim_{(x,y)\to(a,b)} f(x,y) = f(a,b) + A \cdot 0 + B \cdot 0 + 0 \cdot 0 = f(a,b)$.

問 5.12 (1) $z = 2x + 4y - 3$. (2) $z = 2x + y - 2$. (3) $z = \dfrac{4}{5}x + \dfrac{3}{5}y$.
(4) $z = x - y$.

問 5.13 (1) $\mathrm{d}z = (2x-3y)\mathrm{d}x + (-3x+4y)\mathrm{d}y$. (2) $\mathrm{d}z = \dfrac{1}{y}\mathrm{d}x - \dfrac{x}{y^2}\mathrm{d}y$.
(3) $\mathrm{d}z = -\sin x \sin y\, \mathrm{d}x + \cos x \cos y\, \mathrm{d}y$. (4) $\mathrm{d}z = \dfrac{\mathrm{d}x + 4\,\mathrm{d}y}{x+4y}$.

問 5.14 (1) $\dfrac{\mathrm{d}z}{\mathrm{d}t} = 2t f_x(t^2, t^3) + 3t^2 f_y(t^2, t^3)$.
(2) $\dfrac{\mathrm{d}z}{\mathrm{d}t} = -f_x(\cos t, \sin t)\sin t + f_y(\cos t, \sin t)\cos t$.

問 5.15 (1) $\dfrac{\mathrm{d}z}{\mathrm{d}t} = \cos^2 t \sin t \left(2\cos^2 t - 3\sin^2 t\right)$.
(2) $\dfrac{\mathrm{d}z}{\mathrm{d}t} = -\mathrm{e}^t \sin \mathrm{e}^t \sin(\log t) + \dfrac{1}{t}\cos \mathrm{e}^t \cos(\log t)$.

問 5.16 $z_u = az_x + cz_y$, $z_v = bz_x + dz_y$.

問 5.17 (1), (2) $z_r = z_x \cos \theta + z_y \sin \theta$, $z_\theta = r(-z_x \sin \theta + z_y \cos \theta)$ を z_x, z_y について解け．(3) 略．

問 5.18 $z_{rr} = z_{xx}\cos^2\theta + 2z_{xy}\cos\theta\sin\theta + z_{yy}\sin^2\theta$, $z_{\theta\theta} = r^2(z_{xx}\sin^2\theta - 2z_{xy}\sin\theta\cos\theta + z_{yy}\cos^2\theta) - r(z_x\cos\theta + z_y\sin\theta)$ を示したのち，右辺を計算して左辺を導け．

問 5.19 (1) $-6\left(x^2 + 24xy - 32y^2\right)$. (2) $-24\left(19x - 36y\right)$.

問 5.20 任意の $(x,y) \in D$ をとり，$h = x-a$, $k = y-b$ とおく．平均値の定理より，$f(x,y) = f(a,b) + h f_x(a+\theta h, b+\theta k) + k f_y(a+\theta h, b+\theta k)$, $0 < \theta < 1$, と書ける．$f_x(a+\theta h, b+\theta k) = 0$, $f_y(a+\theta h, b+\theta k) = 0$ なので $f(x,y) = f(a,b)$ を得て，$f(x,y)$ は D で定数 $f(a,b)$ に等しい．

問 **5.21** $\theta = \dfrac{1}{3}$. $[f(h,k) = f(0,0) + hf_x(0,0) + kf_y(0,0) + \dfrac{1}{2}(h^2 f_{xx}(\theta h, \theta k) + 2hk f_{xy}(\theta h, \theta k) + k^2 f_{yy}(\theta h, \theta k))$ より $h^3 + k^3 = \dfrac{1}{2}(h^2 \cdot 6\theta h + k^2 \cdot 6\theta k).$]

問 **5.22** (1) $f(h,k) = 1 - \dfrac{1}{2}(h+3k)^2 + \dfrac{1}{6}\sin\theta(h+3k)\cdot(h+3k)^3,\ 0<\theta<1.$
(2) $f(h,k) = 1 + hk + \dfrac{2}{3}e^{\theta^2 hk}\theta h^2 k^2(2\theta^2 hk + 3),\ 0<\theta<1.$

問 **5.23** $z = a\cos^2\theta + 2b\cos\theta\sin\theta + c\sin^2\theta = \dfrac{1}{2}a(1+\cos 2\theta) + b\sin 2\theta + \dfrac{1}{2}c(1-\cos 2\theta) = \dfrac{a+c}{2} + b\sin 2\theta + \dfrac{a-c}{2}\cos 2\theta = \dfrac{a+c}{2} + \dfrac{\sqrt{(a-c)^2 + 4b^2}}{2}\sin(2\theta + \alpha).$
$-1 \leqq \sin(2\theta+\alpha) \leqq 1$ なので z の最大値は $\dfrac{a+c+\sqrt{(a-c)^2+4b^2}}{2}$, 最小値は $\dfrac{a+c-\sqrt{(a-c)^2+4b^2}}{2}$.

問 **5.24** $(a-\lambda)(c-\lambda) - b^2 = 0$ の 2 つの解を λ_1, λ_2 とする. これらは実数であり, $\lambda_1 + \lambda_2 = a+c$, $\lambda_1\lambda_2 = ac - b^2$.
(1) ($\Rightarrow$) $ac - b^2 > 0$ より $ac > b^2 \geqq 0$. これと $a>0$ より $c>0$. ゆえに $\lambda_1 + \lambda_2 = a+c > 0$. これと $\lambda_1\lambda_2 = ac - b^2 > 0$ より $\lambda_1 > 0,\ \lambda_2 > 0.$
($\Leftarrow$) $\lambda_1 > 0,\ \lambda_2 > 0$ なので $\lambda_1 + \lambda_2 > 0,\ \lambda_1\lambda_2 > 0$. $ac - b^2 = \lambda_1\lambda_2 > 0$ より $ac > b^2 \geqq 0$. これと $a+c = \lambda_1 + \lambda_2 > 0$ より $a>0,\ c>0$ を得る.
(2) 略. (3) λ_1, λ_2 の一方が正, 他方が負であるための条件は $\lambda_1\lambda_2 < 0$.

問 **5.25** $(a-\lambda)(c-\lambda) - b^2 = 0$ の 2 つの解を $\lambda_1, \lambda_2,\ \lambda_1 \leqq \lambda_2$, とする. 問 5.23 より, 円 $x^2 + y^2 = 1$ 上で $\lambda_1 \leqq ax^2 + 2bxy + cy^2 \leqq \lambda_2$. 任意の $(x,y) \neq (0,0)$ をとり, $r = \sqrt{x^2+y^2}$ とおけば, $\left(\dfrac{x}{r}\right)^2 + \left(\dfrac{y}{r}\right)^2 = 1$ なので, $\lambda_1 \leqq a\left(\dfrac{x}{r}\right)^2 + 2b\cdot\dfrac{x}{r}\cdot\dfrac{y}{r} + c\left(\dfrac{y}{r}\right)^2 \leqq \lambda_2$. ゆえに, $\lambda_1(x^2+y^2) \leqq ax^2 + 2bxy + cy^2 \leqq \lambda_2(x^2+y^2).$
(1) 問 5.24 (1) より $\lambda_1 > 0 \Leftrightarrow a>0,\ ac-b^2 > 0$. ($\Rightarrow$) 任意の $(x,y) \neq (0,0)$ に対し $ax^2 + 2bxy + cy^2 \geqq \lambda_1(x^2+y^2) > 0$. ($\Leftarrow$) $ax_1^2 + 2bx_1y_1 + cy_1^2 = \lambda_1,\ x_1^2 + y_1^2 = 1$ なる (x_1, y_1) が存在するので $\lambda_1 > 0.$
(2), (3) 略.

問 **5.26** (1) $(0,0)$ で極小値 0. (2) $(0,-2)$ で極小値 -4. (3) (a,a) で極小値 $-a^3$.
(4) $(2,0)$ で極大値 $4e^{-2}.$

演習問題 [A]

5.1 任意の $P \in D$ をとる. $C(a,b)$ とし, $\delta = r - CP$ とおくと $\delta > 0$. 中心 P, 半径 δ の開円板を U とする. 任意の $Q \in U$ について $CQ \leqq CP + PQ < CP + \delta = r$ なので $Q \in D$ を得て, U は D に含まれる. よって, 任意の点 $P \in D$ が D の内点であることが示されたので, D は $\mathbb{R}^2$ の開集合である.

5.2 $(x_1, x_2, \ldots, x_n) \neq (0, 0, \ldots, 0)$ のとき,任意の $t \in \mathbb{R}$ に対して $t^2 \sum_{k=1}^{n} x_k{}^2 + 2t \sum_{k=1}^{n} x_k y_k + \sum_{k=1}^{n} y_k{}^2 = \sum_{k=1}^{n} (tx_k + y_k)^2 \geqq 0$ であるから,(判別式) $\leqq 0$.

5.3 (1) 1. (2) 存在しない. [(2) 曲線 $y = mx^2$ に沿って (x, y) を $(0, 0)$ に近づけよ.]

5.4 (1) $z_x = 21x^2 + 6xy - 2y^2$, $z_y = 3x^2 - 4xy - 3y^2$.
(2) $z_x = e^x \cos y$, $z_y = -e^x \sin y$.

5.5 (1) $z_{xx} = -\dfrac{2(x^2 - y^2)}{(x^2 + y^2)^2}$, $z_{yy} = \dfrac{2(x^2 - y^2)}{(x^2 + y^2)^2}$, $z_{xy} = z_{yx} = -\dfrac{4xy}{(x^2 + y^2)^2}$.
(2) $z_{xx} = y(y-1)x^{y-2}$, $z_{yy} = x^y (\log x)^2$, $z_{xy} = z_{yx} = x^{y-1}(1 + y \log x)$.

5.6 (1) $z_{xxx} = 24x$, $z_{xxy} = -6y^2$, $z_{xyy} = -12xy$, $z_{yyy} = -6x^2$.
(2) $z_{xxx} = 504x^6 y$, $z_{xxy} = 8\left(9x^7 + y\right)$, $z_{xyy} = 8x$, $z_{yyy} = 0$.
(3) $z_{xxx} = -125 \cos(5x - y)$, $z_{xxy} = 25 \cos(5x - y)$, $z_{xyy} = -5 \cos(5x - y)$, $z_{yyy} = \cos(5x - y)$.
(4) $z_{xxx} = 2e^{x^2}\left(4x^4 + 4x^3 y + 12x^2 + 6xy + 3\right)$, $z_{xxy} = 2e^{x^2}\left(2x^2 + 1\right)$, $z_{xyy} = z_{yyy} = 0$.

5.7 $(x, y) \neq (0, 0)$ のとき $f_x(x, y) = -\dfrac{y(x^2 - y^2)}{(x^2 + y^2)^2}$, $f_x(0, 0) = 0$. $(x, y) \neq (0, 0)$ のとき $f_y(x, y) = \dfrac{x(x^2 - y^2)}{(x^2 + y^2)^2}$, $f_y(0, 0) = 0$. $[f_x(0, 0) = \lim_{h \to 0} \dfrac{f(h, 0) - f(0, 0)}{h} = \lim_{h \to 0} \dfrac{0 - 0}{h} = 0.]$

5.8 $f_{xy}(0, 0) = -1$, $f_{yx}(0, 0) = 1$.
$[(x, y) \neq (0, 0)$ のとき $f_x(x, y) = \dfrac{y(x^4 - y^4 + 4x^2 y^2)}{(x^2 + y^2)^2}$, $f_x(0, 0) = 0$. $(x, y) \neq (0, 0)$ のとき $f_y(x, y) = \dfrac{x(x^4 - y^4 - 4x^2 y^2)}{(x^2 + y^2)^2}$, $f_y(0, 0) = 0.]$

5.9 $z_x = -\varphi(x)$, $z_y = \varphi(y)$.

5.10 (1) $z_x = \varphi'(xy)y$, $z_y = \varphi'(xy)x$ より. (2) 略. **5.11** 略.

5.12 $u = x + y$, $v = x - y$ とおく. $z = f\left(\dfrac{u+v}{2}, \dfrac{u-v}{2}\right)$. $\dfrac{\partial z}{\partial u} = \dfrac{\partial z}{\partial x}\dfrac{\partial x}{\partial u} + \dfrac{\partial z}{\partial y}\dfrac{\partial y}{\partial u} = \dfrac{1}{2}\left(\dfrac{\partial z}{\partial x} + \dfrac{\partial z}{\partial y}\right) = 0$. ゆえに, z は v を固定するごとに u については定数なので,1 変数 v の関数 $\varphi(v)$ が存在して $z = \varphi(v)$ と書ける. すなわち, $z = \varphi(x - y)$. 2 変数 u, v の関数としての z は v に関して偏微分可能なので $\varphi(v)$ は微分可能である.

5.13 略. **5.14** $\dfrac{9}{2}a^3$. [接平面の方程式は $y_0 z_0 x + z_0 x_0 y + x_0 y_0 z = 3a^3$.]

5.15 $da = \dfrac{(b - c\cos A)\,db + (c - b\cos A)\,dc}{\sqrt{b^2 + c^2 - 2bc\cos A}}$.

[余弦定理 $a^2 = b^2 + c^2 - 2bc\cos A$.]

5.16 略.

5.17 (1) $\left(\dfrac{\pi}{2} + 2m\pi, \dfrac{\pi}{2} + 2n\pi\right)$ で極大値 2, $\left(\dfrac{3\pi}{2} + 2m\pi, \dfrac{3\pi}{2} + 2n\pi\right)$ で極小値 -2 (m, n は整数). (2) 極値はない. (3) $(1,1)$ で極小値 3. (4) $(0,1)$ で極小値 -2.

演習問題 [B]

5.18 偽. 例題 5.1, 演 5.7 参照.

5.19 演 5.7 参照 (例題 5.1 の関数の 2 倍).

5.20 まず, $f_x(0,0) = 0$, $f_y(0,0) = 0$ を示し, 次に, 関数 $\varepsilon(x,y) = \dfrac{f(x,y) - (f(0,0) + f_x(0,0)x + f_y(0,0)y)}{\sqrt{x^2 + y^2}}$ について, 極限 $\lim_{(x,y) \to (0,0)} \varepsilon(x,y)$ が存在しないことを示す.

5.21 $dz = \cos(x - y)\,dx - \cos(x - y)\,dy$. **5.22** 略.

5.23 (1) $f(x,y) = y + xy - \dfrac{1}{2}y^2 + \dfrac{1}{2}x^2 y - \dfrac{1}{2}xy^2 + \dfrac{1}{3}y^3 + \cdots$.

(2) $a = b = -\dfrac{1}{2}$.

5.24 (1) $(x,y) = (0,0)$, $(1,-1)$, $(-1,1)$. (2) $(x,y) = (1,-1)$, $(-1,1)$ のとき極小値 -2. [(2) $(x,y) = (0,0)$ のとき極値をとらない.]

5.25 $(x,y) = (-1,-1)$ のとき極大値 $\dfrac{5}{3}$.

5.26 $(x,y) = \left(\dfrac{\pi}{3}, \dfrac{\pi}{3}\right)$ のとき極大値 $\dfrac{3\sqrt{3}}{8}$, $(x,y) = \left(-\dfrac{\pi}{3}, -\dfrac{\pi}{3}\right)$ のとき極小値 $-\dfrac{3\sqrt{3}}{8}$. [$(x,y) = (0,0)$ のとき極値をとらない.]

第 6 章

問 6.1 $f\left(\dfrac{1}{e}\right) = -\dfrac{1}{e}$.

問 6.2 (1) $x = (\sqrt{2} - 1)a$ のとき最大値 $\dfrac{\sqrt{2} + 1}{2a}$, $x = -(\sqrt{2} + 1)a$ のとき最小値 $-\dfrac{\sqrt{2} - 1}{2a}$. (2) $x = \dfrac{5\pi}{6}$ のとき最大値 $\sqrt{3}$, $x = \dfrac{3\pi}{2}$ のとき最小値 0.

問 6.3 (1) 極大値 $f(1) = -1$.

(2) 極大値 $f(-\sqrt{a}) = -2\sqrt{a}$, 極小値 $f(\sqrt{a}) = 2\sqrt{a}$.

問 6.4 $a > 0$ のとき $\mathbb{R}$ で下に凸, $a < 0$ のとき $\mathbb{R}$ で上に凸.

問 6.5 仮に $f''(a) \neq 0$ とする. $f''(a) > 0$ のときは, $x = a$ の近くで $f''(x) > 0$ なので, $x = a$ の近くで下に凸である. $f''(a) < 0$ のときは, $x = a$ の近くで $f''(x) < 0$

なので，$x = a$ の近くで上に凸である．いずれの場合も点 $(a, f(a))$ は変曲点ではありえない．

問 6.6 (1) 図 2. (2) 図 3. (3) 図 4. (4) 図 5.

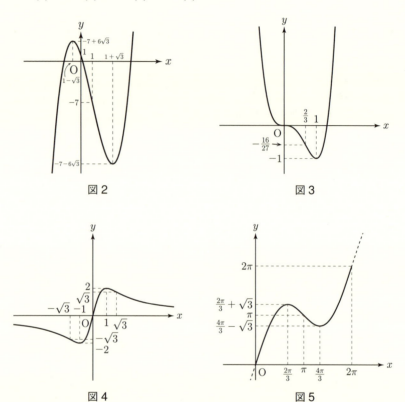

問 6.7 $\dfrac{\mathrm{d}^2 y}{\mathrm{d}x^2} = \dfrac{\mathrm{d}}{\mathrm{d}x}\left(\dfrac{\mathrm{d}y}{\mathrm{d}x}\right) = \dfrac{\frac{\mathrm{d}}{\mathrm{d}t}\left(\frac{\mathrm{d}y}{\mathrm{d}x}\right)}{\frac{\mathrm{d}x}{\mathrm{d}t}} = \dfrac{\mathrm{d}}{\mathrm{d}t}\left(\dfrac{\frac{\mathrm{d}y}{\mathrm{d}t}}{\frac{\mathrm{d}x}{\mathrm{d}t}}\right) \cdot \left(\dfrac{\mathrm{d}x}{\mathrm{d}t}\right)^{-1}$

$= \dfrac{\frac{\mathrm{d}^2 y}{\mathrm{d}t^2}\frac{\mathrm{d}x}{\mathrm{d}t} - \frac{\mathrm{d}y}{\mathrm{d}t}\frac{\mathrm{d}^2 x}{\mathrm{d}t^2}}{\left(\frac{\mathrm{d}x}{\mathrm{d}t}\right)^2} \cdot \left(\dfrac{\mathrm{d}x}{\mathrm{d}t}\right)^{-1} = \dfrac{\frac{\mathrm{d}^2 y}{\mathrm{d}t^2}\frac{\mathrm{d}x}{\mathrm{d}t} - \frac{\mathrm{d}y}{\mathrm{d}t}\frac{\mathrm{d}^2 x}{\mathrm{d}t^2}}{\left(\frac{\mathrm{d}x}{\mathrm{d}t}\right)^3}.$

問 6.8 (1) $\dfrac{\mathrm{d}y}{\mathrm{d}x} = \dfrac{3t}{2}, \dfrac{\mathrm{d}^2 y}{\mathrm{d}x^2} = \dfrac{3}{4t}.$ (2) $\dfrac{\mathrm{d}y}{\mathrm{d}x} = \left(\dfrac{t+1}{t-1}\right)^2, \dfrac{\mathrm{d}^2 y}{\mathrm{d}x^2} = 4\left(\dfrac{t+1}{t-1}\right)^3.$

(3) $\dfrac{\mathrm{d}y}{\mathrm{d}x} = -\tan t, \dfrac{\mathrm{d}^2 y}{\mathrm{d}x^2} = \dfrac{1}{3a \sin t \cos^4 t}.$

(4) $\dfrac{\mathrm{d}y}{\mathrm{d}x} = \dfrac{\sin t}{1 - \cos t}, \dfrac{\mathrm{d}^2 y}{\mathrm{d}x^2} = -\dfrac{1}{a(1 - \cos t)^2}.$

問 **6.9** (1) $\dfrac{dy}{dx} = 2t$, $\dfrac{d^2y}{dx^2} = 1$, 図6. (2) $\dfrac{dy}{dx} = -\dfrac{1-t^2}{2t}$, $\dfrac{d^2y}{dx^2} = -\left(\dfrac{1+t^2}{2t}\right)^3$,
図 7. [(2) 2つの式から t を消去して $x^2 + y^2 = 1$ を得るが，点 $(-1, 0)$ が除外されることも確かめよ.]

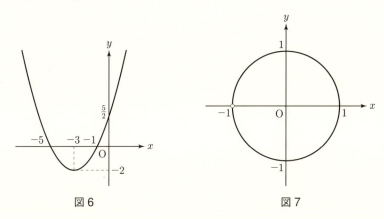

図 6　　　　　　　図 7

問 **6.10** 定理 6.5 より，C 上の点 (x_0, y_0) における接線はベクトル $\begin{pmatrix} \varphi'(t_0) \\ \psi'(t_0) \end{pmatrix}$ に平行である．点 (x_0, y_0) を通り，ベクトル $\begin{pmatrix} \varphi'(t_0) \\ \psi'(t_0) \end{pmatrix}$ に垂直な直線が法線であるから，その方程式は $\varphi'(t_0)(x - x_0) + \psi'(t_0)(y - y_0) = 0$.

問 **6.11** 接線 $x_0 x + y_0 y = a^2$，法線 $y_0 x - x_0 y = 0$. [$x_0 = a\cos t_0$, $y_0 = a\sin t_0$ と書ける．パラメータ表示 $x = a\cos t$, $y = a\sin t$ において，$t = t_0$ のとき $\dfrac{dx}{dt} = -a\sin t_0 = -y_0$, $\dfrac{dy}{dt} = a\cos t_0 = x_0$.]

問 **6.12** (1) $\left(5, \dfrac{\pi}{2}\right)$. (2) $\left(2\sqrt{3}, \dfrac{11}{6}\pi\right)$. (3) $\left(2\sqrt{2}, \dfrac{3}{4}\pi\right)$. (4) $(\sqrt{10}, \tan^{-1} 3)$.

問 **6.13** (1) $(-\sqrt{2}, -\sqrt{2})$. (2) $\left(-\dfrac{\sqrt{3}}{6}, \dfrac{1}{6}\right)$. (3) $(2, 3\sqrt{5})$. (4) $\left(\dfrac{5}{\sqrt{2}}, -\dfrac{3}{\sqrt{2}}\right)$.

問 **6.14** $P_i(x_i, y_i)$ とすれば $x_i = r_i \cos\theta_i$, $y_i = r_i \sin\theta_i$ $(i = 1, 2)$.
$P_1 P_2^2 = (x_1 - x_2)^2 + (y_1 - y_2)^2 = (r_1 \cos\theta_1 - r_2 \cos\theta_2)^2 + (r_1 \sin\theta_1 - r_2 \sin\theta_2)^2 = r_1^2 (\cos^2\theta_1 + \sin^2\theta_1) + r_2^2 (\cos^2\theta_2 + \sin^2\theta_2) - 2r_1 r_2 (\cos\theta_1 \cos\theta_2 + \sin\theta_1 \sin\theta_2) = r_1^2 + r_2^2 - 2r_1 r_2 \cos(\theta_1 - \theta_2)$.

問 **6.15** $r = 2a\cos\theta$. [問 6.14 より $\sqrt{a^2 + r^2 - 2ar\cos\theta} = a$.]

問 **6.16** (1) $x^2 + y^2 = a^2$. (2) $\dfrac{x^2}{4} + y^2 = 1$.
(3) $(x^2 + y^2 - ax)^2 = a^2(x^2 + y^2)$. (4) $(x^2 + y^2)^2 = a^2(x^2 - y^2)$.

問 **6.17** f_x, f_y は D で C^1 級であり，$\varphi(x)$ は I で C^1 級なので，定理 5.7 より，$f_x(x,\varphi(x))$, $f_y(x,\varphi(x))$ も C^1 級であることがわかる．したがって，$\dfrac{dy}{dx} = \varphi'(x) = -\dfrac{f_x(x,\varphi(x))}{f_y(x,\varphi(x))}$ も C^1 級である．$f_{xy} = f_{yx}$ にも注意して，

$$\dfrac{d^2 y}{dx^2} = -\dfrac{\frac{d}{dx}f_x(x,\varphi(x)) \cdot f_y(x,\varphi(x)) - f_x(x,\varphi(x)) \cdot \frac{d}{dx}f_y(x,\varphi(x))}{f_y(x,\varphi(x))^2}$$

$$= -\dfrac{\left(f_{xx} + f_{xy}\cdot\frac{dy}{dx}\right)f_y - f_x\left(f_{yx} + f_{yy}\cdot\frac{dy}{dx}\right)}{f_y^2}$$

$$= -\dfrac{\left(f_{xx} - f_{xy}\cdot\frac{f_x}{f_y}\right)f_y - f_x\left(f_{yx} - f_{yy}\cdot\frac{f_x}{f_y}\right)}{f_y^2} = -\dfrac{f_{xx}f_y^2 - 2f_{xy}f_x f_y + f_{yy}f_x^2}{f_y^3}.$$

問 **6.18** (1) $\dfrac{dy}{dx} = \dfrac{2x-y}{x-2y}$, $\dfrac{d^2 y}{dx^2} = \dfrac{6}{(x-2y)^3}$. (2) $\dfrac{dy}{dx} = \dfrac{x^2-y}{x-y^2}$, $\dfrac{d^2 y}{dx^2} = \dfrac{2xy}{(x-y^2)^3}$. (3) $\dfrac{dy}{dx} = -\dfrac{y}{x}$, $\dfrac{d^2 y}{dx^2} = \dfrac{2y}{x^2}$. (4) $\dfrac{dy}{dx} = 2$, $\dfrac{d^2 y}{dx^2} = 0$.

問 **6.19** (1) $11x - 4y - 9 = 0$. (2) $3x + y + 1 = 0$.

問 **6.20** 定理 6.7 より，曲線 $f(x,y) = 0$ 上の点 (x_0, y_0) における接線はベクトル $\begin{pmatrix} f_x(x_0,y_0) \\ f_y(x_0,y_0) \end{pmatrix}$ に垂直である．ゆえに，点 (x_0, y_0) における法線は点 (x_0, y_0) を通り，ベクトル $\begin{pmatrix} f_x(x_0,y_0) \\ f_y(x_0,y_0) \end{pmatrix}$ に平行なので，方程式 $\dfrac{x - x_0}{f_x(x_0, y_0)} = \dfrac{y - y_0}{f_y(x_0, y_0)}$ で与えられる．

問 **6.21** (1) 接線 $\dfrac{x_0 x}{a^2} + \dfrac{y_0 y}{b^2} = 1$，法線 $a^2 y_0(x - x_0) - b^2 x_0(y - y_0) = 0$.
(2) 接線 $\dfrac{x_0 x}{a^2} - \dfrac{y_0 y}{b^2} = 1$，法線 $a^2 y_0(x - x_0) + b^2 x_0(y - y_0) = 0$.
(3) 接線 $\dfrac{x_0 x}{a^2} - \dfrac{y_0 y}{b^2} = -1$，法線 $a^2 y_0(x - x_0) + b^2 x_0(y - y_0) = 0$.
(4) 接線 $y_0 y = 2p(x + x_0)$，法線 $y_0(x - x_0) + 2p(y - y_0) = 0$.

問 **6.22** (1) $(a, 0)$. (2) $(0, 0)$.

問 **6.23** 点 $\left(\dfrac{1}{\sqrt{2}}, \sqrt{2}\right)$ で最大値 $2\sqrt{2}$，点 $\left(-\dfrac{1}{\sqrt{2}}, -\sqrt{2}\right)$ で最小値 $-2\sqrt{2}$. [x, y, λ についての連立方程式 $2 - \lambda \cdot 8x = 0$, $1 - \lambda \cdot 2y = 0$, $4x^2 + y^2 = 4$ を解いて，$(x, y, \lambda) = \left(\pm\dfrac{1}{\sqrt{2}}, \pm\sqrt{2}, \pm\dfrac{1}{2\sqrt{2}}\right)$ (複号同順). 2 点 $\left(\pm\dfrac{1}{\sqrt{2}}, \pm\sqrt{2}\right)$ (複号同順) における z の値が最大値と最小値.]

演習問題 [A]

6.1 (1) 関数 $f(x) = \sin x - \dfrac{2}{\pi}x$ の $0 \leqq x \leqq \dfrac{\pi}{2}$ における増減を調べよ．

(2) 関数 $f(x) = \tan x - \left(x + \dfrac{x^3}{3}\right)$ の $0 \leqq x < \dfrac{\pi}{2}$ における増減を調べよ. $f'(x) = \sec^2 x - 1 - x^2 = \tan^2 x - x^2 = (\tan x + x)(\tan x - x) > 0$.

6.2 $\sqrt{5}$. [$\mathrm{AP}^2 = (x-3)^2 + y^2 = (x-3)^2 + x^4 = f(x)$ の増減を調べよ. $f(x)$ の最小値は $f(1) = 5$.]

6.3 $-\dfrac{5}{27} < k < 1$.

6.4 $0 < a < \dfrac{1}{4}$ のとき 4 個, $a = \dfrac{1}{4}$ のとき 2 個, $a = 0$ のとき 1 個, $a < 0$ または $a > \dfrac{1}{4}$ のとき 0 個.

6.5 $f(x) = ax^3 + bx^2 + cx + d$ とおくと, $f''(x) = 6ax + 2b$. $x = -\dfrac{b}{3a}$ の前後で $f''(x)$ の符号が入れ替わるので, 変曲点は $\left(-\dfrac{b}{3a}, \dfrac{2b^3 - 9abc + 27a^2 d}{27a^2}\right)$. 次に, 問 2.37 から, $f(x) = f(\alpha) + f'(\alpha)(x-\alpha) + \dfrac{f''(\alpha)}{2!}(x-\alpha)^2 + \dfrac{f'''(\alpha)}{3!}(x-\alpha)^3 = f(\alpha) + f'(\alpha)(x-\alpha) + \dfrac{f'''(\alpha)}{6}(x-\alpha)^3$, ただし, $\alpha = -\dfrac{b}{3a}$. 座標軸の平行移動 $x = X + \alpha$, $y = Y + f(\alpha)$ により, $y = f(x)$ は $Y = f'(\alpha)X + \dfrac{f'''(\alpha)}{6}X^3$ になる. これは X の奇関数 (§3.6 参照) であり, グラフは点 $(X, Y) = (0, 0)$ に関して対称である.

6.6 接線 $3x + 4y = 12\sqrt{2}$, 法線 $4x - 3y = \dfrac{7}{\sqrt{2}}$. **6.7** $\mathrm{ST} = a$.

6.8 定理 6.2, 問 6.17 参照.

6.9 (1) $(0, 0)$. (2) $(0, 0)$.

6.10 点 $\left(\pm\dfrac{1}{2}a, \pm\dfrac{\sqrt{3}}{2}a\right)$ で最大値 $\dfrac{3\sqrt{3}}{16}a^4$, 点 $\left(\pm\dfrac{1}{2}a, \mp\dfrac{\sqrt{3}}{2}a\right)$ で最小値 $-\dfrac{3\sqrt{3}}{16}a^4$ (複号同順). [x, y, λ についての連立方程式 $y^3 - \lambda \cdot 2x = 0$, $3xy^2 - \lambda \cdot 2y = 0$, $x^2 + y^2 = a^2$ を解いて, $(x, y, \lambda) = (\pm a, 0, 0)$, $\left(\pm\dfrac{1}{2}a, \pm\dfrac{\sqrt{3}}{2}a, \dfrac{3\sqrt{3}}{8}a^2\right)$, $\left(\pm\dfrac{1}{2}a, \mp\dfrac{\sqrt{3}}{2}a, -\dfrac{3\sqrt{3}}{8}a^2\right)$ (複号同順). 6 点 $(\pm a, 0)$, $\left(\pm\dfrac{1}{2}a, \pm\dfrac{\sqrt{3}}{2}a\right)$ (複号任意) における z の値の中に最大値と最小値が含まれる.]

6.11 $\dfrac{1}{\sqrt{2}}$. [$\mathrm{OP}^2 = x^2 + y^2$ の最小値をラグランジュの乗数法を用いて求める.]

6.12 $1 : 2$.

6.13 必要ならば f を $-f$ で置き換えることにより, $f_y(a, b) > 0$ としてよい. f_y は連続なので, 十分小さい $\delta_1 > 0$, $\delta_2 > 0$ をとれば, $a - \delta_1 \leqq x \leqq a + \delta_1$,

$b-\delta_2 \leqq y \leqq b+\delta_2$ のとき $f_y(x,y) > 0$. 関数 $y \mapsto f(a,y)$ は $b-\delta_2 \leqq y \leqq b+\delta_2$ で単調増加なので, $f(a,b-\delta_2) < f(a,b) = 0 < f(a,b+\delta_2)$. 関数 $x \mapsto f(x,b\pm\delta_2)$ は連続なので, 必要ならば δ_1 をさらに小さくとりなおして, $a-\delta_1 < x < a+\delta_1$ のとき $f(x,b-\delta_2) < 0 < f(x,b+\delta_2)$. $I = (a-\delta_1, a+\delta_1)$, $J = (b-\delta_2, b+\delta_2)$ とおく. 中間値の定理より, 任意の $x \in I$ に対し $f(x,y) = 0$ なる $y \in J$ が存在するが, 関数 $y \mapsto f(x,y)$ は J で単調増加なので, このような y はただ1つである. したがって, I を定義域とする関数 $\varphi(x)$ を得て, $f(x,\varphi(x)) = 0$. 任意の $c \in I$ をとる. 関数 $y \mapsto f(c,y)$ は J で単調増加なので, $\varphi(c) \pm \varepsilon \in J$ なる任意の $\varepsilon > 0$ に対し $f(c,\varphi(c)-\varepsilon) < f(c,\varphi(c)) = 0 < f(c,\varphi(c)+\varepsilon)$. 関数 $x \mapsto f(x,\varphi(c)\pm\varepsilon)$ は連続なので, x が十分 c に近いとき $f(x,\varphi(c)-\varepsilon) < 0 < f(x,\varphi(c)+\varepsilon)$. 関数 $y \mapsto f(x,y)$ は単調増加なので, $\varphi(c)-\varepsilon < \varphi(x) < \varphi(c)+\varepsilon$ を得て, $\lim_{x \to c} \varphi(x) = \varphi(c)$. よって, φ は I で連続である. 次に, $x, x+h \in I$, $h \neq 0$, $k = \varphi(x+h) - \varphi(x)$ とすると, 平均値の定理より $\theta \in (0,1)$ が存在して,
$$f(x+h, \varphi(x)+k) = f(x, \varphi(x)) + h f_x(x+\theta h, \varphi(x)+\theta k) + k f_y(x+\theta h, \varphi(x)+\theta k).$$
ゆえに, $\dfrac{k}{h} = -\dfrac{f_x(x+\theta h, \varphi(x)+\theta k)}{f_y(x+\theta h, \varphi(x)+\theta k)}$. $\lim_{h \to 0} k = 0$ なので, $\varphi'(x) = \lim_{h \to 0} \dfrac{k}{h} = -\dfrac{f_x(x,\varphi(x))}{f_y(x,\varphi(x))}$. 右辺は I で連続なので, φ は I で C^1 級である.

演習問題 [B]

6.14 $\dfrac{dy}{dx} = -\dfrac{f_x}{f_y} = -\dfrac{2x+y}{x+y}$. $x = -\dfrac{1}{\sqrt{2}}$ のとき極大値 $\sqrt{2}$, $x = \dfrac{1}{\sqrt{2}}$ のとき極小値 $-\sqrt{2}$. $\left[\dfrac{d^2 y}{dx^2} = -\dfrac{1}{(x+y)^3}.\right]$

6.15 $\dfrac{dy}{dx} = -\dfrac{xy e^{xy} + y + 2x \sin 2x}{x^2 e^{xy} + x \log x}$.

6.16 $x = y = z = \dfrac{1}{2}$ のとき最大値 $\dfrac{1}{8}$.

6.17 $(x,y,z) = \left(\pm\dfrac{1}{\sqrt{3}}, \pm\dfrac{1}{\sqrt{3}}, \pm\dfrac{1}{\sqrt{3}}\right)$ (複号同順) のとき最大値 1. 円周 $x^2 + y^2 + z^2 = 1$, $x+y+z = 0$ 上で最小値 $-\dfrac{1}{2}$.

6.18 (1) $(x,y) = \left(\dfrac{1}{\sqrt{3}}, 0\right)$ のとき極小値 $-\dfrac{2}{9}\sqrt{3}$, $(x,y) = \left(-\dfrac{1}{\sqrt{3}}, 0\right)$ のとき極大値 $\dfrac{2}{9}\sqrt{3}$, $(x,y) = \left(0, \pm\dfrac{1}{2}\right)$ のときは極値でない. (2) $(x,y) = \left(\dfrac{1}{\sqrt{3}}, 0\right)$ のとき最小値 $-\dfrac{2}{9}\sqrt{3}$, $(x,y) = \left(\dfrac{1}{\sqrt{3}}, \pm\dfrac{\sqrt{2}}{\sqrt{3}}\right)$ のとき最大値 $\dfrac{2}{3}\sqrt{3}$.

6.19 $x = y = z = \dfrac{1}{3}$ のとき最小値 $-\log 3$.

第 7 章

問 **7.1** $k(b-a)(d-c)$.

問 **7.2** 略.

問 **7.3** $\displaystyle\iint_R F_{xy}(x,y)\,dx\,dy = \int_a^b\left(\int_c^d F_{xy}(x,y)\,dy\right)dx$
$= \displaystyle\int_a^b \Big[F_x(x,y)\Big]_{y=c}^{y=d}dx = \int_a^b (F_x(x,d)-F_x(x,c))\,dx = \Big[F(x,d)-F(x,c)\Big]_a^b$
$= F(b,d)-F(b,c)-F(a,d)+F(a,c)$.

問 **7.4** (1) $\dfrac{7}{12}\pi$. (2) $-\dfrac{1}{3}$. (3) $\dfrac{43}{42}$. (4) $\dfrac{36}{5}$.

[(4) $\displaystyle\iint_K y\,dx\,dy = \int_{-1}^{2}\left(\int_{x^2}^{x+2} y\,dy\right)dx.$]

問 **7.5** (1) $\dfrac{2}{5}$. (2) $5\log 2$. (3) $\dfrac{1}{3}(e-1)$. (4) $\log 2 - \dfrac{1}{2}$.

問 **7.6** (1) $\displaystyle\int_0^{\sqrt{2}}\left(\int_{x^2}^{2} f(x,y)\,dy\right)dx$. (2) $\displaystyle\int_1^{e}\left(\int_0^{\log x} f(x,y)\,dy\right)dx$.

問 **7.7** (1) $\boldsymbol{a} = \overrightarrow{P_1P_2}$, $\boldsymbol{b} = \overrightarrow{P_1P_3}$, $\theta = \angle P_2P_1P_3$ とおく. $S = \dfrac{1}{2}|\boldsymbol{a}||\boldsymbol{b}|\sin\theta$
であるから, $S^2 = \dfrac{1}{4}|\boldsymbol{a}|^2|\boldsymbol{b}|^2\sin^2\theta = \dfrac{1}{4}|\boldsymbol{a}|^2|\boldsymbol{b}|^2(1-\cos^2\theta)$
$= \dfrac{1}{4}\{|\boldsymbol{a}|^2|\boldsymbol{b}|^2 - (|\boldsymbol{a}||\boldsymbol{b}|\cos\theta)^2\} = \dfrac{1}{4}\{|\boldsymbol{a}|^2|\boldsymbol{b}|^2 - (\boldsymbol{a}\cdot\boldsymbol{b})^2\}$. $p = x_2-x_1$, $q = y_2-y_1$, $r = x_3-x_1$, $s = y_3-y_1$ とおけば, $\boldsymbol{a} = \begin{pmatrix}p\\q\end{pmatrix}$, $\boldsymbol{b} = \begin{pmatrix}r\\s\end{pmatrix}$ なので $S^2 = \dfrac{1}{4}\{(p^2+q^2)(r^2+s^2) - (pr+qs)^2\} = \dfrac{1}{4}(p^2s^2+q^2r^2-2pqrs) = \dfrac{1}{4}(ps-rq)^2$.
ゆえに, $S = \dfrac{1}{2}|ps-rq| = \dfrac{1}{2}|(x_2-x_1)(y_3-y_1)-(x_3-x_1)(y_2-y_1)|$.

(2) F による 3 点 A, B, C の像をそれぞれ A′, B′, C′ とすれば, F による長方形 OACB の像は平行四辺形 OA′C′B′ である. A′(pa, ra), B′(qb, sb) なので, 求める面積は $2\triangle\mathrm{OA'B'} = 2\cdot\dfrac{1}{2}|pasb-qbra| = |ps-qr||ab|$.

問 **7.8** (1) $2(u^2-v^2)$. (2) $u\sec v$.

問 **7.9** -1. $\left[\displaystyle\iint_K (3x-y)\,dx\,dy = \iint_{\substack{0\leq u\leq 2\\ -2\leq v\leq 0}}\left(3\cdot\dfrac{u+v}{4} - \dfrac{u-v}{2}\right)\cdot\dfrac{1}{4}\,du\,dv.\right]$

問 **7.10** $\dfrac{\sqrt{2}}{3}$. $\left[\displaystyle\iint_K (\sqrt{3}x+y)\,dx\,dy = \iint_{\substack{u^2-v^2\geq \frac{1}{2}\\ \frac{1}{\sqrt{2}}\leq u\leq 1}} 2u\cdot 1\,du\,dv = \right.$

$$\int_{\frac{1}{\sqrt{2}}}^{1}\left(\int_{-\sqrt{u^2-\frac{1}{2}}}^{\sqrt{u^2-\frac{1}{2}}} 2u\,dv\right)du = \int_{\frac{1}{\sqrt{2}}}^{1} 4u\sqrt{u^2-\frac{1}{2}}\,du.\ t=\sqrt{u^2-\frac{1}{2}}\ \text{とおけ.}\ ]$$

問 **7.11** 定理 7.6 の式の右辺を累次積分の形で書け.

問 **7.12** (1) $\dfrac{2}{3}\pi$. (2) $\dfrac{3}{32}\pi$.

問 **7.13** (1) π. (2) $\dfrac{1}{2}$. [(1) $\displaystyle\iint_{\mathbb{R}^2}\dfrac{dx\,dy}{(x^2+y^2+1)^2} = \lim_{R\to+\infty}\iint_{x^2+y^2\leqq R^2}\dfrac{dx\,dy}{(x^2+y^2+1)^2}$, (2) $\displaystyle\iint_K \dfrac{dx\,dy}{x^3y^2} = \lim_{R\to+\infty}\iint_{\substack{1\leqq x\leqq R\\ 1\leqq y\leqq R}}\dfrac{dx\,dy}{x^3y^2}.\ ]$

問 **7.14** (1) $-\pi$. (2) 1.

演習問題 [A]

7.1 (1) $\dfrac{2}{3}$. (2) $\log 2$. (3) $\dfrac{e-1}{3}$. (4) $\dfrac{1}{30}$. (5) $e-2$. (6) $\dfrac{8}{15}$. [(6) $\displaystyle\iint_K \sqrt{x}\,dxdy = \int_0^1\left(\int_{-\sqrt{x-x^2}}^{\sqrt{x-x^2}}\sqrt{x}\,dy\right)dx = \int_0^1 2\sqrt{x}\sqrt{x-x^2}\,dx = \int_0^1 2x\sqrt{1-x}\,dx.\ 1-x=t$ とおけ.]

7.2 (1) $\dfrac{237}{8}$. (2) $\dfrac{4}{3}$. [(1) $\displaystyle\iint_K(x^2-xy)\,dx\,dy = \iint_{\substack{-2x+2\leqq y\leqq x-1\\ 1\leqq x\leqq 2}}(x^2-xy)\,dx\,dy + \iint_{\substack{x-4\leqq y\leqq -\frac{1}{2}x+2\\ 2\leqq x\leqq 4}}(x^2-xy)\,dx\,dy.\ ]$

7.3 (1) $\dfrac{1}{8}a^4$. (2) $\dfrac{2}{15}a^5$. (3) $\dfrac{1}{192}\pi^3(b^2-a^2)$.

7.4 $\dfrac{1}{3}(p-q)(s-r)$. [$K=\{(x,y)\mid \sqrt{py}\leqq x\leqq \sqrt{qy},\ \sqrt{rx}\leqq y\leqq \sqrt{sx}\}$ とおけば, 求めるものは $S=\displaystyle\iint_K dx\,dy$ であり, K は変換 $x=u^{\frac{2}{3}}v^{\frac{1}{3}},\ y=u^{\frac{1}{3}}v^{\frac{2}{3}}$ による $L=\{(u,v)\mid p\leqq u\leqq q,\ r\leqq v\leqq s\}$ の像である.]

7.5 $\dfrac{\pi R^2}{|ad-bc|}$ [$u=ax+by,\ v=cx+dy$ とおけ.]

7.6 $I = \displaystyle\int_0^B\left[-\dfrac{e^{-xy}}{y^2+1}(y\sin x+\cos x)\right]_{x=0}^{x=A}dy = \tan^{-1}B - J$, ただし, $J = \displaystyle\int_0^B \dfrac{e^{-Ay}}{y^2+1}(y\sin A+\cos A)\,dy$ (問 3.17 (2) 参照). 一方, $I = \displaystyle\int_0^A\left(\int_0^B e^{-xy}\sin x\,dy\right)dx = \int_0^A\left[-e^{-xy}\cdot\dfrac{\sin x}{x}\right]_{y=0}^{y=B}dx = \int_0^A \dfrac{\sin x}{x}\,dx -$

略解およびヒント

$\int_0^A e^{-Bx} \cdot \dfrac{\sin x}{x}\,dx.$ したがって, $\int_0^A \dfrac{\sin x}{x}\,dx - \tan^{-1} B = -J +$
$\int_0^A e^{-Bx} \cdot \dfrac{\sin x}{x}\,dx.$ $|J| \leqq \int_0^B e^{-Ay} \cdot \dfrac{y+1}{y^2+1}\,dy \leqq \dfrac{1+\sqrt{2}}{2}\int_0^B e^{-Ay}\,dy =$
$\dfrac{1+\sqrt{2}}{2A}\left(1-e^{-AB}\right) < \dfrac{1+\sqrt{2}}{2A}$ (問 6.2 (1) 参照). また, $\left|\int_0^A e^{-Bx}\cdot\dfrac{\sin x}{x}\,dx\right| \leqq$
$\int_0^A e^{-Bx}\left|\dfrac{\sin x}{x}\right|dx \leqq \int_0^A e^{-Bx}\,dx = \dfrac{1}{B}\left(1-e^{-AB}\right) < \dfrac{1}{B}.$ ゆえに,
$\left|\int_0^A \dfrac{\sin x}{x}\,dx - \tan^{-1} B\right| < \dfrac{1+\sqrt{2}}{2A} + \dfrac{1}{B}.$ ここで, $B\to+\infty$ として,
$\left|\int_0^A \dfrac{\sin x}{x}\,dx - \dfrac{\pi}{2}\right| \leqq \dfrac{1+\sqrt{2}}{2A}.$ さらに, $A\to+\infty$ として, $\int_0^{+\infty}\dfrac{\sin x}{x}\,dx = \dfrac{\pi}{2}.$

7.7 $\{(x,y) \mid x^2+y^2 \leqq R^2\} \subset [-R,R]\times[-R,R] \subset \{(x,y)\mid x^2+y^2\leqq 2R^2\}.$

7.8 定点 $a\in I$ をとる. 任意の $x\in I$ について, 定理 7.4 (3) より
$\int_a^x \left(\int_c^d f_x(x,y)\,dy\right)dx = \int_c^d\left(\int_a^x f_x(x,y)\,dx\right)dy = \int_c^d \bigl[f(x,y)\bigr]_a^x\,dy =$
$\int_c^d (f(x,y)-f(a,y))\,dy = \int_c^d f(x,y)\,dy - \int_c^d f(a,y)\,dy =$
$F(x) - \int_c^d f(a,y)\,dy.$ ゆえに, $F(x) = \int_a^x\left(\int_c^d f_x(x,y)\,dy\right)dx + \int_c^d f(a,y)\,dy$
を得て, 定理 3.17 より, $F'(x) = \int_c^d f_x(x,y)\,dy.$

7.9 $\Gamma(p)\Gamma(q) = \left(\int_0^{+\infty} e^{-x}x^{p-1}\,dx\right)\left(\int_0^{+\infty} e^{-x}x^{q-1}\,dx\right) =$
$\iint_K e^{-x-y}x^{p-1}y^{q-1}\,dx\,dy,\ K=\{(x,y)\mid x>0,\ y>0\}.$ 集合 $K(s,t)=$
$\left\{(x,y)\ \bigg|\ x>0,\ \dfrac{1-t}{t}x<y<s-x\right\}$ は $s\to+\infty,\ t\to 1-0$ のとき K に収束する. 変換 $x+y=u,\ x=uv$ による集合 $L(s,t) = \{(u,v)\mid 0<u<s,\ 0<v<t\}$
の像が $K(s,t)$ であり, $\dfrac{\partial(x,y)}{\partial(u,v)} = -u$ であるから, $\iint_{K(s,t)} e^{-x-y}x^{p-1}y^{q-1}\,dx\,dy =$
$\iint_{L(s,t)} e^{-u}(uv)^{p-1}u^{q-1}(1-v)^{q-1}u\,du\,dv =$
$\iint_{L(s,t)} e^{-u}u^{p+q-1}v^{p-1}(1-v)^{q-1}\,du\,dv =$
$\left(\int_0^s e^{-u}u^{p+q-1}\,du\right)\left(\int_0^t v^{p-1}(1-v)^{q-1}\,dv\right).$ $s\to+\infty,\ t\to 1-0$ として,

$\Gamma(p)\,\Gamma(q) = \Gamma(p+q)\,B(p,q)$.

演習問題 [B]

7.10 $\dfrac{\pi^2}{8} - 1$.

7.11 (1) $I(a) = \displaystyle\int_0^a \left(\int_0^x f(x,y)\,\mathrm{d}y \right) \mathrm{d}x$. (2) $\displaystyle\lim_{a\to\infty} I(a) = -\dfrac{1}{4}\sqrt{\dfrac{\pi}{2}} + \dfrac{\sqrt{\pi}}{4}$, $\displaystyle\lim_{a\to\infty} \dfrac{\mathrm{d}}{\mathrm{d}a} I(a) = 0$. $\left[I(a) = \displaystyle\int_0^a \left(-\dfrac{1}{2}\mathrm{e}^{-2x^2} + \dfrac{1}{2}\mathrm{e}^{-x^2} \right) \mathrm{d}x. \right]$

7.12 2.   **7.13** $\dfrac{\pi}{4}(a^3 b + ab^3)$.

7.14 $I_1 = I_2 = \dfrac{\pi}{4}\rho^4$, $I_3 = 0$.

7.15 $\dfrac{7}{256}\pi$.   **7.16** $\dfrac{\pi}{12}$.

7.17 $\log(2+\sqrt{3}) - \dfrac{\pi}{6}$.

7.18 極座標変換を用いて, $\displaystyle\int_0^{2\pi}\int_0^1 r^{2n+1}(a\cos\theta + b\sin\theta)^{2n}\,\mathrm{d}r\,\mathrm{d}\theta = \dfrac{1}{2(n+1)}\displaystyle\int_0^{2\pi}(a\cos\theta + b\sin\theta)^{2n}\,\mathrm{d}\theta$. このとき, $a = \sin\alpha$, $b = \cos\alpha$ となる実数 α が存在し, $\dfrac{1}{2(n+1)}\displaystyle\int_0^{2\pi}\sin^{2n}(\theta+\alpha)\,\mathrm{d}\theta = \dfrac{1}{2(n+1)}\displaystyle\int_0^{2\pi}\sin^{2n}\theta\,\mathrm{d}\theta$ を考えればよい.

7.19 $\alpha_0 = -1$. [極座標変換を用いて, $\displaystyle\lim_{\varepsilon\to+0} 4\pi \int_\varepsilon^1 r^{2\alpha+1}\log r\,\mathrm{d}r$ を考えればよい. 広義積分を計算し, $\alpha > -1$ を得る.]

7.20 (1) $x = \dfrac{\sin u}{\cos v}$, $y = \dfrac{\sin v}{\cos u}$. (2) $I = \dfrac{\pi^2}{8}$. $\left[\mathrm{d}x\,\mathrm{d}y = \left|1 - \dfrac{\sin^2 u \sin^2 v}{\cos^2 u \cos^2 v}\right| \mathrm{d}u\,\mathrm{d}v. \right]$

7.21 $\dfrac{\pi}{\sqrt{\alpha^2 - \beta^2}}$.

7.22 π. [座標変換 $2x - 1 = r\cos\theta$, $y = r\sin\theta$ を用いて, 広義積分 $\displaystyle\lim_{\varepsilon\to 1-0}\int_0^{2\pi}\int_0^\varepsilon \dfrac{1}{\sqrt{1-r^2}} \cdot \dfrac{r}{2}\,\mathrm{d}r\,\mathrm{d}\theta$ を考えればよい.]

7.23 $\dfrac{\pi}{2}$. [極座標変換 $x = r\cos\theta$, $y = r\sin\theta$ を用いて, 広義積分 $\displaystyle\lim_{\varepsilon\to+0}\lim_{R\to+\infty}\int_0^{2\pi}\int_\varepsilon^R \mathrm{e}^{-r^2} \cdot \dfrac{r^2\cos^2\theta}{r^2} \cdot r\,\mathrm{d}r\,\mathrm{d}\theta$ を考えればよい.]

7.24 (1) $\lambda < 2$ のとき, $\dfrac{2\pi}{2-\lambda}$. (2) $\lambda < 2$ のとき, $-\dfrac{2\pi}{(2-\lambda)^2}$.

第 8 章

問 8.1 (1) $\dfrac{1}{2}\left\{2\sqrt{5}+\log\left(2+\sqrt{5}\right)\right\}$. (2) $\dfrac{59}{24}$. (3) $\mathrm{e}-\dfrac{1}{\mathrm{e}}$. (4) $\dfrac{343-13\sqrt{13}}{27}$.

問 8.2 (1) $8a$. (2) $\dfrac{3}{2}a$. **問 8.3** (1) $2\pi a$. (2) $\dfrac{\sqrt{1+a^2}}{a}\left(\mathrm{e}^{2\pi a}-1\right)$.

問 8.4 (1) $\dfrac{\pi}{4}$. (2) $\dfrac{1}{12}$. (3) $\dfrac{1}{3}$. (4) $3\pi a^2$.

問 8.5 (1) $\dfrac{7}{48}\pi^3$. (2) $\dfrac{1}{4}(\mathrm{e}^\pi-1)$. (3) πa^2. (4) a^2.

問 8.6 (1) $\dfrac{1}{6}$. (2) $\dfrac{1}{6}abc$. (3) $\dfrac{16}{3}a^3$. (4) $\dfrac{4}{3}\pi abc$.

問 8.7 $y^2+z^2=\left(b\pm\sqrt{a^2-x^2}\right)^2$. [定理 8.7 の証明参照.] **問 8.8** $\dfrac{1}{3}\pi a^2 h$.

問 8.9 (1) $\dfrac{\pi^2}{2}$. (2) $\dfrac{3}{10}\pi$. (3) $\pi\left(a+\dfrac{1}{2}\sinh 2a\right)$. (4) $\dfrac{16}{105}\pi a^3$.

演習問題 [A]

8.1 $\dfrac{\log\left(1+\sqrt{2}\right)}{\sqrt{2}}+1$. [与えられた曲線はパラメータ表示 $x=\cos^4 t$, $y=\sin^4 t$, $0\leqq t\leqq\dfrac{\pi}{2}$, で表される.]

8.2 $l=4\displaystyle\int_0^{\pi/4}\sqrt{r^2+\left(\dfrac{\mathrm{d}r}{\mathrm{d}\theta}\right)^2}\,\mathrm{d}\theta$. $r^2+\left(\dfrac{\mathrm{d}r}{\mathrm{d}\theta}\right)^2=r^2+\dfrac{a^4\sin^2 2\theta}{r^2}=\dfrac{a^2}{\cos 2\theta}=\dfrac{a^2}{\cos^2\theta(1-\tan^2\theta)}$. $\tan\theta=t$ とおく.

8.3 $\mathrm{P}\left(p,\sqrt{p^2-1}\right)$, $p\geqq 1$, と書ける. $\dfrac{t}{2}=\dfrac{1}{2}p\sqrt{p^2-1}-\displaystyle\int_1^p\sqrt{x^2-1}\,\mathrm{d}x=\dfrac{1}{2}p\sqrt{p^2-1}-\dfrac{1}{2}\left\{p\sqrt{p^2-1}-\log\left(p+\sqrt{p^2-1}\right)\right\}=\dfrac{1}{2}\log\left(p+\sqrt{p^2-1}\right)$. これを p について解いて $p=\dfrac{1}{2}(\mathrm{e}^t+\mathrm{e}^{-t})=\cosh t$ を得る. $t\geqq 0$ に注意して, $\sqrt{p^2-1}=\sqrt{\cosh^2 t-1}=\sqrt{\sinh^2 t}=\sinh t$.

8.4 $\dfrac{16}{3}$. [点 $(-1,0)$ における接線の方程式は $y=x+1$ (§2.1 参照). 求める面積は $\displaystyle\int_{-1}^3\left\{(x+1)-\dfrac{1}{4}(x+1)(x-1)^2\right\}\,\mathrm{d}x$.]

8.5 (1) $\dfrac{1}{36}(9\pi-16)a^3$. (2) $\dfrac{8}{5}\pi abc$.

8.6 (1) 2π. (2) $\dfrac{1}{12}\pi a^3\left\{3\sqrt{2}\log\left(\sqrt{2}+1\right)-2\right\}$. [(2) 問 6.16 (4) より $y^2=\dfrac{-(2x^2+a^2)+a\sqrt{8x^2+a^2}}{2}$.]

8.7 $S(x) = \int_{\varphi_1(x)}^{\varphi_2(x)} (f(x,y) - g(x,y))\,dy\ (a \leqq x \leqq b)$ であるから,

$V = \iint_K (f(x,y) - g(x,y))\,dx\,dy = \int_a^b \left\{ \int_{\varphi_1(x)}^{\varphi_2(x)} (f(x,y) - g(x,y))\,dy \right\} dx$

$= \int_a^b S(x)\,dx.$

8.8 (1) $\dfrac{7}{2}$. (2) $2\pi a^2$. (3) $\sqrt{2}\pi$. (4) $\dfrac{(5\sqrt{5}-1)\pi}{6}$.

[(2) 広義積分 $S = \iint_{x^2+y^2<a} \sqrt{z_x^2 + z_y^2 + 1}\,dx\,dy = \iint_{x^2+y^2<a} \dfrac{a}{\sqrt{a^2-x^2-y^2}}\,dx\,dy$ を計算せよ.]

8.9 回転面の上半 $z = \sqrt{f(x)^2 - y^2}$ について,

$z_x = \dfrac{f(x)f'(x)}{\sqrt{f(x)^2 - y^2}},\ z_y = \dfrac{-y}{\sqrt{f(x)^2 - y^2}},\ \sqrt{z_x^2 + z_y^2 + 1} = \dfrac{f(x)\sqrt{1 + f'(x)^2}}{\sqrt{f(x)^2 - y^2}}.$

$S = 2\int_a^b \left(\int_{-f(x)}^{f(x)} \sqrt{z_x^2 + z_y^2 + 1}\,dy \right) dx$ を計算せよ.

8.10 (1) $\pi \left\{ 2a + \dfrac{1}{2}(e^{2a} - e^{-2a}) \right\}$. (2) $\dfrac{12}{5}\pi a^2$.

演習問題 [B]

8.11 $\sqrt{2}\left(e^{\frac{\pi}{2}} - 1\right)$.

8.12 (1) $(x,y) = (a\cos\theta + a\theta\sin\theta, a\sin\theta - a\theta\cos\theta)$. (2) $\dfrac{1}{2}a\theta^2$.

8.13 $\dfrac{3}{2}\pi a^2$. [$r = a(1 + \cos\theta)\ (0 \leqq \theta \leqq 2\pi)$.]

8.14 $\dfrac{\pi^2}{4} - 2$. [$2\int_0^{\frac{\pi}{2}} (x - f(x))\,dx.$]

8.15 $4\pi a^3$. [問 8.6 (4) 参照.]

8.16 面積 $\dfrac{3}{2}\pi$. 全長 8. [例題 8.3 (2) 参照.]

8.17 (1) $8a$. (2) $3a^2\pi$. (3) $5\pi^2 a^3$.

8.18 $\dfrac{2}{3}\pi$. [$\pi \int_0^1 (2t^3 - 2t + 1)\,dt.$]

8.19 $\dfrac{16}{3}\pi - \dfrac{64}{9}$.

[$2\iint_D \sqrt{4 - (x^2 + y^2)}\,dx\,dy,\ D = \{(x,y)\mid (x-1)^2 + y^2 \leqq 1\}.$]

8.20 $\dfrac{18}{35}$. [$\iint_E (1 - x^2)\,dx\,dy,\ E = \{(x,y)\mid 0 \leqq y \leqq 1,\ 0 \leqq x \leqq 1 - y^2\}.$]

8.21 $\dfrac{32}{3}\pi$. $\left[V = \pi\displaystyle\int_0^4 z\,dz + \pi\int_4^6 (6-z)^2\,dz.\right]$

8.22 (1) 略. [問 5.17 (3) 参照.]　(2) $2\pi + \sqrt{2}\pi\log\left(1+\sqrt{2}\right)$.

8.23 $\dfrac{32}{5}\pi$. $\left[A = 2\pi\displaystyle\int_{-\frac{1}{4}}^2 y\sqrt{1+(y')^2}\,dx + 2\pi\int_{-\frac{1}{4}}^0 y\sqrt{1+(y')^2}\,dx.\ \text{演 8.9 を}\right.$
参照.]

8.24 (1) 体積 $\dfrac{16}{3}r^3$, 表面積 $16r^2$. $\left[F = \{(x,y) \mid x \geqq 0,\ y \geqq 0,\ x^2+y^2 \leqq r^2\}\right.$
としたとき, D の体積は $8\displaystyle\iint_F \sqrt{r^2-y^2}\,dx\,dy$,
D の表面積は $16\displaystyle\iint_F \dfrac{r}{\sqrt{r^2-y^2}}\,dx\,dy$.]
(2) 体積 $\left(16-8\sqrt{2}\right)r^3$, 表面積 $\left(48-24\sqrt{2}\right)r^2$. $\left[G = \{(x,y) \mid x \geqq 0,\ y \geqq x,\right.$
$x^2+y^2 \leqq r^2\}$, $H = \{(x,y) \mid x \geqq 0,\ y \leqq x,\ x^2+y^2 \leqq r^2\}$ としたとき,
E の体積は $8\left\{\displaystyle\iint_G \sqrt{r^2-y^2}\,dx\,dy + \iint_H \sqrt{r^2-x^2}\,dx\,dy\right\}$,
E の表面積は $12\left\{\displaystyle\iint_G \dfrac{r}{\sqrt{r^2-y^2}}\,dx\,dy + \iint_H \dfrac{r}{\sqrt{r^2-x^2}}\,dx\,dy\right\}$.]

関連図書

　本書の執筆に際し，下記の図書を参考にした．特に，阿部 [1] の内容を多く引き継いでいる．微分積分学の理論について本書より詳しく知るためには，笠原 [5]，金光 [8]，小平 [9]，高木 [12] を読むとよい．一部の空間図形を描くために，糸岐 [3] に付属のソフトウェアを用いた．円周率 π が無理数であることの証明は鈴木 [11] を参考にした．

[1] 阿部誠，**微分積分学**，ふくろう出版，2006

[2] 阿部誠・古島幹雄・水田義弘，**基礎数学入門：微分積分／線形代数**，培風館，1999

[3] 糸岐宣昭，**Windows で見る関数グラフィックス**，森北出版，1998

[4] 押川元重・坂口紘治，**基礎微分積分**，改訂版，培風館，1989

[5] 笠原晧司，**微分積分学**，サイエンス社，1974

[6] 梶原壌二，**微分積分学**，森北出版，1985

[7] 数見哲也・松本和子・吉冨賢太郎，**理工系新課程 微分積分：基礎から応用まで**，改訂版，培風館，2011

[8] 金光滋，**現代解析学（上）**，牧野書店，1995

[9] 小平邦彦，**解析入門**，岩波基礎数学選書，岩波書店，1991

[10] 斎藤登・松本好史・水谷裕・濱田英隆・斉藤香，**新版微分積分学**，東京教学社，1999

[11] 鈴木昌和，**Quick-Note Ver.4：数式も図も楽々ワープロ**，日本評論社，1994

[12] 高木貞治，**定本 解析概論**，改訂第3版，岩波書店，2010

[13] 田河生長・齋藤四郎・斎藤斉・高遠節夫・玉木正一，**応用数学**，大日本図書，1995

[14] 三宅敏恒，**入門微分積分**，培風館，1992

[15] 向谷博明，**教員養成のための積分学**，デザインエッグ社，2014

[16] 矢野健太郎，**微分積分学**，裳華房，1956

索　引

あ　行

アークコサイン　18
アークコタンジェント　49
アークサイン　18
アークタンジェント　18
アステロイド　136
値　3, 155
鞍点　125
1対1の関数　4
1対1の写像　155
1変数関数　3
イプシロン・デルタ式　5
陰関数　139
　——の定理　140
陰関数表示　139
上に凸　131, 132
上に有界　87
上への写像　155
n回微分可能　35
n次元ユークリッド空間　104
n変数関数　108
円環面　178
オイラーの定数　100
扇形　16
凹凸　133

か　行

開円板　103
開球　104
開区間　1
開集合　2, 103, 104
回転　13
角度　13
下限　12
カージオイド　138
下端　64
カテナリ　167
カバリエリの定理　179
加法定理　14, 48
関数　3, 155
ガンマ関数　77
奇関数　72
逆関数　4, 28
逆三角関数　19, 31
逆正弦　18
逆正接　18
逆余弦　18
逆余接　49
級数　89
極　137
極限　5, 106
極限値　6, 106

極座標　137
極座標変換　158
極小　37, 122
極小値　37, 122
曲線　3, 135, 142
極大　37, 122
極大値　37, 122
極値　37, 122
極方程式　138
曲面　105, 106
曲面積　179
距離　2, 103, 104
近似多項式　45
空間　104
偶関数　72
区間　1
グラフ　3, 105
原始関数　51
懸垂線　167
広義積分　74, 77, 159, 161
公差　86
合成関数　3, 27, 117, 119
公比　86
項別積分定理　98
項別微分定理　98
コサイン　14
コーシー・アダマールの公式　96
コーシー・シュワルツの不等式　103
コーシーの平均値の定理　38
コセカント　14
コタンジェント　14
弧度法　13
コンパクト集合　108

さ　行

サイクロイド　136

最大値・最小値の定理　11, 108
サイン　14
座標　103
座標空間　104
座標平面　103
三角関数　14, 30
三角不等式　2, 103
C^n 級　35, 112
C^∞ 級　35, 112
始集合　155
指数関数　4, 33
始線　137
自然数　1
自然対数　32
下に凸　131, 132
下に有界　87
実解析的　97
実数　1
写像　155
終集合　155
収束する　6, 89
収束半径　95
従属変数　3, 105
シュワルツの定理　112
循環小数　1, 91
上限　12
条件付き極値問題　144
上端　64
剰余項　43, 121
初項　86
初等関数　12
心臓形　138
シンプソンの公式　82
数直線　1
数列　86
図形　103

索引

正割 14
整級数 95
正弦 14
整数 1
正接 14
正の無限大 1
正葉線 143
セカント 14
積分可能 64, 148, 149
積分する 51
積分定数 52
積分に関する平均値の定理 68, 69
積分範囲 149
積分変数 64, 149
接線 24
絶対値 2
接平面 114
0/0 の不定形 40
漸化式 86
線形変換 155
全射 155
全単射 155
全微分 116
全微分可能 113
像 3, 155
双曲線 143
双曲線関数 33
双曲線正弦 33
双曲線正接 33
双曲線余弦 33
増減 129
増減表 129
増分 26, 116

た 行

第 n 近似多項式 45
第 n 項 86
第 n 次導関数 34
第 n 次偏導関数 112
第 n 部分和 89
対数関数 4, 32, 33
体積 173
第 2 次導関数 34
第 2 次偏導関数 111
楕円 143
ダランベールの公式 101
単位円 13
タンジェント 14
単射 4, 155
単調減少 4, 87
単調増加 4, 87
単調非減少 87
単調非増加 87
値域 3, 155
置換積分法 56, 71
中間値の定理 11
調和級数 90
直積 108
直交座標 137
定義域 3, 155
定積分 64
テイラー展開 93
テイラーの定理 42, 43, 121
デデキントの切断 11
導関数 22
動径 137
等差数列 86
等比級数 91
等比数列 86
特異点 143
独立変数 3, 105
凸 131, 132

トーラス　178

な　行

内点　2, 103, 104
長さ　103, 104, 166
2項定理　95
2重積分　148, 149
2変数関数　105
ネイピアの数　31

は　行

媒介変数　135
媒介変数表示　135
ハイパボリックコサイン　33
ハイパボリックサイン　33
ハイパボリックタンジェント　33
発散する　8, 89
パラメータ　135
パラメータ表示　135
被積分関数　51, 64, 149
左極限　9
微分　26, 116
微分可能　22, 113
微分係数　22
微分する　22
微分積分学の基本定理　69, 70
不定形　40, 41
不定積分　51
負の無限大　1
部分積分法　58, 73
部分分数分解　62
平均値の定理　39, 121
閉区間　1
閉集合　2, 104
閉長方形　148
平面　103, 105
閉領域　103
ベータ関数　77
偏角　137
変化率　22
変換　155
変曲点　132
偏導関数　109
偏微分可能　109
偏微分係数　109
偏微分する　109
法線　137
放物線　143

ま　行

マクローリン展開　93
マクローリンの定理　43, 121
マチンの公式　20
右極限　9
∞/∞の不定形　41
無理数　1
面積　64, 150, 160, 170, 179
面積確定　150, 159

や　行

ヤコビアン　155
ヤコビ行列式　155
有界　87, 108, 149
優級数　92
有限確定　6
有限小数　1
有理関数　11, 107
有理数　1
余割　14
余弦　14
余接　14

索　引

ら　行

ライプニッツの公式　35
ラグランジュの乗数法　144
ラグランジュの平均値の定理　39
ランダウの記号　44, 47
リーマン和　64, 148
領域　103, 104
累次積分　151
レムニスケート　138

連珠形　138
連続　10, 107
連続性公理　11
ロピタルの定理　40, 41
ロルの定理　37

わ

和　89

著者紹介

阿部　誠（あべ　まこと）
現　在　広島大学大学院理学研究科教授
　　　　九州大学　博士（数理学）

岩本宙造（いわもと　ちゅうぞう）
現　在　広島大学大学院工学研究院教授
　　　　九州大学　博士（工学）

島　唯史（しま　ただし）
現　在　広島大学大学院工学研究院准教授
　　　　大阪大学　博士（理学）

向谷博明（むかい　だに　ひろあき）
現　在　広島大学大学院工学研究院教授
　　　　広島大学　博士（工学）

Ⓒ　阿部・岩本・島・向谷　2016

2016 年 12 月 9 日　初 版 発 行
2023 年 2 月 28 日　初版第 6 刷発行

専門基礎　微分積分学

著　者　阿部　　誠
　　　　岩本宙造
　　　　島　唯史
　　　　向谷博明
発行者　山本　格

発 行 所　株式会社　培風館
東京都千代田区九段南 4-3-12・郵便番号 102-8260
電 話 (03) 3262-5256 (代表)・振 替 00140-7-44725

三美印刷・牧 製本

PRINTED IN JAPAN

ISBN 978-4-563-01207-6　C3041